全国交通高级技工学校通用教材

Qiche Weixiu Qiye Guanli

汽车维修企业管理

(汽车维修、汽车电工、汽车检测专业用)

杨建良　主编
张弟宁　主审

人民交通出版社

内容提要

本书主要阐述：企业管理的基本原理、现代企业制度、企业管理模式、企业管理创新、企业文化、企业形象、企业经营、企业决策、市场调研和预测以及质量管理、维修生产管理与技术管理、人力资源管理和财务管理等内容。

本书吸收了国际劳工组织(ILO)开发的模块式技能培训(MES)教学方式，以及德国行为引导型职业教学模式的特点，结合我国职业教育改革方向，采用领域化教材新形式。

本书适用于高级技工学校汽车维修、汽车电工、汽车检测专业的学生以及从事汽车维修企业管理的从业人员阅读。

图书在版编目（CIP）数据

汽车维修企业管理 / 杨建良主编．—北京：人民交通出版社，2005.10（重印 2013．12）

ISBN 978-7-114-05795-3

Ⅰ．汽… Ⅱ．杨… Ⅲ．汽车－修理厂－工业企业管理 Ⅳ．F407.471.6

中国版本图书馆 CIP 数据核字（2005）第 114171 号

书　　名：汽车维修企业管理
著 作 者：杨建良
责任编辑：李　洁
出版发行：人民交通出版社股份有限公司
地　　址：(100011) 北京市朝阳区安定门外外馆斜街 3 号
网　　址：http://www.ccpress.com.cn
销售电话：(010) 59757973
总 经 销：人民交通出版社股份有限公司发行部
经　　销：各地新华书店
印　　刷：北京市密东印刷有限公司
开　　本：787×1092　1/16
印　　张：18.5
字　　数：464 千
版　　次：2005 年 10 月　第 1 版
印　　次：2016 年 1 月　第 13 次印刷
书　　号：ISBN 978-7-114- 05795-3
印　　数：37001－39000 册
定　　价：30.00 元

交通技工学校汽车专业教材
编 审 委 员 会

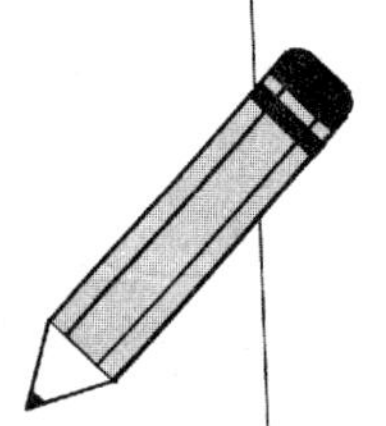

前言

随着汽车工业的飞速发展，汽车的新技术、新工艺不断更新，汽车的使用维修人员从技术上和数量上都跟不上发展的需要。为此，教育部等六部委于2003年12月联合发出通知，将汽车运用与维修等四个专业领域确定为技能型人才紧缺的领域，并决定实施“职业院校制造业和现代服务业技能型紧缺人才培养培训工程”。

为了适应社会经济发展和汽车运用与维修专业技能型紧缺人才培养的需求，交通技工学校汽车专业教材编审委员会于2004年初组织编写了汽车维修、汽车电工、汽车检测三个专业高级工教材。本套教材的特点是：

1.教材选用的车型以轿车为主，内容反映目前汽车的新技术、新工艺，使学生能学到更多的知识。

2.教材内容与高级工等级考核相吻合，便于学生毕业后适应岗位技能需求。

3.教材体现了通俗易懂，以图代文，图文并茂的形式，使教材更为生动，提高学生的学习兴趣。

4.教材适于理论和实践一体化模块式的教学模式，在必需的理论基础上突出技能教学，使学生通过一段时间的实习，很快适应高级工的运用和操作。

《汽车维修企业管理》是全国交通高级技工学校通用教材之一，内容包括：企业管理的基本原理、现代企业制度、企业管理模式、企业管理创新、企业文化、企业形象、企业经营、企业决策、市场调研和预测以及质量管理、维修生产管理与技术管理、人力资源管理和财务管理等。

参加本书编写工作的有：苏州建设交通高等职业技术学校杨建良（编写单元一、单元二、单元三、单元四）、山西高级交通技工学校高世峰（编写单元五）、苏州新天地职业学校胡建方（编写单元六）、苏州建设交通高等职业技术学校杨虹（编写单元七）。全书由杨建良担任主编，南京市汽车维修行业管理处张弟宁担任主审。

限于编者经历和水平，教材内容难以覆盖全国各地的实际情况，希望各教学单位在积极选用和推广本系列教材的同时，注重总结经验，及时提出修改意见和建议，以便再版修订时改正。

交通技工学校汽车专业教材编审委员会

2005年7月

目 录

单元一　企业管理基本原理

课题一　企业的基础知识

一、企业的涵义

企业 是指具有法人资格，以盈利为目的，实行自主经营、自负盈亏、独立核算，从事商品生产、流通和服务活动的独立经济核算组织。

现代企业 是指适应社会化大生产的需要，运用现代技术，从事满足社会需求的各种经济活动，获取盈利，并能承担社会责任并引导企业成员共同成长的基本经济组织。

设立企业的基本条件。

- 股东或发起人符合法定人数。
- 有限责任公司股东出资或股份有限公司发起人认缴和社会公开募集的股本达到法定资本最低限额。
- 股份公司的股份发行、筹办事项应符合法律规定。
- 应有符合规定要求的公司章程。
- 应有公司名称，建立符合要求的组织机构。
- 应有固定的生产经营场所和必要的生产经营条件。

二、我国企业的特征

社会主义市场化。

- 生产力方面的特征：
  - 系统地采用科学技术。
  - 劳动分工精细，劳动协作紧密。
  - 严格的比例性和高度的连续性。
  - 广泛的外部联系和灵活的适应性。
- 生产关系方面的特征：
  - 企业是独立的商品生产者和经营者，具有法人财产权，自主经营，自负盈亏，自我发展，自我约束的市场主体。
  - 企业生产资料以公有制为主体，多种所有制形式并存。

三、现代企业的种类

◎ 按企业的组织形式划分:

- **单一企业** 是指一厂或一店就是一个企业,具有法人地位。
- **多元企业** 是指由两个以上的工厂组成的企业。
- **经济联合体** 是指松散的、相对稳定的经济联合组织。不具有法人地位。
- **企业集团** 是指在经济联合的基础上组建起来的,具有较紧密联系的企业群体组织,具有法人地位。

◎ 按照企业规模划分:

- 以固定资产额度划分为大、中、小型企业。
- 以生产能力划分为大、中、小型企业。
- 以销售额划分为大、中、小型企业。

◎ 按照企业同外资联合的方式划分:

- **合资企业** 是指合资双方或多方共同投资、共同经营、共担风险、共负盈亏的企业。
- **合作企业** 是指依据法律规定,确定合作双方的权利、义务和责任,实行契约式合营的企业。

◎ 按照企业财产的组织形式划分:

- **个体企业** 是指由一人出资经营,一切归个人所有和控制,单独负担无限清偿责任的经济组织。
- **合伙企业** 是指由两人或两人以上订立合伙契约,共同出资,合伙经营,并对企业债务负连带无限清偿责任的经济组织。属于自然人企业。
- **公司企业** 是指由两人以上的股东出资组建的,能够独立对自己经营的财产享有民事权利,承担民事责任的经济组织。
  - ■ **无限公司**(无限责任公司) 是指由两个以上的股东所组成,股东对公司债务负连带无限清偿责任的经济组织。无限公司的股东必须是自然人,公司不能作股东。属于法人企业。
  - ■ **有限公司**(有限责任公司) 是指由法律规定的一定人数所组成,股东以其出资额为限对公司承担责任,公司以其全部资产对公司债务承担责任的经济组织。适于资产规模较小的企业。
  - ■ **股份有限公司** 是指全部资本分为若干等额股份,股东以其所持股份为限对公司承担责任,公司以其全部资产对公司的债务承担责任的公司。适于资产规模较大的企业。

◎ 按照生产要素的比重划分:

- 劳动密集型企业。
- 技术密集型企业。
- 资金密集型企业。

四、现代企业的构成要素

- 人力——是指操作人员、技术人员、业务人员、管理人员及其拥有的知识和技能。
- 财力——是指企业经营活动所具备的资金。
- 物力——是指土地、构筑物、生产(业务)设备、仪器仪表、工具、原材料、半成品、成品等劳动手段和劳动对象。
- 信息——是指企业内外的各种情报、数据、资料、图纸、规章制度等。
- 时间——是指企业获得成功的时段、期间和机遇。是一种特殊的资源。

五、现代企业环境

企业环境支持或制约企业的生存与发展。

- 企业宏观环境。
  - 政治法律因素——党的路线、方针、政策以及国家的法律法规。
  - 社会文化因素——社会习俗、道德、价值观、人口结构。
  - 技术因素——资源转化为产品或服务所凭借的手段。
  - 经济因素——经济运行态势(以经济景气概念测度)。
  - 地域因素——区域范围所特有的基础和各种条件。
- 企业运行环境。
  - 客户——中间商或最终消费者。
  - 供应商——包括上游产品、资源供给者、资金支持者、信息提供者以及人才培养(提供)机构等。
  - 竞争者——资源和产品存在着争夺关系。
  - 营销关联者——运输、广告、保险、律师、审计以及媒体等日常业务关系户。
  - 社会团体——主要包括工会、妇联以及消费者协会等。
  - 政府部门——行政管理部门。主要包括工商、税务、环保、技术监督、物价、海关、规划、土地、卫生防疫等部门。

六、企业与环境的关系

- 适应环境——通常而言，企业总是难以去改变环境，只有通过战略规划和采取科学而又合理的决策去适应环境。
- 改变环境（影响环境）——改变、影响环境的主要手段就是“公共关系”。

公共关系 是指为实现其目的而去影响人们的活动。

课题二　现代企业制度

现代企业制度　是指适应社会化大生产和市场化经济体制的需要，以完善的企业法人制度为基础，具有独立财产权利和责任的一种有限责任制度。

一、现代企业制度的基础知识

图 1–1 说明了现代企业系统的运作过程。

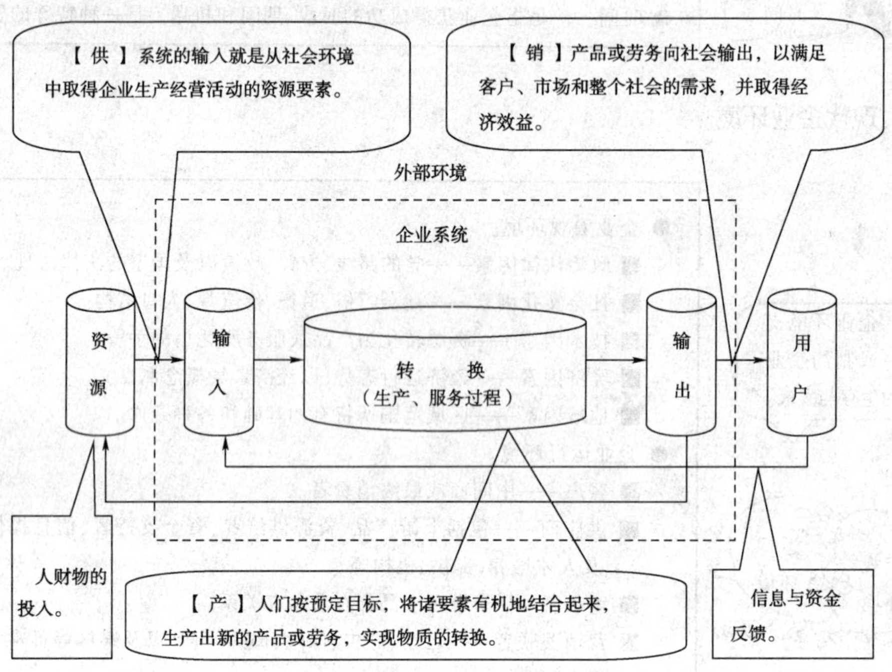

图 1–1　现代企业系统的运作过程示意图

现代企业的基本特征。

现代企业是现代市场经济社会中代表企业组织的最先进形式和未来发展主流趋势的企业组织形式。它的显著特征有：

- 所有者与经营者分离。
- 拥有现代先进技术，并与先进产品和人们的高水准生活相适应。

传统企业生产要素=场地+劳动力+资本+技术

现代企业生产要素=(场地+劳动力+资本)×技术

- 实施现代化的管理。
- 企业规模呈扩张化趋势。

二、现代企业制度

现代企业制度的涵义。

- 现代企业制度是符合社会化大生产特点，适应市场经济体制需要，体现为独立法人实体和市场竞争主体的要求，在国家各种特定法规的规范和约束下，企业具有独立的财产权利和自身的社会责任。
- 现代企业制度是现代市场经济中企业组建、管理、运营的规范化制度形式。
- 现代企业制度是适应现代化大生产要求的一种企业制度。
- 现代企业制度是我国企业尽快成为市场经济主体，走向现代化、国际化的一种企业制度。

现代企业制度的基本特征。

- 产权清晰。

  产权清晰　是指企业的财产归属这个大问题必须非常明确。长期以来对此一直没有得到明确体现，成了企业发展的症结。现代企业制度则明确了出资人就是企业财产的拥有者，代表了全部的法人财产权。
- 权责明确。

  权责明确　是指企业股东所有者权益与企业的法人财产之间，其职责、权限的边界必须完全清晰。企业与政府的行政主管部门不再存在隶属关系。
- 政企分开。

  政企分开　是指政府作为国有企业的出资人职能与政府社会经济管理者的行政职能必须彻底分开。
- 科学管理。

  科学管理　是指企业作为独立的法人，必须建立一整套适应市场的、科学规范的组织管理体系，即法人治理结构。各司其职，各负其责，互相制衡，实行有效的管理。

现代企业制度的基本内容。

● 现代企业法人产权制度。

■ 企业所有者(或股东)拥有企业财产的原始所有权。

■ 企业作为独立法人,拥有法人财产权。

■ 企业经理者(独立法人)受公司董事会的授权,具有企业经营权。

☆ 该种制度实现了原始所有权与法人财产权的分离，又实现了法人财产权与经营权的分离。它是一种规范、明晰的产权结构,是现代企业制度的基础。

● 现代企业法人治理制度。

■ 企业的产权结构决定企业的治理结构,而治理结构则是产权结构在管理上的实现形式。

■ 股东大会、董事会和经理之间的权责分配和制衡关系表现为:

◆ 股东大会是公司的最高权力机构。

◆ 董事会是公司的决策机构。

◆ 经理层是公司的经营管理者。

☆ 从股东大会、董事会、经理层由上至下层层授权,实施监督;反之,从下而上,层层负责,报告工作。既保证经理层的放手经营,又达到股东对公司的最终控制目的。

● 现代企业组织制度。

■ 按照现代企业组织制度的法律规范,区别企业不同情况,完善公司体制或其他财产组织形式。

■ 竞争性行业、基础性产业中的国有企业,具备条件的可采用股份制有限公司或有限责任公司的组织形式。

■ 特殊产业、军工企业可改组为国有独资有限公司的组织形式。

■ 企业集团可通过投资、控股、参股等方式组成以产权为纽带的母子公司体制。

■ 大型联合企业可向母子公司体制发展,也可采取分厂制或分公司制。

● 现代企业人力资源管理制度。

■ 打破内部管理人员与生产工人的界限,实行全员劳动合同制,实行双向选择。

■ 按照效率优先、兼顾公平的原则,制定不同的分配方法,实行企业自主薪酬制度。

● 现代企业会计制度。

■ 现代企业的会计制度具有国际通用规范的性质。主要包括通用的会计假设、会计原则、会计要素、会计恒等式、会计符号、会计报表、会计核算与分析方法等。

■ 现代企业的会计制度不仅用于企业盈亏的核算,更是企业财务管理的重要手段。

● 现代企业信息管理制度。

■ 信息是现代企业不可缺少的要素之一。

■ 运用电子计算机并形成网络,使企业内外信息通畅流动,将极大地提高管理效率。

课题三　企业管理学基础知识

一、企业管理的内涵、性质、职能及作用

1.企业管理的内涵

企业管理的定义至今各说不一,各有强调和侧重,主要有:

- 强调管理的作业过程——认为管理主要就是计划、组织、领导、控制的过程。
- 强调管理的核心环节——认为管理主要就是决策。
- 强调对人的管理——认为管理主要就是让其他人办妥交办的事。
- 强调管理者个人的作用——认为管理主要就是领导。
- 强调管理的本质——认为管理主要就是协调活动。

根据对管理本质及要素的共同认识,作者归纳并试提出如下定义:

企业管理　是指企业中的管理者通过计划、组织、指挥、控制、协调和领导等以人为中心的职能活动,有效地获得、调配和利用各种资源,以达到企业目标的全过程。

内涵　企业管理的内涵虽然众说纷纭,但综合归纳起来,无非一是“管”,二是“理”。管者即管辖、谋划;理者即治理、操作。它有如下基本特征,见图 1–2。

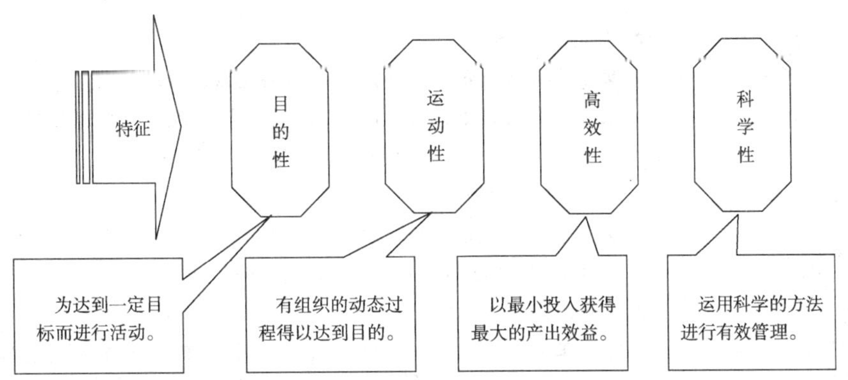

图 1–2　企业管理基本特征示意图

实质　企业管理的实质就是企业管理者通过管理权限,执行其管理职能,从而有序、有效地利用企业中的人力、财力、物力、信息和时空,实施既定生产经营目标的全部过程和全部内容。

属性　企业管理性质具有二重性。表现为管理的自然属性和社会属性两部分。这一论断是马克思在分析和研究资本主义企业管理本质时,首先提出的经典理论。他在《资本论》中指出:“凡是直接生产过程具有社会结合过程的形态,而不是表现为独立生产者的孤立劳动的地方,都必然会产生监督劳动和指挥劳动。不过它具有‘二重性’。”

企业管理的二重性:

- 一方面,管理同生产力和社会化大生产相联系,具有**自然属性**。
- 另一方面,管理同生产关系和社会制度相联系,具有**社会属性**。

管理的自然属性

管理的自然属性是由生产力与社会化大生产所决定的。社会化的共同劳动需要管理,没有管理,不仅生产力发挥不出来,且人的要素和物的要素也变得人不能尽其才,物不能尽其用,难以达到提高劳动生产率和物资利用率的目的。

管理的社会属性

管理的社会属性是在一定社会制度和生产关系下进行的,不同社会制度和不同历史阶段以及不同的社会文化都会使管理呈现一定的差距,使其具有特殊性,这些都是为了维护生产资料所有者利益,需要调整人们的利益分配而出现的生产关系。

企业管理既是科学又是艺术。

管理是科学与艺术的结合

- 管理是一门科学。
  - 管理是人类重要的社会活动,存在客观规律性。
  - 管理作为科学,就是指人们发现、探索、总结和遵循客观规律,在逻辑基础上,建立系统化的理论体系,并在管理实践中应用管理原理与原则,使管理成为规范化的理性行为。
  - 倘若不承认管理的科学性,不按规律办事,违反管理原理和原则,随心所欲,则必然受到规律的惩罚,导致失败。
- 管理又是一门艺术。
  - 管理虽是一门科学,却也不是可以教条、刻板地“按图索骥”似的“机械”操作,而必须因地制宜、因人而异、因时适从、因由相应,才能事半功倍,这就是管理的艺术和技巧。
  - 只承认、强调管理是科学,却排斥、偏废管理的艺术,是不全面、不完整的管理体系。
- 管理是科学与艺术的结合。
  - 论科学,是强调其客观规律性;论艺术,则是重视其灵活性与创造性。
  - 科学性与艺术性在企业管理实践中并非截然分开,没有明确界限,而是相互衬托、相辅相成,促进企业目标的实现。

2.企业管理的职能

企业管理的职能 是指企业管理系统中，管理者在整个管理活动中的职责、功能和程序。

- 不断完善生产关系。

  不断完善生产关系就是如何正确处理企业内人与人之间的关系，通过协调解决内部分配关系以及企业与国家、企业与协作者之间的关系。

- 合理组织生产。

  把人员、资金和物资3个生产基本要素合理组织起来，充分发挥人的核心作用。管理是生产力，管理水平的提高会促进生产力的发展。

- 正确处理企业与上层建筑的关系。

  企业必须在国家方针、政策、法律、法规允许范围内进行活动，企业管理活动受到上层建筑的促进和制约。由此而知，企业如何协调、适应上层建筑的要求是必然的职能。

目前，通常将企业管理的职能划分为计划、组织、领导和控制四大项。

- 计划职能。

  计划职能 是指企业在每项经营活动和管理活动实施之前，都应进行预计、谋划，提出目标和实现目标的途径、程序、日程、时间、办法等。它是企业管理的首要职能。主要内容有：

  - 课题、项目调查研究和预测工作(以市场调查预测为核心)。
  - 正确决策。
  - 编制工作计划、生产计划、营销计划、财务计划、采购计划、人力资源计划等各项计划。
  - 制定实现计划的战略、策略和方案。

- 组织职能。

  组织职能 是指对实现企业目标的各种要素和人们在经济活动中的相互关系进行组合、配置的活动。主要内容有：

  - 建立企业组织结构。
  - 划分职责和职权。
  - 建立信息沟通渠道。
  - 合理配置各项要素。

- 领导职能。

  领导职能 是指管理者或者管理机构通过下达计划、指示、命令等，以有效地指导和促进下级实现目标的活动。主要内容有：

  - 发挥领导统帅作用。
  - 集中领导与分工负责，各司其职。
  - 领导指挥与参谋指导。

▼

企业管理的具体职能。

■ 实施领导指挥的原则。

◆ 指挥的统一性。

◆ 指挥的权威性。

◆ 指挥的科学性。

◆ 指挥的明确性。

◆ 指挥的示范效应性。

◆ 指挥的强制性与说服教育性相结合。

● 控制职能。

控制职能　是指企业根据预定计划目标对所属各部门、各环节、各层次的经营管理活动情况，进行监督、检查和调节的全过程。其基本程序和内容有：

■ 确定控制标准。

■ 衡量实际效果。

■ 采取改进措施。

☆ 企业管理的计划、组织、领导、控制四大职能是一个统一的有机整体，它们灵活运用、适当侧重，才能形成管理活动的良性循环。它们的职能在时间上相继，空间内并存，相对独立，互相制约，共同构成一个完整体系。

四大职能

3.企业管理的作用

企业管理的作用。

● 企业管理是企业生产经营好坏的决定因素。

企业管理是直接影响企业人、财、物诸因素组织得科学与否，利用是否充分的决定因素。有人说企业的成败，"三分在技术，七分在管理"，事实证明不无道理。

● 企业管理是企业提高经济效益的重要手段。

有人认为企业管理和科学技术是经济发展、提高经济效益的两个"翅膀"，非常形象、贴切，然而又与先进的管理尤为密切。

● 企业管理是建设两个文明的三大支柱之一。

现代文明(物质文明与精神文明)的发展要靠管理、科学、技术三大支柱。其中，管理是最实际、最重要的关键因素。

二、企业管理的演变发展

随着人类社会的产生，管理思想始终就在孕育和发展。自古有之，源远流长，在人们漫长而重复的管理活动中逐渐演变形成。随着社会生产力的不断发展，人们把各种管理思想加以归纳总结、去粗存精、千锤百炼，形成了一整套管理理论。人们运用这些管理理论又去指导管理实践，并不断修正、完善，企业管理取得长足进步，创立了更为完美的、先进的、现代的企业管理体系。图 1–3 反映了管理思想、管理理论、管理实践三者之间的关系。

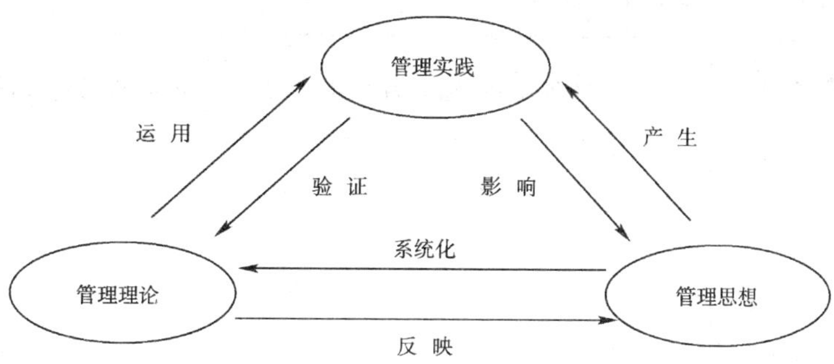

图 1-3　管理思想、管理理论、管理实践三者关系示意图

1.传统管理阶段(18 世纪工业革命~20 世纪初)

早期管理理论的特点。

18 世纪上半叶，出现了机器代替手工劳动的生产工艺和组织方式,这就是资本主义的机器大工业。个人的劳动变得越来越简单,而协作的过程和要求却越来越复杂,管理的难度则越来越大。

- 企业的所有者与管理者没有完全分离,专职管理者很少。
- 管理的指导思想始终认为工人总是存在惰性,必须采用强制性管理。
- 管理的方式是家长专制式,独断专行,老板说了算。
- 管理的依据是凭个人的经验和感觉,不靠数据而靠记忆,靠主观判断,没有计划,管理程度和效果全凭个人的感觉和经验。
- 工人凭个人习惯和经验操作,没有科学的操作规程、规范。
- 管理人员的管理能力和工人的技能培养主要靠师傅带徒弟的学徒制方式,并无统一的标准和要求。

早期管理理论。

早期管理理论的代表人物和理论(观点):

- 〔英〕亚当·斯密——提出劳动价值理论和劳动分工理论。
- 〔英〕查尔斯·巴贝奇——进一步发展了劳动分工理论。
- 〔英〕罗伯特·欧文——重视人的因素的理论。
- 〔英〕安特鲁·尤尔——提出并强调规章制度理论。
- 〔法〕德拉维勒——研究工人培训理论。
- 〔美〕汤恩——倡导管理人员职业化理论。

2.科学管理阶段(20 世纪初~20 世纪 40 年代)

古典管理理论的特点。

20世纪初，随着科学技术的发展，市场和企业规模的不断扩大，对管理工作的要求越来越高，客观上要求管理工作逐步形成为一种专门的职业，建立专门的管理机构，采用专门的管理制度和方法。同时，也要求对过去积累的管理经验进行总结提高，使之科学化，并上升为较为完整、完美的一套科学理论。由此，科学管理理论应运而生。

- 为社会需求生产优质产品，实施统一的标准化、定额制生产。
- 生产活动中努力采用新技术、新材料、新工艺，依靠科技进步促进生产。
- 保持生产的连续性和比例性。
- 严格约束工人的高度组织性和纪律性。实行计件工资制。
- 实行集中领导和指挥，按照计划进行生产经营活动。

泰罗管理理论要点。

泰罗——
科学管理之父

泰罗([美]古典管理学家 1856—1915) 科学管理的主要倡导人，被誉为“科学管理之父”。于 1911 年出版《科学管理原理》一书，从而开创了科学管理新时代。他所研究的管理制度被称为“泰罗制”，其目的是为了提高工作效率和降低生产成本。

- 作业管理方面的要点：
  - ■ 工作定额原理(合理日工作量)。
  - ■ 第一流工人原理(激发劳动热情、培训、提高能力、提高劳动生产率等)。
  - ■ 标准化原理(操作方法、要求、工具、时间、设备、环境等)。
  - ■ 差别计件工资原理(工资率——完成或超额完成定额，则按较高工资率付酬，反之，按较低工资率付酬)。
- 组织管理方面的要点：
  - ■ 实行管理职能与作业职能分离原则(设立专门管理部门、管理人员专业分工)。
  - ■ 实行“职能工长制”。
  - ■ 实行“例外原则”(例行的一般日常事务授权下级处理，自己只保留对重要事项的决定权和监督权)。

法约尔管理理论要点。

法约尔——管理过程理论之父

法约尔([法]·古典管理学家 1841—1925) 欧洲古典管理理论创始人,被称为“管理过程理论之父”。1916 年发表《工业管理和一般管理》,从理论上概括了一般管理的职能、要素和原则,把管理科学提升到一个新的高度。

- 企业经营活动归类。

  包括:技术活动、商业活动、财务活动、会计活动、安全活动及管理活动等 6 类。

- 企业管理的基本职能归类。

  包括:计划、组织、领导、协调和控制等 5 个要素。

- 企业管理的一般原则。

  包括:劳动分工协作、权力职责相当、统一领导、统一指挥、严明纪律、个人利益服从整体利益、报酬公平合理、集权与分权、企业层次与部门协调、维护经营秩序、平等公正、人员稳定、激励创造、培养团队精神等 14 项原则。

- 管理者素质与训练。
  - 生理、心理方面——健康、精力、风度。
  - 智力方面——理解与学习能力、判断能力、思想活跃敏锐能力、适应能力。
  - 精神方面——干劲、坚定、负责、首创、忠诚、机智、庄严。
  - 教育方面——专业知识及职责范围外的一般知识。
  - 经验方面——稳定职业范围、资历、绩效。

韦伯管理理论要点。

组织理论之父马克斯·韦伯

马克斯·韦伯([德]·著名社会学家 1864—1920) 德国古典管理理论的代表人物,被称为“组织理论之父”。他在管理学上的主要贡献是提出了“理想”的行政组织体系理论。

- 权力论(权力与权威是组织体系的基础)。
  - 法定的权力与权威是以企业内部各级领导职位所具有的正式权力为依据的。
  - 传统的权力是以古老传统的不可侵犯性和执行这种权力的人的地位的正统性为依据的。
  - 超凡的权力是以个别人的特殊的、神圣英雄主义或模范品德的崇拜为依据的。
- “理想”的行政组织体系(不是最需要的,却是“纯粹的”形态)。
  - 企业成员应有明确的任务分工,上下层次职位,责权应分明。
  - 人员任用要以职务要求,经培训考核合格后任命。一视同仁。
  - 管理应与资本分离。
  - 人员之间关系是工作与职位关系,不受个人感情影响。

梅奥([美]·古典管理学家 1880—1949) 曾在哈佛大学任教,从事哲学、医学和心理学研究。1927 年应邀参加芝加哥西方电气公司霍桑工厂进行有关科学管理的试验,研究工作环境、物质条件与劳动生产率的关系,取得一系列成果:发表了《工业文明中人的问题》和《工业文明中的社会问题》,对人际关系理论做出重大贡献。梅奥的人际关系理论为管理思想的发展开辟了新的领域,标志着人们从早期科学管理思想单纯重视组织形式及方法的研究,开始转向对人的因素在企业中作用的研究,称为"新古典理论"。

- 人是"社会人",而并非早期描述的"经济人"(详见单元六 课题四)。

  人们不仅追求金钱,还追求友情、安全感、归属感和受人尊敬。

- 生产效率主要取决于职工的工作态度和人际关系。
- 承认、重视"非正式群体"的存在和作用,化弊趋利,否则有害无益。

3.现代管理阶段(20 世纪初~至今)

现代管理思想最早起源于第二次世界大战,20 世纪 60 年代以后有了更快的发展。这一时期的科学迅猛发展,科技成果被广泛应用到生产领域,企业生产过程的自动化、连续化以及社会化空前高涨。企业规模急剧扩大,涌现出大批跨国公司和企业集团,市场竞争异常剧烈,市场环境快速变化都对企业提出更高的要求,从而进一步推动了企业管理思想的向前发展,形成了许多管理学派。

- 突出经营决策。

  提出了"管理的重心在经营,经营的重心在决策"。

- 实行以人为中心的管理。

  提出了以尊重人为口号、以激励人为手段的观念,实行智力开发投资,开展职工终身教育政策。

- 实行系统管理。

  将系统论、控制论原理引进到企业管理中来,利用最优化观念进行经营决策。

- 广泛运用现代管理工具和现代科学技术。

  将运筹学、价值工程理论以及电子计算机、网络技术等广泛应用于生产经营管理领域,极大地推动了企业管理效率和管理水平。

● 需要层次理论([美]亚布拉罕·马斯洛　心理学家)

■ 认为人的需要取决于他已经得到了什么,尚缺少什么,只有尚未满足的需要才能影响其行为,已满足的不再起激励作用。

■ 需要存在着层次——当一个层次的需要得到满足后,另一层次的需要又出现。

■ 需要层次分为5个等级(见图1-4)——①生理需要;②安定或安全需要;③社交和感情需要;④自尊和受人尊重需要;⑤自我实现需要。

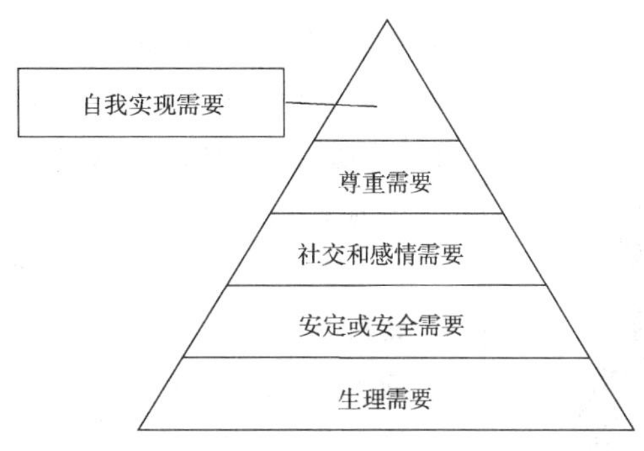

图1-4　马斯洛需要层次示意图

● 双因素理论([美]赫茨伯格　心理学家)

■ 满意因素(激励因素)——是指可以使人得到满足和激励的因素,它适合个人心理成长。包括:成就、赞赏、工作、责任感、上进心等(详见单元六　课题四)。

■ 不满意因素(保健因素)——是指如果缺少这些因素,则易产生不满意见和消极的因素。如果改善这些因素,则能维持或激励个人更好的表现。包括:企业的政策与管理、监督、与上级的关系、与同事的关系、与下级的关系、工资、安全、个人生活、工作条件、地位等。

● X、Y理论([美]道格拉斯·麦格雷戈　教授)

■ X理论要点(该理论适于简单劳动)。

◆ 人的本性是懒惰的,只要有机会就会逃避、敷衍工作。

◆ 对大多数人而言,必须进行强制监督、指挥、管理,才能使其付出足够的努力完成交办的任务。

◆ 对大多数人而言,只满足平平稳稳地完成工作,而不愿干有压力的创造性的工作。

■ Y理论要点(该理论适于复杂劳动)。

◆ 人并非生来就是懒惰的,要求工作是人的本能。

◆ 在正常情况下,人愿意承担责任,乐于发挥聪明才智和创造性。

◆ 在正常情况下,个人追求欲望和企业目标要求没有根本矛盾,只要管理得当,人们就会将它们统筹处理好。

管理科学学派的论点。

管理科学学派又称数理派(代表人物为伯法、布莱克特、丹齐克、丘奇曼等人)。管理科学学派是泰罗的“科学管理”理论的继续和发展。以运筹学、数理分析、系统工程为基础,以计算机技术为手段,运用数学模型与程序形式,吸取了现代自然科学和技术科学的新成果,形成一种现代的企业管理科学学派。

- 生产和经营领域的各项活动都是以企业总的经济效益作为评价标准,即要求行动方案能以总体的最小投入,获取最大产出。
- 借助数学模型求取最优方案,使每项活动效果定量化。
- 广泛应用电子计算机进行各项管理活动。
- 强调运用先进的科学理论和管理方法。如系统论、信息论、控制论、运筹学、概率论等数学方法和数学模型。

管理科学学派解决问题的程序一般为:

- ■ 提出问题。
- ■ 建立研究系统的数学模型,然后对数学模型求解。
- ■ 检查数学模型及其解的实际意义。
- ■ 对所求的解进行控制。
- ■ 实施方案。

系统科学学派的论点。

系统科学学派(代表人物为卡斯特、罗森茨韦克、约翰逊等人)。系统科学学派源于一般系统论和控制论,它侧重于用系统的观念考虑企业结构和管理的基本职能。

- 企业本身是一个以人为主体的人为组织。

企业本身由许多相互联系的子系统构成。包括:目标、技术、工作、结构、正式组织与非正式组织、外界因素等。企业中任何子系统的变化都会影响其他子系统的变化,企业的运行效果是通过各个子系统相互作用的效果决定的。

- 企业是社会大系统中的一个子系统。

企业并不是一个封闭的人为系统,而是开放的,是更大的社会系统中的一个子系统。当然不可避免地会受到周围环境的影响;反之,也会影响环境,从而求得企业自身的动态平衡。

- 管理总是建立在系统的基础之上的。

管理要善于将各种资源要素集合起来,形成一个整体。管理人员又必须从整体出发,研究企业各部分之间的关系和企业与外部环境的关系,以便做出正确的决策,进行组织、协调和控制。

决策科学学派（[美]赫伯特·西蒙　管理学家、心理学家、计算机科学家 1978 年诺贝尔经济学奖获得者）。决策科学学派是在系统理论的基础上，吸收了统计学、运筹学、行为科学和计算机技术等研究成果而发展起来的。

● 决策分为程序决策和非程序决策。

■ **程序决策**　是按既定程序进行的决策。如生产决策、采购决策、贮存决策、财务决策、员工培训决策等。

■ **非程序决策**　是指在非常规的、非结构性的、新出现的、极为重要又非常复杂，且无先例程序可遵循的情况下进行的决策。如新市场决策、新产品决策、竞争应对决策、企业远景决策等。

● 决策贯穿管理活动全过程。

不管是机构设计、权限分配、确定目标、制定计划、选择方案、检查监督、生产控制等无不需要决策。

● 强调决策人的作用。

企业本身主要就是决策人所组成的系统。管理决策的问题往往都是较复杂而又棘手的，影响因素也是多种多样的，有的还是很难定量的，而要靠长期工作的丰富经验来确定，因此，决策人的经验和智慧是非常重要的。

权变科学学派（[美]卢桑　管理学家、[英]伍德沃德 学者）。权变是指具体情况，具体解决。

权变科学学派的核心思想是：不存在一成不变的、无条件适用于一切企业的最好的管理方法。强调在管理中要根据内外环境的变化而随机应变，寻找不同方案和不同方法。

● 环境变量与管理变量之间存在着函数关系，即权变关系。

这里所指的所谓环境变量，既包括企业的外部环境，也包括企业内部各部分之间的环境。而管理变量则是指管理者在管理中所选择和采用的管理观念和技术。

● 在一般性情况下，环境是自变量，管理观念和技术是因变量。

鉴于上述陈述，若环境条件一定，为了更快地达到目标，必须采用与之相适应的管理原理、方法和技术。

● 管理模式并非一成不变。

■ 管理模式要适应不断变化的环境，进行变革。

■ 管理模式要根据企业的实际情况选择最适当、最适宜的管理模式。

● 管理必须与实践相结合。

管理必须实地考察、研究企业各项活动的真实面貌，才能真实反映企业本来的实际情况，解决问题才能真正奏效。

◎“人本管理”理论。

人本管理 是指以人为核心的管理。“人本管理”理论是在“社会人”基础上发展起来的一个新的管理思想体系。随着社会的进步,人在管理中的作用越来越重要,主要论点有:

● 发挥和应用企业中最特殊的要素——人的作用。

● 运用行为科学,重新塑造人际关系。

● 增加人力资本,提高劳动生产力质量。

● 改善人力资源管理,充分利用人力资源。

● 推行民主管理,提高参与意识。

● 建设企业文化,培育团队精神。

◎“组织再造”理论。

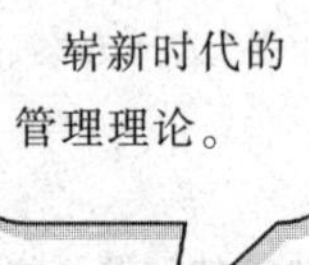

组织再造 是指对企业的运作过程进行重新思考,彻底翻新,以便在成本、质量、服务与速度上获得改善的活动方法和形式。主要论点有:

●“组织再造”理论的中心思想是强调组织必须采取激烈的手段,彻底改变管理工作方法。强调“一切重新审视,从头开始”。

● 挑战传统理论。

传统的理论总是主张改良、改善,而“再造”理论却认为时代变迁至今,传统的思想已成了束缚发展的桎梏,为了适应生存和发展,必须重组、再造。

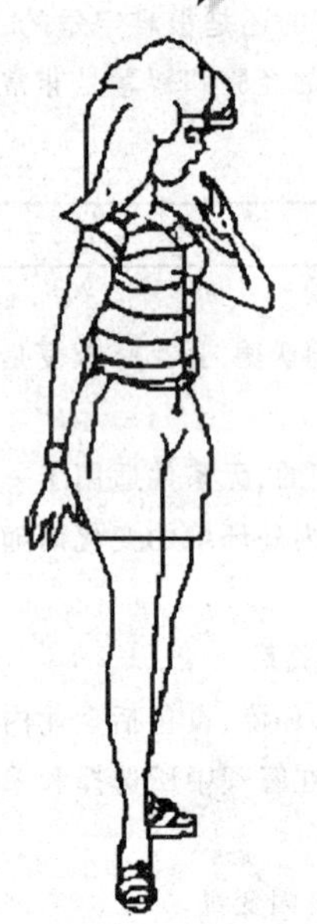

◎“学习型组织”理论。

学习型组织 是指培养员工学习气氛,充分发挥创造能力的可持续发展组织。“学习型组织”理论是美国麻省理工学院彼得·圣吉教授在其《第五项修炼——学习型组织的艺术与务实》中提出的。主要论点有:

● 建立共同远景目标,开展团队学习。

■ 把企业建成一个生命共同体,包拓远景价值、目的、目标与使命。

■ 学会集体思考的习惯和能力。

■ 员工彼此理解,协调一致,发挥出综合效率。

● 善于学习,锻炼系统思考能力。

■ 强调“终身学习”、“全员学习”、“全过程学习”、“团体学习”。

■ 强调要把企业看作一个系统,并将其融入社会这个大系统内。

■ 考虑问题既要看局部,更要高屋建瓴看整体。从广角镜看世界。

■ 考虑问题既要看当前,又要高瞻远瞩看长远。从天文镜看长空。

● 追求自我超越。

■ 不断认识自己,认识外界的变化,认识世界的未来,建立新的目标。

■ 做事精益求精,百尺竿头,更进一步,发展自我,超越自我。

● 改善心智模式。

■ 勇于、善于挑战传统,改进认识问题的方式和方法。

■ 不耻下问,不断学习,不断进步。

人类已经进入21世纪。我们面对的是一个崭新的知识化、网络化和全球一体化的知识经济时代。市场无比广阔,前景无限美好,科技迅猛发展,资本极度膨胀,需求越发昂扬 ,产品眼花缭乱,环境瞬息万变,竞争异常剧烈。对于一个企业来说,要想站住脚跟,千难万难,没有十足饱满的精神,没用最先进的管理理论作指导,没有渴求的人才,没有入时的经营策略,没有现代化的管理制度,没有创新意识,没有最新式的装备,没有危机感等,恐怕很难生存发展。只有适应时代脚步,才能昂首阔步。

- 深入广泛地进行21世纪管理理论研究,探索21世纪发展之路。
- 崇尚客户价值至上,更新营销理念,实施全过程服务,开展售后服务活动。
- 经营视野全球化,互相渗透,建立战略联盟,以适应经济全球化的历史趋势。
- 注重环境保护, 为子孙后代留下一片绿山清水的优良生存环境, 使社会、经济保持可持续发展。
- 重视社会责任与商业道德。
- 经营事业归核化。

  归核化　是指以核心竞争力定位经营领域, 企业业务向具有核心竞争力的领域靠拢。
- 经营内容多元化,生产系统柔性化,效益目标长远化,管理弹性化。

  柔性化　是指不是一成不变、僵硬的理论推演,而是刻意创新,富有弹性,充满“情景策划”的气氛。
- 实施管理本土化。高中级经理、研究开发和公司风格当地化。
- 大力采用高科技,迎接新一轮高科技革命。
- 坚持创新,保持活力。
- 更加重视资本运作与资产经营。
- 广泛应用电子商务,省人、省时、省消耗,增效益。
- 强调信息功能的重大作用。

  针对市场的瞬息万变,市场的剧烈竞争,必须广泛、及时、有效地收集、分析各种信息,以利于决策。
- 促进大物流领域全面进入生产、流通、消费全过程。以物流为基调改造现有经营流程,开辟第三利润源泉。

三、现代企业管理的基本原理

1.系统管理原理

系统 是指由若干个既联系又相对独立的要素所组成的具有特定结构、机制、规律和功能的有机整体。

系统管理的涵义 企业是个系统,管理也是个系统。每个企业、每项管理、每个人,虽都处于一个系统内,却都不是孤立存在的,它们又与周围各系统发生各种形式的“输入”和“输出”关系,同时,这个系统又从属于一个更大的系统内。因此,要实现企业目标,必须对管理活动及其各要素进行系统分析,综合运作,这就是管理的系统原理。其要点如下:

- 目标明确。

系统及其内部各子系统都应有明确而又具体的目标和方向。

- 整体发展。

系统要素之间相互关联,以整体为主,局部服从整体。

- 层次清晰。

系统是由多层次构成的递阶结构。明确各自的地位、作用和关系。

- 适应环境。

系统外界对系统有“输入”,系统对外部环境有“输出”。

- 运动状态。

系统的稳定状态是相对的,运动状态则是绝对的。运动是系统的生命。

2.效益管理原理

效益管理的涵义 效益原理是关于企业管理目的的原理。企业要谋取最大化利润,必须提高竞争能力,才能得以生存、发展。因此,企业生产经营活动的目的就是要努力提高经济效益。其要点如下:

- 将效益最大化作为企业最终的目标。

企业要通过加强管理工作,做到以尽量少的活劳动消耗、物化劳动消耗和尽量小的资金占用,同时生产出尽可能多的产品,不断提高经济效益。

- 全局效益重于局部利益。

追求局部效益必须与追求全局效益一致。当然,局部利益是全局利益的基础,沒有局部利益,也难以提高全局利益。

- 管理应以追求长期稳定利益为基调。

企业竞争的异常剧烈,不能只着眼于眼前的利益,不重视新品开发,不提高产品质量,不降低生产成本,那样随时有落伍甚至被淘汰的危险。因此,企业经营者必须有远见卓识和改革创新精神。

3.能级管理原理

能级管理原理。

能级管理的涵义　能是做功的本领，能量有大有小，如果将能量按大小排列，则犹如梯级，称为能级。能级本是现代物理学的概念，现在用于企业，将机构、人员、制度、方法、产品、服务、资金等按其大小、能力、优劣、先后等因素比喻为能量，用来表示能级的数值。那么由此而知，能级在管理中发挥不同的作用和效率。将此概念运用到企业管理，无疑是一种十分有效的手段和工具。

- 根据系统、岗位、职责的要求，形成完整的、有层次的、尽责尽才的管理能级。
- 管理能级分为组织能级和个人能级两种。
  - 组织能级　是指企业的分级管理。如战略决策层、职能管理层、基层管理层的划分。组织能级要求管理系统中的每个要素都能各在其位，各谋其政，行其权，尽其职，以保障该能级目标的实现。
  - 个人能级　是指个人能力的合理开发和使用。人的能力差异表现在能力水平、能力类型、能力形成的快慢方面，因此，不同的人应该置于他最适合的岗位能级里，做到量才施用、人尽其才，并挖掘出个人潜能。
- 能级的确定必须保证能级结构的稳定性。
- 不同的能级应授于与之适应的、不同的权力和责任。
- 各类能级应当处于动态中。
  - 应当使不同才能的人处于相应的岗位。
  - 人的能力是变化的（或环境在变化），那么，他所处的能级也应该是在变化的。实现动态对应，才能经常保持最佳管理效能。

4.动力管理原理

动力管理原理。

动力管理的涵义　现代企业管理都是以人为中心展开的，那么，从人的工作态度而言，人的主动性和创造性就显得特别重要了。

从另一个角度来说，如何充分利用各种诸如管理要素、环境、机制等因素来激励人的动力，也是一个相当重要的课题内容。

- 动力的构成（物质动力、精神动力、信息动力和工作动力）。

  根据不同的环境、时间、条件和对象，有针对性、有侧重地选择不同的动力因素。
- 物质动力是由物质利益驱动的。
- 精神动力是由观念、理想、信仰等精神因素促成的。
- 信息动力是由信息反馈对企业活动的推动造成的。
- 工作动力是工作设计、任务和职权授予产生的鼓动力推动的。

四、现代企业管理制度

1.现代企业管理的新内涵

- 传统的企业管理中心内容是对企业中的人力、财力和物力实施管理。随着企业规模逐渐扩大，从产品经济向商品经济转移，继而，又向知识经济过渡，现代企业管理的内涵发生了质的变化。除了人力、财力和物力之外，而且还包括信息、时间和空间。
- 除上述中心内容的基本因素有了质的变化之外，其管理理论、原理、原则、方法、手段等也都注入了新的概念。

综上所述，现代企业管理较传统企业管理在目的性、运动性、高效性和科学性等诸方面都有了质的飞跃。企业越大、越现代化，企业管理越发显得更重要，常言道“三分技术，七分管理”，就是这个道理。

2.现代企业管理的基本任务

工业企业管理的基本任务。

- 按照社会化大生产的客观规律，合理而严密地组织本企业的生产经营管理活动，从而最充分有效地利用企业中的人力、财力、物力、信息、时间和空间，生产社会所需的优质产品。
- 取得企业最好的经济效益和社会效益。

汽车维修企业管理的基本任务。

- 根据汽车客户的维修需求，采用先进技术和先进设备，充分调动企业的人力、财力、物力、信息、时间和空间，及时、快捷、规范、安全、有效地组织维修作业，使客户高兴而来，满意而去。
- 保护环境，降低消耗，缩短在修车日，保证维修质量，合理核价。
- 极力开展修后服务。
- 增加盈利，扩大积累，发展企业。

3.现代企业管理的基本内容

现代企业管理的基本内容。

- 战略管理
- 决策管理
- 信息管理
- 资金管理
- 成本管理
- 技术管理

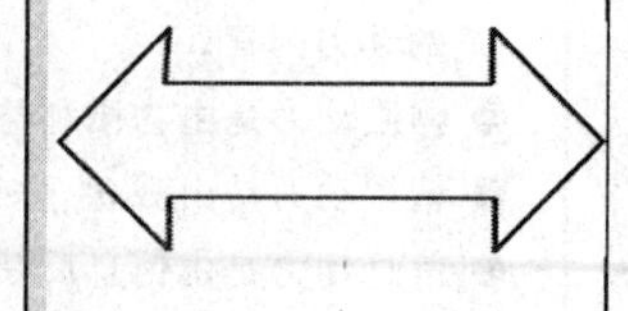

- 质量管理
- 设备管理
- 物资管理
- 人力资源管理
- 安全、环保管理
- 品牌、形象管理

4.现代企业管理的基本手段和要求

现代企业管理的基本手段和要求。

- 管理思想现代化——现代企业管理的核心。
- 管理组织高效化——现代企业管理的重要保证。
- 管理方法科学化——现代企业管理的基础。
- 管理技术电子化——现代企业管理的重要工具。
- 管理人员专业化——现代企业管理的重要条件。
- 管理方法群体化——现代企业管理的根基。
- 管理模式特色化——现代企业管理的必要形式。

五、现代企业管理的基础性和务实性工作

脚踏实地，一步一个脚印。

- 制度建设——工作制度、责任制度和各项专项制度。
- 管理基础教育——思想政治教育、企业管理教育、科学文化教育、业务技术教育、法律法规教育、环保卫生安全教育等。
- 标准化建设——管理标准、技术标准、工艺标准、工作规范。
- 编制技术经济定额——工时定额、材料消耗定额、费用定额等。
- 计量与检测——计量制度、计量器具、检定、测试等。
- 信息——收集、传递、储存、整理、分析、应用。
- 商标、品牌、广告、宣传、公共关系。
- 销售网络建设、售后服务、投诉处理。
- 市场竞争、市场调研、市场预测、市场细分、市场目标。
- 电子商务、网络建设。
- 企业内外物流建设。
- 资金运作，利润分配、资本积累、企业扩张。

单元二　汽车维修企业管理模式与企业管理创新

课题一　现代汽车维修企业管理模式

汽车维修企业管理模式　是指在汽车维修企业管理实践中，管理者根据企业价值观，组织、指挥、激励和控制员工的方式，以及企业管理系统化指导与控制方法的综合或者管理者领导风格和企业激励机制间的有机结合形态。

实质　汽车维修企业管理模式通过将企业的人、财、物、信息、时间和空间等资源，高质量低成本快速转换成修竣了的维修车辆，使有限的资源发挥更大的效益，以实现企业经营管理的目标。

一、现代企业管理模式的内容

从广义上分为两类：

- 软性的理念。

  软件方面包括目标、信念、价值观和企业文化等。

- 硬性的标的。

  硬件方面包括技术、设备、方法、规章制度、组织机构和财务分析等。

从狭义上分为 4 类：

①经营理念和企业文化。

②领导体制和决策。

③管理技术。

④管理体制和管理规章。

对于企业管理模式的理解，通常都是从狭义角度出发的。

①经营理念和企业文化。

- 经营理念和企业文化处于企业管理模式的核心地位。
- 经营理念和企业文化渗透和影响企业管理模式各方面，决定企业行为模式和企业目标优化模式，以潜移默化而又深刻的方式影响企业的系统选择和构造，调节企业管理模式运行机制的每个方面和环节。

②领导体制和决策。
- 领导体制和决策是企业为进行有效的决策活动而相应地设置的组织机构与组织关系，以及保证决策过程运行的制度和方法。
- 领导体制和决策对企业管理模式的影响，主要体现在企业目标的确定、目标的贯彻、目标的实施保证以及决策控制系统的建立等方面。

③管理技术。
- 管理技术是有效使用资源的手段或途径。
- 管理技术包括管理方法和管理规程，其管理方法是企业在整合资源过程中所使用的工具，直接涉及资源的有效配置。其管理规程规定三流(物流、资金流和信息流)的流程、方向、路径和形式。

④管理体制和管理规章。
- 管理体制包括职能分工、信息和指令传递系统。
- 管理规章包括从根本的产权制度直至企业内部规定、制度等各个方面，它是企业以及企业内员工的行为尺度和标准。

二、现代汽车维修企业管理模式的特点

现代汽车和科技的新发展引发了维修企业管理模式的革命。现代汽车维修企业的管理呈现出融结构化管理、知识化管理、网络化管理、服务化管理、信息化管理、国际化管理、电子化管理、生态化管理等于一体的全新管理模式。

其中，结构化是前提，知识化是基础，网络化是条件，服务化是宗旨，信息化是资源，国际化是趋势，电子化是手段，生态化是要求。

现代汽车维修企业必须具有鲜明的核心竞争力，为此，必须保持动态优化的企业结构、治理结构、经营结构、组织结构等各项结构。
- 要有适应的规模和性质，并且不断并购或收缩，始终保持合理的企业结构。
- 要密切注重财务动态，尤其是债务结构，以保持合理的资产负债率，把财务风险控制在一定范围内，形成优良的财务结构。
- 要健全各管理层级的监督、制约和激励机制，保障各方利益不受侵害。
- 要突出维修主业，使核心竞争力的经营结构保持在最佳状态。
- 要改革维修企业的管理体制和组织结构，探索适合自身发展的管理体制，形成合理的组织结构。

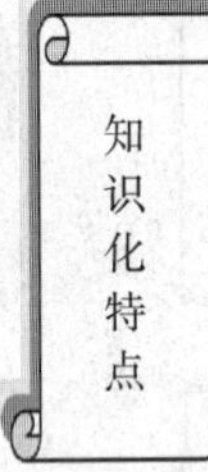

知识化管理 是指通过知识资源或知识资产的计划、组织、领导、协调、控制和创新等，来实现知识经营目标的活动和过程。

在知识经济时代，汽车维修企业应该变革观念，转变过去单纯以经验管理为主的习惯做法，尊重知识，重视知识，将知识作为一种生产力的战略资源，开展知识经营，逐步实现知识化管理。

- 知识化管理通过应用大科学、高技术、多知识，以一定自然资源的耗费，维修好车辆，服务好客户的更多、更高的要求。
- 知识化管理的核心问题，不再是研究如何维修好车辆的问题，而是研究如何更有效地开发知识、利用知识，更好地、简便地、有效地为客户服务。
  - 一方面表现为企业将极力采用知识含量或技术含量越来越高的维修手段；反之，尽力避免低劣的、粗糙的、繁复的维修手段和方法。
  - 另一方面表现为汽车维修企业管理中，运用更高级、更尖端的现代管理知识，对维修业务、工艺装备、物资、人力、财务等进行全新管理。

上述这些，都表明汽车维修企业管理加上维修经营中的知识密集度大为增强，知识含量更为提高。

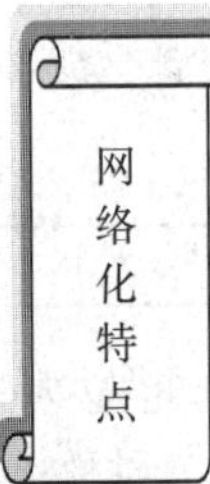

互联网 是泛指由多个计算机网络互连而成的计算机网络。

因特网 是指使用大写字母 I 的 Internet(因特网)，它是指当前全球最大的、开放的、由众多网络相互连接而成的特定计算机网络，它采用 TCP / IP 协议族(其前身为美国的 ARPANET)。

因特网是有史以来最了不起的网络组织形式，其组织的广泛性、层次性、规模性、实效性等，是任何网络组织机构所无法比拟和替代的。

- **网络化管理** 就是企业为了实现其目标，通过互联网开展企业治理和管理活动，进行计划、组织、领导、指挥、协调、控制和创新的过程。
- 互联网使维修市场空间缩小了，距离缩短了，速度加快了，为实现维修管理创造了条件，为维修企业了解信息、成功经营奠定了基础。
- 要实现信息化和全球化，就必须依靠完善的网络基础。当代的网络主要指“三网”，它们都是现代企业管理离不了的重要网络系统。
  - 电信网络(如电话网、传真、电话会议和数据等)。
  - 有线电视网络(有线电视、电视广告等)。
  - 计算机网络(电子商务、多媒体、电子邮件、数据传输和搜索等)。

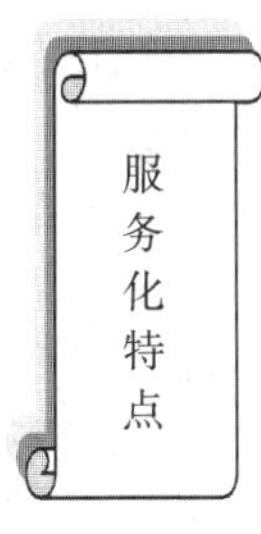

服务　是指一种能够向另一方提供无形性而又不发生所有权转移为基本特征的行为或表现。

面对未来，汽车维修服务业必然具有更广阔的发展前景，对服务业加强管理是必然的趋势。然而，对“服务”的理解，还不能仅仅限于服务业及服务业管理这层概念，还包括另一个重要的内容，即在维修企业自身管理中也体现“服务”这一概念。因此，对服务业应该进行管理以及在管理中也应体现“服务性”这两个概念。

- 汽车维修企业对外、对内树立服务意识并搞好服务显然比以往更重要。
- 对服务进行管理是进入服务社会的客观要求。
- 服务管理是在管理中体现“服务”的一种重要宗旨。
  - 服务管理是赢取客户、赢得员工，并在人际关系竞争中取胜的可靠而又有效的选择。
  - 服务管理也是在维修企业中创造和谐气氛的必然要求。

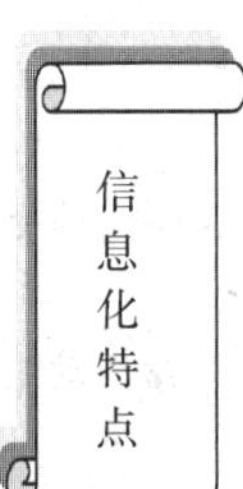

信息　是指能反映客观事物特征的，由发生源发生的，经过加工和传递，可以被接收、理解和利用的消息、数据、资料、信号及其各种内容的情报或知识的总和。

企业信息化　是指挖掘先进的管理理念，应用先进的计算机网络技术去整合企业现有的生产、经营、设计、制造、管理，及时地为企业提供准确而有效的数据信息，以便对需求做出迅速反应和提高企业核心竞争力的体制。

信息、物质和能源是构成客观世界的三大要素。信息在汽车维修经营活动中，正起着越来越重要的作用。

- 一则，当今各国应付物质资源衰竭的对策，主要是增加信息知识和技术的投入，从而节省原材料和能源的消耗量和消耗速率。
- 再则，由于信息技术的发展，正在逐渐取消“时间”和“距离”概念。

- 维修企业信息化的模式(见图 2–1)。
  - 维修企业—行业互动模式。
  - 经营挑战—反应模式。
  - 雁行模式。

控制　输入　处理　输出　反馈

图 2–1　维修企业信息化模式

雁行模式　是指由于企业实施信息的时间或起点不同，行业内不同企业之间形成了技术和管理水平上的差距，犹如大雁飞行状发展的模式(见图 2–2)。

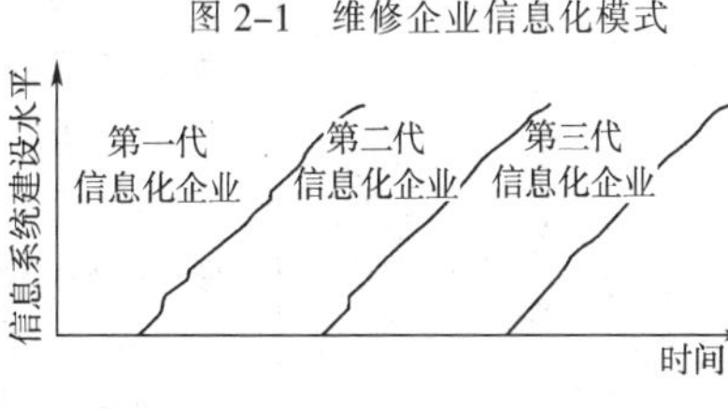

图 2–2　雁行模式图

  - 地域互动模式。
  - 知识共享模式。
- 通过信息化管理，可以使决策更及时、正确，计划更贴切，管理更有效。
- 通过信息化管理，可以在世界最廉价、最优化的地域开展最有效的经济活动，实现企业目标。

国际化特点

经济全球化 是指国家之间的经济相互依赖关系不断加强，以及国家之间的经济贸易往来和企业经营活动向无国界化发展的过程。

国际化管理 是指企业为了更有效地实现既定的企业目标，在国际范围内执行管理职能，协调组织各种资源要素的活动和过程。

我国加入了WTO，正在融入经济全球化大潮之中，面临着不可多得的机遇和更为严峻的挑战。如何与国际接轨，如何真正建立好现代维修企业制度，能否在新的、蓬勃发展的全球经济中赢得成功，是每个汽车维修管理者值得研究和探索的新课题。只有不懈努力，深入了解和掌握新时期企业管理的新趋势、新特点、新观念和新方法，才能使汽车维修企业在复杂多变的世界经营管理环境中更好地生存和发展。

- 国际化管理正以不可遏止的势头迅猛发展、推进，从根本上改变着世界汽车维修的传统格局。它之所以能够有如此迅速的发展，有着技术、文化、经济、政治和环境等诸多原因的影响。
  - 政治因素——国际化促使各国争夺和保持最佳投资国选择的竞争加剧，各国纷纷出台优惠政策，吸引外资。
  - 经济因素——国际化促使越来越多的国家开放市场。
  - 文化因素——国际化促进各国文化跨越国界交往、交流。
  - 技术因素——国际化促成通信技术和物流技术的革命性变革。
  - 环境因素——国际化敦促、呼吁有关国家、组织有效制定、控制和解决跨国界的全球污染、酸雨和“温室效应”等问题。
- 国际化管理改变着人们的发展观、生存观和行为模式、思想方法，也深刻地改变着汽车维修企业的经营模式和管理方法。通过国际化管理，淡化国界概念，促进经济全球化发展。
- 国际化管理的特点。
  - 特殊性——主要研究的对象为国际化企业(跨国连锁维修企业)。
  - 跨国性——主要针对各国环境的差异以及对维修企业管理的影响。
  - 综合性——主要将一般管理学延伸到维修范围，综合性范围更广泛。
  - 实践性——直接为汽车维修企业有效服务，并在维修经营活动中结合实际灵活运用。
- 企业必须了解、研究和掌握国际环境及其变化。

  国际环境 是指能够影响企业的相互联系、相互作用的国内与国外等整个全球环境因素的总和(主要是政治、经济、法律、文化、技术等)。
- 学习和掌握跨(国)文化管理，全面准确地把握相关国家的文化，有效地进行沟通、领导、激励和决策，避免遭受挫败。
  - **跨文化管理** 是指以两种或两种以上文化资料的分析为基础，研究不同文化背景下的共性和差异，不同文化特点的影响，以及多元文化的一般规律的管理活动和过程。
  - 跨文化管理主要考虑物质文化、社会制度、价值信仰、文学文艺、审美意识和语言交流等方面的情况。

溶入世界经济大潮是必由之路！

电子化管理　是指企业为了更快捷、更有效地实现企业目标，采用现代先进的电子技术，以此改变汽车维修企业管理面貌的手段和方式。

在网络连接的基础上以及国际化大趋势下，掌握了知识和信息资源，就能利用电子商务手段来进行管理和服务。

- 电子化供应链管理的成功运行和广泛推广，已经成为一个全球性的趋势，它既可以降低配件采购成本，又可以减少营运风险。
- 国际化经营的汽车维修企业管理在经过 E 化之后，变得相对简单。因此，E 化管理是必然的趋向。
- 电子化管理的一个显著特点是无纸化。它是对传统的有纸办公的革命。
- 电子化管理跨越了地域空间和时间两大阻碍，具有极大的超越性。
- 电子化的广泛运用，使得生产技术得到飞跃发展，汽车维修质量得到更为有效的提高，以满足社会和客户不断提高的需求。由此对汽车维修企业提出了更高的要求。

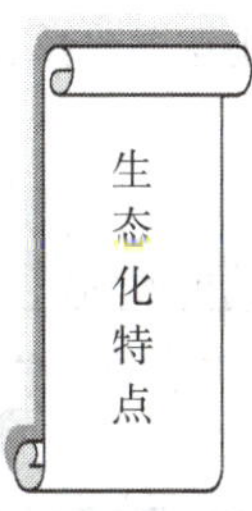

生态化管理　是指企业根据整体、协调、循环、再生等生态系统控制原理及方式去规划、设计和调控企业生产要素及其结构、工艺流程、技术工程和产品生态设计等活动和过程。

- 汽车维修企业作为一个开放式人造系统，由于对生态工程的高度注重，从而促进企业经济、生态、社会三大效益的协调发展。
- 汽车维修企业实施生态化管理就是按照生态工程的理论、原则和方法对企业进行管理。不仅是维修业自身生存发展的需要，更是实现可持续发展的有效途径。
  - 增强维修企业生命力，强化企业生态链，树立良好的生态形象。
  - 增强维修企业获利能力，引导绿色消费，营造或开拓新市场。
  - 增强维修企业竞争力，降低生态总成本，从根本上促进企业经济增长方式的转变。
  - 增强维修企业生态链、营销链、效益链的耦合功能，主动适应外部环境，促进维修企业经济效益与生态效益的共同提高。
  - 增强维修企业可持续发展从概念到行动的具体体现程度，重点研究建立高效、和谐、稳定、合理、持续的复合生态系统目标这一主要课题。
- 生态化管理的主要特点。
  - 整体相关性。生态环境是一个连续的、整体的大系统，互相依托、互相生克。
  - 层次组合性。生态环境是包涵着从宏观到微观的一个相当繁杂的有机组合体。
  - 调控适应性。生态的平衡是按照自然规律演变的，人们只能调控适应，不能违背。

生态化管理可持续发展的有效途径

三、世界主要企业的管理模式

1.美国和日本两大企业管理模式的总体差异

◎ 美国企业管理模式

● 美国企业重视通用知识的作用，因而形成以规范工作设计、专业管理和纵向协调为特点的**集权式管理制度**。

● 美国企业的价值观带有浓厚的个人主义、理性主义和功利主义特征。美国企业管理以效率优先，不断寻求新市场、新需求、新（发展）空间，是推崇制度规范、物质激励为主的“理性主义”的典型企业管理模式。反映了**美国企业强烈的个人主义和竞争性，社会趋于扁平的文化价值观**。

◎ 日本企业管理模式

● 日本企业重视专用知识的作用，因而形成以模糊工作设计、员工参与管理和横向协调为特点的**分权式管理制度**。

● 日本企业的价值观强调以忠诚为核心的集团主义精神，具有独特的家族制度和等级观念，形成了“家族主义”、终身雇佣制、年功序列制，实行群体管理、和谐管理。日本企业的员工较团结，较具集体主义精神，使日本企业管理模式合作与团队精神突出，反映了**日本企业强调集体而不是以个人为重的文化价值观**。

2.美日企业管理模式的交融

● 甲类学者认为：

美日企业管理模式形成和存在的根源在于两国不同的文化。而文化是不可移植的，因而两种管理模式相互之间也是不可移植、交融的。

● 乙类学者认为：

■ 日本的企业管理模式不完全是日本固有的，而是在20世纪五六十年代学习美国管理经验的基础上形成的，只能说是在日本本土文化优势的基础上融合了美国的管理经验，是美国模式的延伸和发展。

■ 20世纪80年代以后，美国企业也越来越重视学习日本的管理经验。

由上所述，美国和日本的管理模式并不是各自封闭的体系，而是同一体系下不同的发展模式，因而可用统一的管理理论进行分析、渗透、融合。

3.传统型企业管理模式与现代型企业管理模式的比较

众说纷纭的归纳。

● 传统型企业管理模式的特征表现：

■ 突出物本观念——偏重于对设备、厂房、物料等的管理，即使对人也只不过把他们当作一种静态的、机械的生产要素进行组织安排。

■ 突出个体观念——管理的对象总是针对某一孤立的对象，着眼点总是针对某一单独事物，或生产、或销售、或人事、或物资等。对管理问题的处理大多是就事论事，就部门论部门、就环节论环节，不进行通盘考虑。

■ 突出简单决策观念——决策简单的、直观的、经验的、线性思维的观念。

■ 突出战术管理观念——诸如管理问题的揭示、分析，管理措施的制定，管理方法的调整，大多是针对企业内部的，或是针对某一工作环节的，或是针对当前状态变化而进行的观念。它属于一种狭隘时空中的技术行为。

■ 突出定式观念——管理行为的实施和选择，基本上是依据经验判断的一种管理方式或手段在某一范围内获得成效，很快就变成一种公认的经典做法，形成管理定式。

● 现代型企业管理模式的特征表现：

■ 突出人本观念——以人为根本，一切从人出发，注重对人的积极性、创造性激励的管理。

■ 突出系统观念——注意企业内管理层次、环节、部门、人员之间的相互联系和制约，注意个体与整体的配合协调，强调一切从整体出发，旨在优化整体功能。

■ 突出择优决策观念——决策必须是从多角度、多因素分析之后，进行多方案比较，然后择优。该种决策不是单纯的经验指导，也不是直观的头痛医头、脚痛医脚的消极处理，而是一种多元的、动态的、系统的积极性管理行为。

■ 突出战略管理观念——诸如管理问题的揭示、分析，管理措施的制定，管理方法的调整是针对企业内外环境协调一致，是针对企业长远发展而进行的。它属于一种强调管理行为要高瞻远瞩，而且管理者要具有超前思维的战略思想。

■ 突出权变观念——管理行为没有“放之四海而皆准”的固定的模式，而是随机应变、因人因事因时制宜。

四、汽车维修企业的管理体制

1.汽车维修企业的管理机构

管理机构？

● 汽车维修企业的管理机构应根据企业实际经营规模来设置。

● 中小型维修企业一般可设厂部（含有关业务部门）和班组两级管理机构，不设车间。各业务职能部门代表厂长／经理对班组实行管理。

● 大型维修企业通常采用直线职能的结构方式，即实行厂部、车间、班组三级管理。

2.汽车维修企业的厂长/经理负责制

厂长/经理负责制 是指企业的厂长/经理作为企业的行政领导者，受权对企业的生产经营指挥与管理负全权责任的体制。

- 厂长/经理是企业的法人代表，是全企业生产经营活动的领导核心。
- 厂长/经理被赋予的主要职权：
  - 决策权——经营管理、远景规划、机构变动、人员聘用调动、年度计划、技术改造、工薪奖金、资金运用、利润配置、规章制度、设备购置与报废等决策权。
  - 指挥权。
  - 任免权——任免、管理、使用、考核。
  - 内部分配权。
  - 奖惩权。

3.厂长/经理的素质

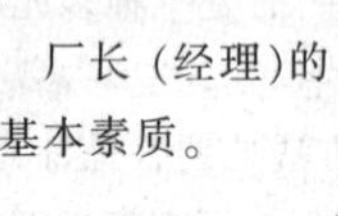

- 厂长(经理)的基本素质。
  - 具有较高的个人素质和较高的专业技能和管理技能。
  - 具有较强的敬业精神、创新意识、冒险精神和竞争的冲动，坚忍不拔、自信果断和强烈的事业心。
  - 具有能通过事物表面看出本质的洞察能力、决策能力、丰富的工作经验和深厚的理论功底。
  - 具有较强的组织协调能力以及识人、知人和用人的能力。
  - 具有营造和谐气氛、创造蓬勃向上的企业文化的能力。
  - 具有丰富的硬知识(某一学科方面的知识，如汽车运用等)、软知识(指经营管理决策知识)和社会知识(指比较丰富的社会阅历)。
- 厂长(经理)的职业规则。
  - 热爱本职工作，恪守职责。
  - 遵守法律、法规。
  - 以国家、企业利益为重。
  - 公私分明。
  - 不介入人际之间的恩怨关系。
  - 用合法的手段保护自己的利益。

4.提高汽车维修企业管理者的素质

素质要点。

- 遵守职业道德。
- 遵守汽车维修市场规则。
- 树立可持续发展战略与长期发展目标策略思想。
- 树立创新观念和与时俱进的意识。
- 强化品牌意识。
- 重视企业文化,重视人际关系,重视公共关系,重视职工利益,关心职工疾苦困难。
- 树立质量为重的思想,努力提高维修质量,缩短在修车日,改善修后服务,诚信承诺,提倡“客户第一”的服务宗旨。
- 必须不断了解汽车维修市场发展的新动态。
- 必须不断了解汽车维修技术发展的新动向。
- 遵纪守法。
- 大公无私,公私分明,不徇私情。
- 不懈学习,提高知识水平、业务能力和经营管理理论水平。
- 深入实践,深入基层,深入群众,以身作则,身教替代言教,掌握第一手资料,做到心明眼亮,决策正确。

5.汽车维修企业领导者的职业习惯

- 将自己的时间花在控制范围之内,只抓中心(如维修业务)和重点(如事故车抢修),或者其他的紧急事项(如投诉处理)。
- 做事要有预见和计划,分清轻重缓急,不能眉毛胡子一把抓,或者头痛医头、脚疼医脚,来什么事管什么事(见图 2–3)。

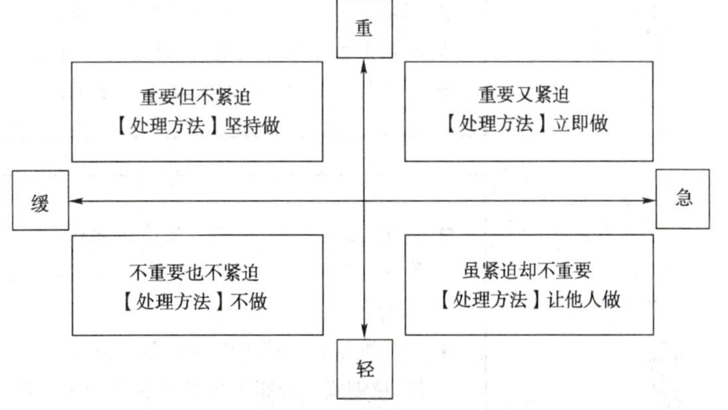

图 2–3　凡事按轻重缓急办事结构图

- 不忘依赖的力量——自己的力量,上司、同事、下属的力量。
- 自己的努力是为了客户,为了成功,不单纯为了完成某项工作。
- 在最后的关键时刻,做出果断有效的决定,并担起责任。

课题二　汽车维修企业的管理创新

一、汽车维修企业的管理创新

1.企业管理创新概述

企业创新　是指企业家抛开旧的观念，对生产要素实施新的组合，以新的面貌出现。

创新理论是美籍奥地利经济学家约瑟夫·熊彼特于1912年提出的。

- 引入一种新的维修工艺(新服务项目)，或一种维修装备的新特性。
- 采用一种新的维修(服务)方法(是指不需要建立在新的科学发现的基础上)，或是以新的方式处理。
- 开辟新的、以往未进入过的维修市场(不管这个市场是否存在过)。
- 获得配件或材料的新供给来源(不管来源已有或尚没有)。
- 实行新的维修企业组织形式。

【注】这里的创新应理解为一个经济概念，并非理解为一个技术概念。

企业管理创新　是指不断根据市场和社会的变化，重新整合人才、资本和科技要素，以创造、适应市场，满足市场需求，同时达到自身效益和社会责任双重目标的过程。

企业管理创新的意义。

爱因斯坦有一个著名的质能转换公式：$E=mc^2$。该式揭示了原子弹巨大威力的奥妙所在。有人对此公式进行了新的注解，认为 E 表示企业的业绩，m 表示企业的物质基础，c^2 表示企业的创新观念和创新精神。这个公式就表示一个企业的盈利能力，并不完全决定于物质基础，关键在于企业的创新观念和创新精神。

- 创新是提高企业竞争力的根本策略。
- 创新是企业降低成本、提高效益的重要途径。
- 创新是企业改善市场环境的重要手段。

$$E=mc^2$$

企业管理创新的形式。

- **企业管理创新的形式**　是指企业根据市场和社会的变化情况，对人才、物质、资本、经营、服务和科技等要素，实施创造性、组合性和适应性的不同方式、方法和行为。
- 汽车维修企业管理创新的形式类别。
  - ■ **独创式**　是指其他维修企业未采用过的维修企业的管理形式。
  - ■ **组合再生式**　是指在原有维修工艺、技术、管理等方面加以新的组合，达到创新目的的一种形式。
  - ■ **借鉴发展式**　是指借鉴其他维修企业或其他行业的成功经验，结合本企业的实际情况，进行借鉴创造性发展的形式。

2.企业管理创新的内容

- 企业管理创新的内容　是指企业在管理创新方面的项目和范围。
- 汽车维修企业管理创新的基本内容范围。
  - ■ 观念的创新(如一切为客户修好车)——是企业管理创新的基础。
  - ■ 目标的创新(如确保修车质量)——是企业管理创新的根本。
  - ■ 制度的创新(如注入新要求)——是企业管理创新的核心。
  - ■ 组织与结构的创新(如精兵简政)——是企业管理创新的载体。
  - ■ 管理的创新(如以人为本)——是企业管理创新的保证。
  - ■ 技术(服务)的创新(如视情修理)——是企业管理创新的主体。
  - ■ 环境的创新(如无污染洁净维修)——是企业管理创新的方向。

3.企业管理创新的特点

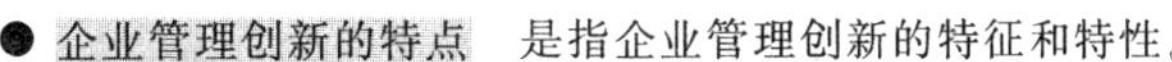

- 企业管理创新的特点　是指企业管理创新的特征和特性。
- 汽车维修企业管理创新的主要特点。
  - ■ 创造性。创造性是创新活动的灵魂,没有创造性就无所谓创新。
  - ■ 高收益性。企业创新就是为了提高企业的经济效益,创新就是他人不能为或尚未为的行为,显然“物以稀为贵”,必然带来高收益。
  - ■ 高风险性。创新本身具有许多的不确定性,常有不能预测或始料不及的情况出现,一旦失败,显然损失是避免不了的,这与高收益性是相对应的。为了鼓励企业创新,规避风险,国际上比较流行的方法是设立风险基金。

4.企业管理创新的过程

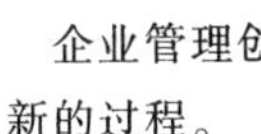

- 企业管理创新的过程　是指企业实施管理创新,从开始谋划直至产生结果的步骤和阶段。
- 汽车维修企业管理创新的步骤和过程。
  - ■ 创意立项阶段。有创意才有创新,这是企业管理创新的起点。
  - ■ 论证筛选阶段。对于企业管理创新的许多创意,必须经过经验丰富的专业人员以及有关部门的管理人员,根据汽车维修企业内外环境、条件进行论证、筛选,然后做出是否实施的决策。
  - ■ 实施验证阶段。

对于企业管理创新活动，并非着重于指派某个部门(或某人)，在某个时间去从事或实施某项创新活动，更为重要的是要为本企业成员(或外部人员)创造创新条件、环境，并合理地、有效地开展创新活动。

- 经理 / 厂长要充分理解并“扮演”好创新角色。
  - 经理 / 厂长及所有管理者要彻底打破陈旧、保守的观念，自身积极主动投入到创新活动中去。
  - 经理 / 厂长及所有管理者要尽力为创新活动创造一个向新、向上、向前、向深、向高展开创新活动的环境和条件，鼓励、支持、促进开展创新活动。
- 要营造引导企业管理创新的组织氛围。
  - 营造一个“无功便是过”的观念，促使每个成员都能奋发向上，努力进取的奋斗氛围。
  - 营造一个人人谈创新、时时想创新、事事搞创新的组织氛围。
- 要制定弹性工作计划。
  - 创新本身就意味着打破旧规则，因此工作计划也应该有所改革、弹性。
  - 创新必然要耗费时间、物力和精力，因此各项计划一定要作必要的弹性余地。

- 要在创新失败中总结经验教训。
  - 要充分认识到创新过程是一个充满着失败的过程。
  - 要充分认识到创新的失败是难免的、正常的，要允许失败、不怕失败。
  - 要充分认识到要在创新失败中总结经验教训，才能最终获得成功。
- 要建立科学、合理的奖励制度。
  - 科学、合理的创新奖励制度能激励、鼓励创新精神，保持创新的延续。
  - 科学、合理的评价体系是实行创新奖励制度的基础。

二、企业文化

在市场经济条件下，企业的发展历程中必然不能脱离周围的市场环境，而且随着时代的发展，科技的进步，各企业之间的差别趋向变得更为一致，为了推动企业的生存与发展，必须有差别化、个性化策略，借助企业文化带来有形的、无形的效益。

有人预言：**企业文化就是明天的企业经济。**

1.企业文化的涵义

企业文化的涵义有广义和狭义两种说法。

● 广义的涵义。

企业文化 是指企业在社会实践过程中所创造的物质财富和精神财富的总和。

● 狭义的涵义。

企业文化 是指在一定的社会政治、经济、文化背景条件下，企业在社会实践过程中所创造并逐步形成的独具一格特色的共同思想、作风、价值观念和行为准则。

● 经典的定义。

企业文化的界定向来众说纷纭，莫衷一是，1984 年西方学者希恩提出：

企业文化 是指企业在适当处理外部环境和内部整合过程中出现种种问题时，所发明、发现或发展起来的基本假说的规范。

2.企业文化的本质

企业文化的本质。

企业文化的本质　企业文化的本质是社会文化的一种亚文化，也是一种经济文化，反映着人们从事经济活动的方式和观念。

● 企业文化是现代企业的精神支柱，否则会出现信仰和道德危机。

● 企业文化是以文化为手段，提高全体员工的思想文化和行为素质，激发员工的自觉性。

● 企业文化的核心是以人为本，尊重人、信任人，把人置于整个企业生产经营管理活动中的主体地位，实行民主管理，强化群体意识和团队精神，实现企业的最佳组合。

● 企业文化都有自已特定的环境条件和历史传统，从而逐步形成自身特有的哲学理念、思想信仰、意识形态、价值取向和行为方式，于是每个企业也就具有了自己的企业文化。

● 每个企业都是按照一定目的和形式构建而成的，必然要有共同的目标、共同的理想、共同的追求、共同的准则以及相适应的机构和制度，否则企业将成一盘散沙。

● 企业文化是在长期的实践活动中所形成的，并为企业成员普遍认可和遵循着。

企业文化其实早就存在，却未被人们理解、意识它的存在，而是自发地成长，缓慢地发育，并自发地发挥着作用。当人们逐渐意识到它的客观存在，且自觉、主动地加以研究后，上升到理性阶段，形成一种企业文化理论，有意识地提倡和培育更为积极、更为完善、更为系统的企业文化，摒弃和抑制消极落后的企业文化。

3.企业文化的基本特征

企业文化的基本特征。

● 企业文化强调目标价值观。

任何一个企业总是把自己认为最有价值的对象作为本企业追求的最高目标、最高理想或最高宗旨(如让客户满意而去)。一旦这种目标和信念成为统一本企业员工的共同价值观，就会构成强烈的凝聚力和整合力,成为统领全体员工共同遵守的行动指南。

● 企业文化强调柔性管理。

作为企业重视人的价值,莫过于最大限度地尊重人、关心人、依靠人、理解人、凝聚人、培养人和造就人,充分调动人的自觉性、积极性。因而,不必再过分强调遵守纪律和制度,而应通过启发教育等柔性管理达到自觉、自发、自控和自律。这样,不仅有利于改善人际关系,而且有利于提高企业活动的整体效率。

● 企业文化强调个性特色。

各企业所处环境由于国家、地区、行业不同,必然而且必须建立与他人不同的、具有自身特色的企业文化，才能林立于激烈竞争中而取胜。

● 企业文化强调群体融合。

企业成员来自五湖四海、四面八方,不同的乡土风俗、生活习惯、文化传统、工作态度、行为方式、目的愿望等差异都可能导致相互之间出现摩擦、排斥、对立、冲突甚至对抗。对此,企业文化应强调营造合作、协调、信任、团结的情感和情操,实现文化的认同和融合,达成“求大同,存小异”的共识。

4.企业文化的构成要素

企业文化的基本构成要素(一)。

迪尔和肯尼迪认为企业文化基本构成要素包括:

● 企业价值信仰。

企业价值信仰是企业管理的基本思想、追求目标或是一种信仰,它是企业文化的目标方向。

● 企业环境条件。

企业环境条件是企业文化形成和发展的影响因素。

● 企业楷模形象。

企业楷模形象是企业文化的表率作用的具体体现。

● 企业习俗礼仪。

企业习俗礼仪是企业采用的人际交往的惯例或常规行为方式。

● 企业网络沟通。

企业网络沟通是企业内外交流的方式和办法。

企业文化的基本构成要素(二)。

美国学者彼得斯沃特曼却认为企业文化基本构成要素包括(见图 2-4):

- 共同价值。
- 经营战略。
- 组织结构。
- 工作程序。
- 管理风格。
- 工作人员。
- 技术能力。

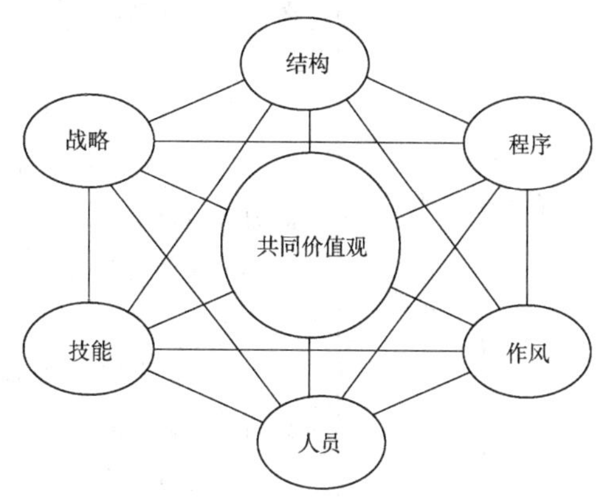

图 2-4　企业文化 7-S 结构图

企业文化的基本构成要素(三)。

- 从系统论观点分析,企业文化的结构要素分为:
  - 表层文化。
  - 中介文化。
  - 深层文化。
- 企业文化的表现形态分为:物化文化、制度文化、管理文化、生活文化和观念文化 5 种,如图 2-5 所示。

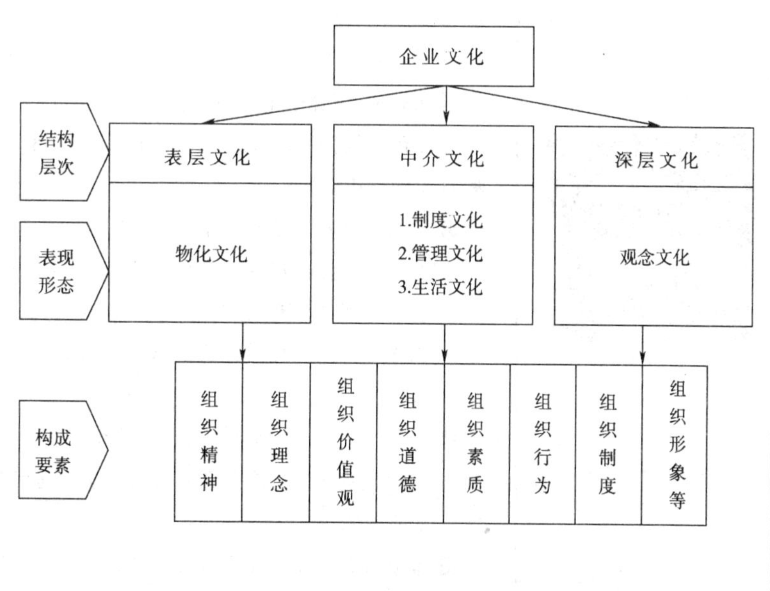

图 2-5　企业文化复合网络结构图

5.企业文化的功能

● 自我导向功能。

企业文化的导向功能主要表现企业价值观对企业主体行为的指导上。企业文化犹如一面旗帜似的指示整个企业和全体员工的行动方向，与此同时将整个企业引向高层次、高水平、高素质。

● 自我内聚功能。

企业文化通过培育员工的认同感、荣誉感和归属感，强烈地意识到个人的行为、思想、感情、信念、习惯与整个企业密不可分，大大地增强了“群体观念”，以此激发出巨大的主观能动的内聚作用。

● 自我调控功能。

企业文化的共同价值观，并不对员工具有明显的硬性规定和要求，而只是一种软性的理性约束。可是，不断进行的企业文化渗透和内消化，自然地生成一套自我调控机制，转化为员工的自觉行动，往往比正式的硬性规定更能有力、有效地起到更强的控制力和持久性作用。

● 自我改造功能。

企业员工在一开始的时候，可能会由于家庭、学校、社会所养成的心理习惯、思维方法、行为方式与企业文化产生不和谐或者产生矛盾冲突，那就必须接受企业文化的教化和约束，经过自我改造，一旦企业文化被他们逐渐认同接受后，倘若做出了违背企业规范的事，就会感到内疚、不安或自责，会自动修正、改正自己的行为。

● 自我优化功能。

企业文化随着企业的发展逐渐形成丰厚的积淀，积累了无数的经验和教训，历经辐射、反馈、修正和强化，产生更多、更深、更新的优化企业文化，形成不断向新高度发展的良性循环。

● 自我延续功能。

■ 企业文化的形成是一个逐步演变、逐步进化的复杂过程，在此过程中，往往会受到社会环境、人文环境、自然环境和市场环境等诸多因素的影响，因此，企业文化的形成和塑造必须经过长期耐心倡导和精心培育，以及不断地实践、总结、提炼、修正、充实、提高和升华。

■ 企业文化与任何其他文化一样，都有历史继承性。当企业文化一旦形成固化的模式，就会具有自身的历史延续性，而且持久地起着强大的促进作用。

■ 企业文化并不会由于领导层的人事变动而消失。

6.企业文化的塑造原则

- 共性与个性相结合原则。
  - 企业外部环境影响企业文化,构成企业文化的共性。
  - 企业内部环境影响企业文化,构成企业文化的个性。
  - 企业文化就是共性与个性的结合体系。
- 继承性与创新性相结合原则。
  - 企业文化是在长期发展中逐步形成的,具有明显的继承性。
  - 企业文化又是在长期发展中不断创新、改进、提高。
  - 企业文化就是继承和创新的产物。
- 进取性与现实性相结合原则。
  - 企业文化不能安于现状,不求进取,否则缺乏先进性。
  - 企业文化也不能脱离现实状况,一味追求过高目标,否则就失去了现实意义。
  - 企业文化既要具有进取性,又要体现现实基础和条件。
- 宏观性与微观性相结合原则。
  - 企业文化的宏观层面应体现民族精神和社会风情。
  - 企业文化的微观层面应体现本企业的文化精粹和精神灵魂。
  - 企业文化应成为宏观层面和微观层面的有机组合体。
- 竞争性与协作性相结合原则。
  - 企业文化必定要体现竞争性,否则成为“死水一潭”,毫无生气。
  - 企业文化必定要体现协作性,否则成为“你死我活”,同归于尽。
  - 企业文化务必将竞争性与协作性完美地结合好,实现比翼双飞。

7.企业文化的塑造途径

- 选择价值标准。

  立足本企业具体特点选择价值标准。把握住价值观与企业文化各要素之间的相互协调、匹配。
- 强化员工认同。

  充分利用一切宣传工具和手段,树立先进模范人物的典型榜样,强化员工培训、教育,使所倡导的企业文化被员工认同。
- 精练定格、巩固落实。

  企业文化应不断将反馈的意见全面归纳,加以分析评价、精炼提高,予以条理化、格式化、模块化,加以必要的理论加工和文字处理,用精辟的语言表达出来,落到实处。
- 调整充实、丰富发展。

  任何一种文化都是特定历史时期的产物,当内外环境发生变化时,都需要不失时机地调整、更新、充实、丰富和发展其内容和形式。

三、企业形象

企业形象　是指公众对企业生产经营管理活动中,或者在处理周边关系中,所表现出来的风貌、风格、风气、传统、习惯及产品(服务)质量在感觉上的综合形象。

企业形象的涵义　当今企业都处于激烈的市场经济竞争条件下,良好的企业形象无疑是一种不可多得的无形资产。这种良好的企业形象不仅可美化环境、净化空气,赢得公众和客户的信赖和支持,提高商誉度和信用度;还可使企业增强筹资功能和选才能力;还可提高企业自身的生产经营管理质量;还可提高企业的竞争实力,从而为企业创造更大的利润。

1.汽车维修企业形象的基本要素

汽车维修企业形象的基本要素。

- 修车品牌形象。

  品牌形象　是指维修企业主导维修(服务)业务及其配套服务的品牌口碑、档次和质量在公众客户心目中留下的印象。
- 服务形象。

  服务形象　是指维修企业经营的汽车维修服务项目、服务期限、服务方式、服务态度和服务质量在公众客户心目中留下的印象。
- 经营形象。

  经营形象　是指维修企业的维修经营理念、经营内容、经营方式、经营秩序、经营作风、经营信誉、经营力度等经营状况在公众客户心目中留下的印象。
- 员工形象。

  员工形象　是指维修企业领导层、管理人员以及全体员工的能力、素质、气度、礼仪外貌、交际方式、工作态度、职业道德、工作效率等方面在公众客户心目中留下的印象。
- 公共关系形象。

  公共关系形象　是指维修企业在公共关系活动中以及经营宣传活动中给公众客户留下的印象。
- 环境形象。

  环境形象　是指维修企业的维修经营场所、建筑特色、装饰风格、设施布局、装备新旧等外观形态在公众客户心目中留下的印象。

2.汽车维修企业形象的基本特性

汽车维修企业形象的基本特性。

- 客观性——汽车维修企业形象的认可是由全体员工和社会公众客观评价和鉴定的。
- 整体性——汽车维修企业的形象包括外部和内在两个方面，通过全面的考察或长期观察而得出的综合性、全面性的整体结论。
- 稳定性——汽车维修企业形象一旦形成,不易改变也不应轻率改变,从开始就应重视企业形象的创建和塑造,否则会走弯路。
- 可塑性——汽车维修企业形象的可塑性与稳定性是相对应的，可还是应不断注意塑造更良好、更完美、更招人喜欢的形象。

3.企业形象战略

企业形象战略(CIS 或 CI)　是指可用于塑造企业形象的一个识别系统。

企业形象战略的涵义　当前,市场的竞争已由商品力、销售力转移到形象力,这是一场企业形象的革命,由此所见企业形象战略的重要。企业形象战略是将企业经营理念和个性特点,通过统一的视觉设计加以整合传递,使社会公众产生一致的认同感、价值观,从而创造最佳经营环境的一种商品经营之道,被推崇为是塑造和传播现代企业形象最有效的战略。

企业形象战略的核心　是在社会公众树立独特的企业形象。良好的企业形象就是同步的知名度和美誉度。知名度是企业形象的基础,美誉度是企业形象的指标。

企业形象战略最注重的是企业形象的定位。定位是企业形象的灵魂。

汽车维修企业形象战略的目的。

- 为了向社会公众有效地传播本企业品牌形象，从而改善和提高企业经营管理的外部环境,提高公众用户和投资者对本企业及其经营业务(服务)的信任感和满意度,促进维修企业的发展。
- 同时，还为了改善维修企业经营管理的内部环境，树立良好的企业文化，从而增强企业员工的自觉性，焕发企业员工奋发向上的精神面貌(爱岗敬业精神和无私奉献精神等),不仅可以保证经营的正常运转,提高维修(服务)质量,还可以在企业遇到困境时,号召全体员工克服困难,艰苦奋斗,渡过难关。

汽车维修企业形象战略的基本构成要素三大系统。

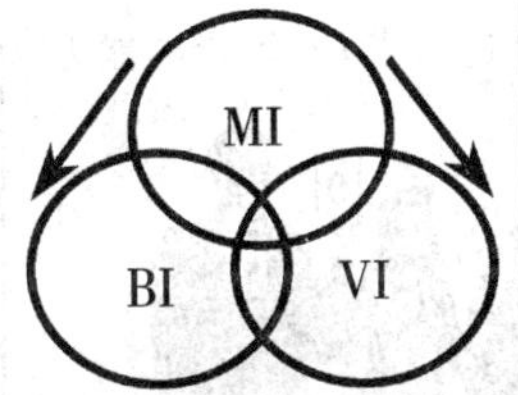

汽车维修企业形象战略包括企业的“软件”和“硬件”两大部分,一手软一手硬,两手都要抓。

- 汽车维修企业理念识别系统(MI)——企业之心。

  MI 主要包括企业使命、企业精神、企业价值和企业目标 4 项基本内容。具体表现形式为:信念、口号、标语、守则、歌曲、警语、座右铭以及企业高层人员的讲话等。

- 汽车维修企业行为识别系统(BI)——企业之手。

  BI 主要包括企业内外两个方面。

  - 对内活动有:员工培训教育、奖惩活动、工作环境、职工福利、营造修缮、维修设备、废物处理、公害对策和研究开发项目等。
  - 对外活动有:市场调查、维修或服务开发、流通对策、公关活动、公益活动、竞争策略和其他公众性联系活动等。

- 汽车维修企业视觉识别系统(VI)——企业之脸。

  VI 主要包括汽车维修企业基本要素和应用要素两个部分。

  - 基本要素主要包括:企业名称、标志、标准字、标准色和企业造型、象征图案、市场营销报告书等。
  - 应用要素主要包括:事务用品、办公用品、旗帜、标志、产品包装、广告、车辆、建筑、橱窗、衣着、展示、环境等。

企业形象战略设计的制定

- 企业形象战略设计系统是全方位、标准化、高难度、智能化的工程项目,因此具有系统工程性质,它的制定和实施以及产生整体效应需要一定的时间,并非一蹴而就。
- 企业形象战略设计和实施,通常由企业的最高决策者和CI企业形象专家共同组成CI工程执行委员会,经过他们的权威和智慧性的工作,制定出切合实际而又能行之有效的方针和方案,以期达到最佳的汽车维修企业形象力。
- 企业形象战略设计和实施是一种持续性活动,在长期的设计、制定和实施过程中,汽车维修企业必须进行严谨、严格、严肃的监督、评价,定期做出检讨,加以修正,才能有所进步。

因为CI对汽车维修企业的发展至关重要,因此参与CI系统设计制定工作的专家应具备以下能力:

■ 企划能力。

企划能力 这里是指对汽车维修企业内外综合调查分析的能力。

主要指:熟悉汽车维修市场动态、研究经营策略的能力;对汽车维修企业内部员工心理分析和行为分析、研究的能力;对汽车维修企业理念识别(MI)、行为识别(BI)、视觉识别(VI)方面能做出创造性思维导向和提案的能力;对CI系统设计工程有文案创作和表达的能力等。

■ 设计能力。

设计能力 这里是指对汽车维修企业各类视觉、行为、理念的分析、创造、构想能力。

主要指:对汽车维修企业要素与行为理念在视觉设计中的融合表达能力;视觉识别系统的规范化、科学化的展示能力;识别系统在空间、平面应用的创造性设想表达能力等。

■ 统筹能力。

统筹能力 这里是指对CI系统设计工程的综合兼顾、全局统筹以及处理反馈信息的能力。

主要指:对阶段实施的目标管理能力;应用实施后检讨、修正的能力;发布效果测定反馈能力;媒体策略、公关策略运用能力等。

■ 广告策划能力。

广告策划能力 这里是指对广告的策划、创意、设计以及运作、考核、评价的能力。

主要指:对广告策划提出可行性报告的能力;对广告的效果预测分析能力;对广告设计方案和实施方案的撰写能力;对广告发布的运作、监测的能力;对广告效果进行考核、评价的能力等。

企业形象战略设计流程

图 2–6 反映了企业形象战略设计导入流程。

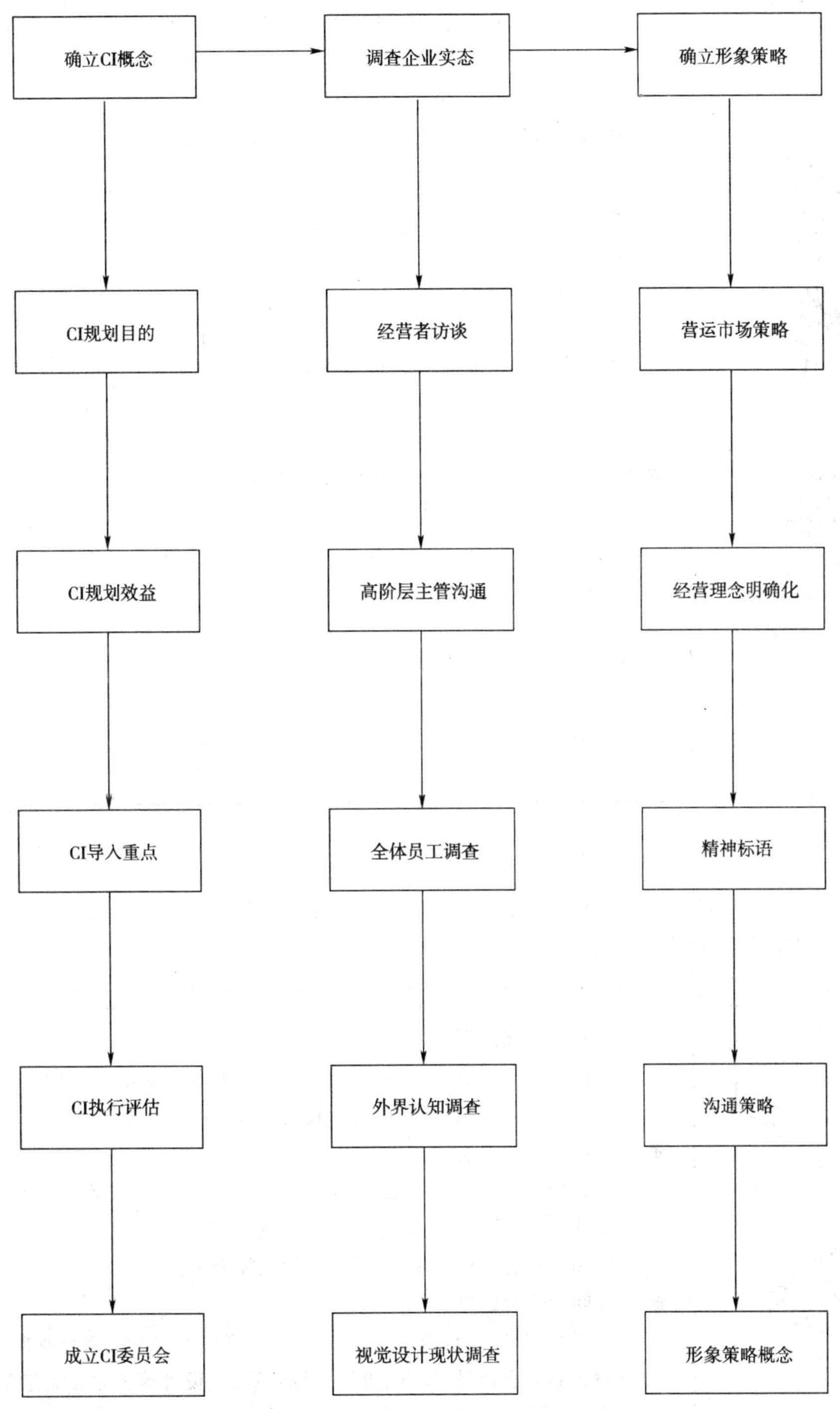

图 2–6　企业形象战略设计导入流程示意图

汽车维修企业形象战略设计具体规划阶段。

- 汽车维修企业实态调查阶段。
  - 了解汽车维修企业的现状。
  - 调查外界对汽车维修企业的认知和对企业产品(服务)的印象。
  - 确认汽车维修企业给人们的形象认知状况。
- 汽车维修企业形象的概念确立阶段。
  - 以调查结果为基础,分析汽车维修企业内部和外部的认知的范围、重点和关键性意见。
  - 分析汽车维修市场环境与各种设计系统的有关问题。
  - 拟定汽车维修企业定位与应该具备的形象基本概念,作为CI企业形象设计规划的原则依据。
- 汽车维修企业形象的设计作业展开阶段。
  - 根据维修企业的基本形象概念,转变成具体可见的信息符号。
  - 经过精细作业与测试验证,确定完整并符合汽车维修企业实际的识别系统。

- 完成汽车维修企业形象的设计并开始导入阶段。
  - 重点排定导入实施项目的优先顺序、策划广告活动。
  - 筹建CI企业形象设计执行委员会(或小组)及管理网络系统。
  - 将完成的识别系统进而编成标准化、规格化的手册和文件。
- 汽车维修企业形象的监督与评估阶段。
  - CI企业形象设计规划在实施过程中,必须时常进行监督评估,以确保预定形象的实现。
  - 若出现执行偏差或原设计缺陷,应进行检讨、纠正或修正。

4.汽车维修企业重塑企业形象的紧迫性

重塑企业形象 是指在当今市场经济剧烈竞争条件下,必须改造、改变、优化具有自身特色的企业新形象的要求和过程。

重塑汽车维修企业形象的必要性。

- 市场经济大潮的逼迫。

  以往,汽车维修企业都在计划经济的羽翼下生长,不存在什么真正意义上的企业形象,形势的转变使得企业必须重塑形象。
- "顾客至上"的逼迫。

  以往,虽然"顾客是上帝"的口号由来已久,实际差距却还很大。如今品牌专修、4S店、连锁经营等形式的出现,大多数汽车维修企业"如坐针毡",倘若仍然一副旧脸孔,恐怕只能离去。
- 企业间竞争的逼迫。

  以往,汽车维修企业较少,竞争不激烈,现在的维修企业似乎已是星罗棋布。在质量、服务、价格、时间、资金、设备等各方面都存在激烈、残酷的竞搏,这些都会体现在企业形象上的竞争。

5.如何重塑汽车维修企业的企业形象

重塑企业形象的目标和途径。

● 确立汽车维修企业价值观。

■ 企业价值观是企业的生命线，现代汽车维修企业除了盈利目的外，更重要的是为社会创造财富，为社会公众修好车。

■ 企业所有员工特别是企业的领导者和管理者都要真正做到“企业兴旺，匹夫有责”。

■ 以正确的价值观为主线，从根本上解决、激发员工的“当家作主”、“以厂为家”、“先公后己”的能动自觉行动。

● 提高汽车维修企业的综合素质。

■ 提高员工素质。

人才是企业中最可宝贵的资源，提高员工素质是提高企业素质的根本，特别是领导者和管理者的素质尤为重要。尤其是对于那些私营维修企业来说，要摆脱家族式、家长式模式，引入职业经理人制度，从根本上改变封建式管理体制。为此应做到：

◆ 尊重人才，尊重人格，尊重人性。

◆ 加强职业道德教育。

◆ 强化职工培训教育，特别要注重在本企业中培养人才。

◆ 制定人力资源规划，任人唯贤，任人唯才。

◆ 实施奖惩分明的奖惩制度。

■ 提高维修技术素质。

维修技术素质是企业的物化基础，包括维修技术装备和维修技术能力两大部分。

◆ 维修技术素质表明企业能否满足维修经营及发展的要求。

◆ 维修技术素质表明企业能否适应现代汽车新技术、新型号、新总成的发展，做到客户有求必应。

■ 提高维修经营管理素质。

维修经营管理素质是企业素质的主导因素。包括管理体制、组织机构、决策能力、人力资源建设、责任制度等内容。

◆ 先进的管理理念和机制以及科学的管理方法，能转化为经济效益。

◆ 虽然当今的汽车技术已进入到电子化和智能化时代，我国的汽车维修企业的生产经营管理水平却仍处于传统的、手工的低层次、低水平、低素质的落后状况，企业的竞争也处于无序状态，极不相称，亟待重塑汽车维修企业形象。

● 加强战略管理和企业文化建设。

■ 维修企业的现状要求生存发展必需要有长远、通盘的谋划策略。

■ 由前所述，企业文化的重要性是显而易见的，它全面地体现出企业的形象。

单元三　汽车维修企业的经营与策略

我们不免惊呼:“自行车王国正在衰落”,“汽车王国正在崛起”。可能不少人不以为然,认为言过其实。可是你不能不看到,购车的热潮正以不可阻挡之势猛烈掀起,私人购车已经占到销售总量的50%以上的事实,“桑塔纳”、“奥迪”、“宝马”、“凯迪莱克”、“奔驰”、“帕萨特”、“别克”、“雅阁”、“丰田”、“捷达”、“富康”、“奥拓”、“红旗”、“夏利”之类品牌已然出入百姓家。原本拥挤在大街小巷的自行车已经被熙熙攘攘、川流不息的汽车挤得“靠边”去了。

可以预期,汽车营销市场及其相关市场,特别是汽车维修市场,不容置疑蕴藏着广阔商机和巨大潜力。

课题一　汽车维修行业的现状及特点

一、汽车维修行业的发展和现状

1.汽车维修行业的现状

汽车维修行业正处于十字路口。

- 20世纪60年代至70年代。
  - 在此之前,我国汽车维修企业大多为交通系统的专业修理厂,或隶属于汽车运输企业及汽车数量相对较多的企事业单位,主要为本单位服务。设备简陋,工艺粗糙,大多为手工操作的作坊式企业,维修质量没有保证。
  - 进入20世纪六七十年代后,交通部提出了汽车维修企业向维修机械化和检测仪表化发展的要求,各地汽车维修企业大搞技术革新和技术改造,改进管理制度,充实设备,引进技术人员,制定技术标准,加强质量监控,汽车维修企业发生了实质性变化。
- 进入20世纪80年代改革开放后,汽车维修企业纳入全国统一的行业管理。随着汽车维修市场的开放,带来了前所未有的生机和活力。汽车维修企业如雨后春笋般萌生,出现了国有、集体、个体和合资等多种经营形式并存的竞争态势,优胜劣汰。
- 进入20世纪90年代后,汽车维修企业分化明显。按规模条件、水平高低,严格按一、二、三类汽车维修企业管理,从修旧改为换件,提高维修质量,导入先进管理模式,开展品牌服务,进行有序竞争。

2.汽车维修行业的现代化差距

- 汽车维修企业整体素质良莠不齐。

  由于汽车维修市场的开放以及汽车拥有量的大增，人们一涌而上开办汽车维修企业和修理(服务)工场，造成人员素质良莠不齐。

- 汽车维修企业布局不均衡。

  由于民营企业的随意性，导致城市汽车维修能力过剩，乡镇汽车维修能力不足，布局的失衡造成供求关系失调。

- 汽车维修企业的技术水平与现代汽车技术之间存有差距。

  现代汽车特别是现代轿车的精良装备和科技含量很高，绝大部分汽车维修企业的设备条件、人员技术素质一时难以跟上。

- 汽车维修企业的经营理念与现代企业的差距甚远。

  除了极少数品牌连锁维修企业或少数合资维修企业外，多数维修企业还根本谈不上先进的经营管理理念，更谈不上企业文化和企业形象的塑造。倘若国际汽车维修企业的大批涌入，前景堪忧，必须超前苦练内功，引入先进经营管理模式，迎头赶上。

- 汽车维修企业的维修质量和服务质量与客户需求差距不容忽视。
  - 汽车维修企业的客户满意度是企业业务量的保证，利润的源泉。
  - 诚然，由于各方面的缺陷和不足，造成一时难以满足客户的需求，也在情理之中，但除了物质和技术原因之外，是否首先在态度、语言、行为和价格、时限上下点功夫呢？应该不成问题。
  - 当然，物质和技术的困难也应重视，迎头赶上。

二、汽车维修行业的基本特点

- 汽车维修行业的性质特性。

  汽车维修行业是具有工业生产(维修作业)与服务(为客户恢复汽车性能)双重性质的行业。

- 汽车维修行业的附属性。

  汽车维修行业的作业对象是专门针对汽车的，它附属于汽车群体。

- 汽车维修行业的分散性。

  汽车的分散流动决定了汽车维修企业的分散布局特点。应该点多面广，地域分布合理，结构比例协调。

- 汽车维修行业的竞争性。

  汽车维修企业的星罗棋布格局以及较高的技术含量，决定了它的竞争性，造成优胜劣汰的必然性、众多性和短时性。

- 汽车维修行业的技术密集性。

  汽车是一个高科技含量的产品，决定了汽车维修行业的技术密集性。

三、汽车维修企业开业条件

1.汽车维修企业分类

汽车维修企业属于技术密集型服务性行业，但是鉴于其经营规模、技术水平、设备条件、员工素质、厂房场地面积以及经营范围不同，为了使汽车维修行业管理实现系统化、规模化、科学化，必须对汽车维修企业实行分类管理。

汽车维修企业的类别划分是按照其完成维修作业的最高类别为依据确定。按行业管理规定分类如下：

- 汽车整车维修企业。

汽车整车维修企业 是指有能力对所维修车型的整车、各个总成及主要零部件进行各级维护、修理及更换，使汽车的技术状况和运行性能完全（或接近完全）恢复到原车的技术要求，并符合相应国家标准和行业标准的规定的汽车维修企业。按规模大小分为：

  - ■ 一类汽车整车维修企业。
  - ■ 二类汽车整车维修企业。

- 汽车专项维修业户。

汽车专项维修业户 是指从事汽车发动机、车身、电气系统、自动变速器、车身清洁维护、涂漆、轮胎动平衡及修补、四轮定位检测调整、供油系统维护及油品更换、喷油泵和喷油器维修、曲轴修磨、气缸镗磨、散热器（水箱）维修、空调维修、汽车装潢（篷布、座垫及内装饰）、汽车玻璃安装等专项维修作业的业户。通常称为三类汽车维修企业。

- 有的地区还将汽车快修部划分为三类汽车维修企业。

- 生产规模。
- 拥有的主要生产设备和检测设备。
- 技术人员、生产技术工人的数量、工种的配备和技术素质。
- 维修质量、质量保障体系及各种质量管理制度的完善程度。
- 汽车维修业户的生产厂房、场地面积等生产设施条件。
- 汽车维修的技术标准、工艺文件、操作规程等的完善程度。
- 各种计量器具是否齐全，是否符合国家的有关规定。
- 汽车维修业户在安全、环保、消防等方面的条件是否符合国家的有关规定。
- 汽车维修业户的经营管理水平。

- **汽车维修企业开业条件** 是指汽车维修行业主管部门对汽车维修企业开业审批和年度审验的基本条件。也是指各类汽车维修企业为保证其维修业务的正常进行和保证维修质量，所必须具备的设备、设施、人员素质等条件。
- 汽车维修企业开业条件是根据各类汽车维修企业的经营范围确定的。《汽车维修行业管理暂行办法》规定：必须具备与经营范围、生产规模相适应的维修厂房和停车场地，且必须符合国家环境保护的要求。不准利用街道和公共场地停车和作业。
- GB / T 16739.1-2004 和 GB / T 16739.2-2004《汽车维修业开业条件》作了具体规定。

2.汽车维修企业开业条件

1)汽车整车维修企业的开业条件

配齐人员，持证上岗。

企业管理人员、技术负责人及检验、业务、价格核算、维修(机修、电器、钣金、油漆)等关键岗位至少应配备1人，并应经过培训，取得行业主管部门颁发的从业资格证书，持证上岗。

- 企业管理负责人条件。

企业管理负责人应熟悉汽车维修业务，具备企业经营、管理能力，并了解汽车维修及相关行业的法规及标准。

- 技术负责人条件。

技术负责人应具有汽车维修或相关专业的大专以上文化程度，或具有汽车维修或相关专业的中级以上专业技术职称。应熟悉汽车维修业务，并掌握汽车维修及相关行业的法规及标准。

- 检验人员条件。

检验人员数量应与其经营规模相适应，其中至少应有1名总检验员和1名进厂检验员。

- 业务人员条件。

业务人员应熟悉各类汽车维修检测作业，从事汽车维修工作3年以上，具备丰富的汽车技术状况诊断经验，熟悉掌握汽车维修服务收费标准及相关政策法规。

- 企业工种设置和专业人员条件。

企业工种设置应覆盖维修业务中涉及到的各专业。维修人员的专业知识和业务技能应达到行业主管部门规定的要求。

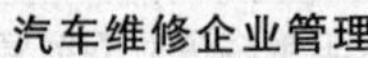

● 经营管理条件。

■ 应具备有与汽车维修有关的法规等文件资料。

■ 应具有规范的业务工作流程,并明示业务受理程序、服务承诺、用户投诉受理制度等。

■ 应具有健全的经营管理体系,设置技术负责、业务受理、质量检验、文件资料管理、材料管理、仪器设备管理、价格结算等岗位并落实责任人。

● 质量管理。

■ 应具有汽车维修的国家标准和行业标准以及相关技术标准。

■ 应具有所维修车型的维修技术资料及工艺文件,确保完整有效并及时更新。

■ 应具有汽车维修质量承诺、进出厂登记、检验、竣工出厂合格证管理、技术档案管理、标准和计量管理、设备管理及维护、人员技术培训等制度。

■ 应建立汽车维修档案和进出厂登记台帐。汽车维修档案应包括维修合同,进厂、过程、竣工检验记录,出厂合格证副页,结算凭证和工时、材料清单等。

● 应具有与其维修作业内容相适应的安全管理制度和安全保护措施,建立并实施安全生产责任制。安全保护设施、消防设施等应符合有关规定。

● 应有各工种、各类机电设备的安全操作规程,并将安全操作规程明示在相应的工位或设备处。

● 使用、存储有毒、易燃、易爆物品,腐蚀剂,压力容器等均应有相应的安全防护措施和设施。

● 生产厂房和停车场应符合安全、环保和消防等各项条件。

● 应具有废油、废液、废气、废电池、废轮胎及垃圾等有害物质集中收集、有效处理和保持环境整洁的环境保护管理制度。有害物质存储区域应界定清楚,必要时应有隔离、控制措施。

● 作业环境以及按生产工艺配置的“三废”(油、液、气)、通风、吸尘、净化、消声等设施,均应符合有关规定。

● 涂漆车间应设有专用的废水排放及处理设施,采用干打磨工艺的,应有粉尘收集装置和除尘设备,应设有通风设备。

● 调试车间或调试工位应设置汽车尾气收集净化装置。

- 接待室(含客户休息室)。
  - 应设有接待室,一类企业的面积不少于 40m²,二类企业的面积不少于 20m²。
  - 接待室应整洁明亮,明示各类证、照、主修车型、作业项目、工作定额及单价等,并应有客户休息的设施。
- 停车场。
  - 应有与承修车型、经营规模相适应的合法停车场地,一类企业的面积不少于 200m²,二类企业的面积不少于 150m²。
  - 企业租赁的停车场地,应具有合法的书面合同书。
  - 停车场地面平整坚实,区域界定标志明显。
- 生产厂房。
  - 生产厂房地面应平整坚实,面积应能满足规定设备的工位布置、生产工艺和正常作业。一类企业的面积不少于 800m²,二类企业的面积不少于 200m²。
  - 租赁的生产厂房,应具有合法的书面合同书。

- 应配备与其所承修车型相适应的量具、机工具及手工具。量具应定期进行检定。
- 应配备规定的通用设备、专用设备和检测设备(详见表 3-1、表 3-2、表 3-3),其规格和数量应与其生产纲领和生产工艺相适应。
- 各种设备应符合相应的产品技术条件等国家标准和行业标准的要求。
- 各种设备应能满足加工、检测精度的要求和使用要求,主要检测设备应通过型式认定,并按规定经有资质的计量检定机构检定合格。
- 允许外协的设备,应具有合法的合同书,并能证明其技术状况符合上述各项要求。

汽车整车维修企业应配备的通用设备　　表 3-1

序号	设备名称	序号	设备名称
1	钻床	4	压力机
2	电焊及气体保护焊设备	5	空气压缩机
3	气焊设备		

汽车整车维修企业应配备的专用设备 表 3-2

序号	设备名称	大中型客车	大型货车	小 型 车	其他要求
1	换油设备		√		
2	轮胎轮辋拆装设备		√		
3	轮胎螺母拆装机	√	√	—	
4	车轮动平衡机		√		
5	四轮定位仪	—	—	√	
6	转向轮定位仪	√	√	—	
7	制动鼓和制动盘维修设备	√	√	—	
8	汽车空调冷媒加注回收设备	√	—	√	
9	总成吊装设备		√		
10	汽车举升机	—	—	√	一类不应少于 5 台
11	地沟设施	√	√	—	一类不应少于 2 个
12	发动机检测诊断设备		√		
13	数字式万用电表		√		
14	故障诊断设备	—	—	√	
15	汽缸压力表		√		
16	汽油喷油器清洗及流量测量仪	—	—	√	应具备示波器、转速表、发动机检测专用真空表的功能
17	正时仪		√		
18	燃油压力表	—	—	√	
19	液压油压力表		√		
20	连杆校正器		√		允许外协
21	无损探伤设备		√		修理大中型客车必备，其他允许外协
22	车身清洗设备	—	—	√	
23	打磨抛光设备	√	—	√	
24	除尘除垢设备	√	—	√	
25	型材切割机		√		
26	车身整形设备		√		
27	车身校正设备	—	—	√	
28	车架校正设备	√	√	—	二类允许外协
29	悬架试验台	—	—	√	二类允许外协
30	喷烤漆房及设备	√	—	√	
31	喷油泵试验设备		√		允许外协
32	喷油器试验设备		√		
33	调漆设备	√	—	√	

续上表

序号	设备名称	大中型客车	大型货车	小 型 车	其他要求
34	自动变速器维修设备(见 GB/T 16739.2-2004 中 5.4.4)	—	—	√	允许外协
35	立式精镗床	√			
36	立式珩磨机	√			
37	曲轴磨床	√			
38	曲轴校正设备	√			
39	凸轮轴磨床	√			
40	激光淬火设备	√			
41	曲轴、飞轮与离合器总成动平衡机	√			

【注】"√"——表示要求具备;"—"——表示不要求具备。

汽车整车维修企业应配备的主要检测设备　　表 3-3

序号	设备名称	其他要求
1	声级计	
2	排气分析仪或烟度计	
3	汽车前照灯检测设备	二类允许外协
4	侧滑试验台	二类允许外协
5	制动检验台	修理大型货车及二类允许外协
6	车速表检验台	二类允许外协
7	底盘测功机	允许外协

2)汽车专项维修业户的开业条件

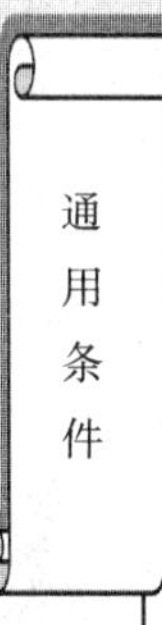

- 关键岗位的人员数量应能满足生产的需要,并取得从业资格证书,持证上岗。
- 应具有相关的法规、标准、规章等文件以及相关的维修技术资料和工艺文件等,并确保完整有效、及时更新。
- 应具有规范的业务流程,并明示业务受理程序、服务承诺、用户投诉制度等。
- 生产厂房的面积、结构及设施应满足专项修理作业设备的工位布置、生产工艺和正常作业要求。停车场地界定标志明显,不得占用道路和公共场所进行作业和停车,地面应平整坚实。应符合安全生产、环保和消防等各项要求。租赁的厂房和停车场地应有合法的书面合同。
- 配备的设备应与其生产作业规模及生产工艺相适应,其技术状况应良好,符合相应的产品技术等国家标准或行业标准的要求,并能满足加工、检测精度的要求和使用要求。检测设备及量具应按规定经有资质的计量检定机构检定合格。
- 使用、存储有毒、易燃、易爆物品,粉尘、腐蚀剂,污染物、压力容器等均应有相应的安全防护措施和设施。作业环境以及按生产工艺安装、配备的处理"三废"(油、液、气)、通风、吸尘、净化、消声等设施,均应符合有关规定。

- 人员条件。
  - 企业管理负责人、技术负责人及检验人员等均应经过有关培训，并取得行业主管部门颁发的从业资格证书，持证上岗。
  - 企业管理负责人应熟悉汽车维修业务，具备企业经营、管理能力，并了解发动机维修及相关行业的法规及标准。
  - 技术负责人应具有汽车维修或相关专业的大专以上文化程度，或具有汽车维修或相关专业的中级以上专业技术职称。应熟悉汽车维修业务，并掌握汽车维修及相关行业的法规及标准。
  - 检验人员不应少于2名。
  - 发动机主修人员不应少于2名。
- 组织管理条件。
  - 应具有健全的经营管理体系，设置技术负责、业务受理、质量检验、文件资料管理、材料管理、仪器设备管理、价格结算等岗位并落实到人。
  - 应具有汽车维修质量承诺、进出厂登记、检验记录及技术档案管理、标准和计量管理、设备管理及维护、人员技术培训等制度并严格实施。
- 设施条件。
  - 应设有接待室，其面积不应少于20m²。接待室应整洁明亮，明示各类证、照、作业项目及计费工时定额等，并应有客户休息的设施。
  - 停车场面积不应少于30m²。
  - 生产厂房面积不应少于200m²。
- 主要设备条件(见表3–4)。

发动机专项维修业户应具备的主要设备 表3–4

序号	主要设备	序号	主要设备
1	压力机	14	喷油器试验设备
2	空气压缩机	15	连杆校正器
3	发动机解体清洗设备	16	排气分析仪
4	发动机等总成吊装设备	17	烟度计
5	发动机试验设备	18	无损探伤设备
6	废油收集机	19	立式精镗床
7	数字式万用电表	20	立式珩磨机
8	汽缸压力表	21	曲轴磨床
9	量缸表	22	曲轴校正设备
10	正时仪	23	凸轮轴磨床
11	汽油喷油器清洗及流量测量仪	24	激光淬火设备
12	燃油压力表	25	曲轴、飞轮与离合器总成动平衡机
13	喷油泵试验设备		

汽车车身维修业户的开业条件。

● 人员条件。

■ 企业管理负责人、技术负责人及检验人员等均应经过有关培训，并取得行业主管部门颁发的从业资格证书，持证上岗。

■ 企业管理负责人应熟悉汽车维修业务，具备企业经营、管理能力，并了解汽车车身维修及相关行业的法规及标准。

■ 技术负责人应具有汽车维修或相关专业的大专以上文化程度，或具有汽车维修或相关专业的中级以上专业技术职称。应熟悉汽车维修业务，并掌握汽车维修及相关行业的法规及标准。

■ 检验人员不应少于 1 名。

■ 汽车车身主修及维修涂漆人员均不应少于 2 名。

● 组织管理条件。

■ 应具有健全的经营管理体系，设置技术负责、业务受理、质量检验、文件资料管理、材料管理、仪器设备管理、价格结算等岗位并落实到人。

■ 应具有汽车维修质量承诺、进出厂登记、检验记录及技术档案管理、标准和计量管理、设备管理及维护、人员技术培训等制度并严格实施。

● 设施条件。

■ 应设有接待室，其面积不应少于 $20m^2$。接待室应整洁明亮，明示各类证、照、作业项目及计费工时定额等，并应有客户休息的设施。

■ 停车场面积不应少于 $30m^2$。

■ 生产厂房面积不应少于 $120m^2$。

● 主要设备条件(见表 3-5)。

汽车车身专项维修业户应具备的主要设备　　表 3-5

序号	主要设备	序号	主要设备
1	电焊及气体保护焊设备	8	型材切割机
2	气焊设备	9	车身整形设备
3	压力机	10	车身校正设备
4	汽车外部清洁设备	11	车架校正设备
5	发动机试验设备	12	车身尺寸测量设备
6	打磨抛光设备	13	喷烤漆房及设备
7	除尘除垢设备	14	调漆设备(允许外协)

汽车电气系统维修业户的开业条件。

● 人员条件。

■ 企业管理负责人、技术负责人及检验人员等均应经过有关培训,并取得行业主管部门颁发的从业资格证书,持证上岗。

■ 企业管理负责人应熟悉汽车维修业务,具备企业经营、管理能力,并了解汽车电气系统维修及相关行业的法规及标准。

■ 技术负责人应具有汽车维修或相关专业的大专以上文化程度,或具有汽车维修或相关专业的中级以上专业技术职称。应熟悉汽车维修业务,并掌握汽车维修及相关行业的法规及标准。

■ 检验人员不应少于 1 名。

■ 汽车电子电器主修人员不应少于 2 名。

● 组织管理条件。

■ 应具有健全的经营管理体系,设置技术负责、业务受理、质量检验、文件资料管理、材料管理、仪器设备管理、价格结算等岗位并落实到人。

■ 应具有汽车维修质量承诺、进出厂登记、检验记录及技术档案管理、标准和计量管理、设备管理及维护、人员技术培训等制度并严格实施。

● 设施条件。

■ 应设有接待室,其面积不应少于 $20m^2$。接待室应整洁明亮,明示各类证、照、作业项目及计费工时定额等,并应有客户休息的设施。

■ 停车场面积不应少于 $30m^2$。

■ 生产厂房面积不应少于 $120m^2$。

● 主要设备条件(见表 3–6)。

汽车电气系统专项维修业户应具备的主要设备 表 3–6

序号	主要设备	序号	主要设备
1	空气压缩机	5	电解液密度计
2	故障诊断设备	6	高频放电叉
3	数字式万用电表	7	汽车前照灯检测设备(允许外协)
4	充电机	8	电路检测设备

汽车自动变速器维修业户的开业条件。

● 人员条件。

■ 企业管理负责人、技术负责人及检验人员等均应经过有关培训，并取得行业主管部门颁发的从业资格证书，持证上岗。

■ 企业管理负责人应熟悉汽车维修业务，具备企业经营、管理能力，并了解汽车自动变速器维修及相关行业的法规及标准。

■ 技术负责人应具有汽车维修或相关专业的大专以上文化程度，或具有汽车维修或相关专业的中级以上专业技术职称。应熟悉汽车维修业务，并掌握汽车维修及相关行业的法规及标准。

■ 检验人员不应少于1名。

■ 汽车自动变速器专业主修人员不应少于2名。

● 组织管理条件。

■ 应具有健全的经营管理体系，设置技术负责、业务受理、质量检验、文件资料管理、材料管理、仪器设备管理、价格结算等岗位并落实到人。

■ 应具有汽车维修质量承诺、进出厂登记、检验记录及技术档案管理、标准和计量管理、设备管理及维护、人员技术培训等制度并严格实施。

● 设施条件。

■ 应设有接待室，其面积不应少于20m²。接待室应整洁明亮，明示各类证、照、作业项目及计费工时定额等，并应有客户休息的设施。

■ 停车场面积不应少于30m²。

■ 生产厂房面积不应少于200m²。

● 主要设备条件(见表3-7)。

汽车自动变速器专项维修业户应具备的主要设备　　表3-7

序号	主要设备	序号	主要设备
1	自动变速器翻转设备	7	零件高压清洗设备
2	自动变速器拆解设备	8	电控变速器测试仪
3	变扭器维修设备	9	油路总成测试机
4	变扭器切割设备	10	液压油压力表
5	变扭器焊接设备	11	自动变速器总成测试机
6	变扭器检测(漏)设备	12	自动变速器专用测量器具

汽车车身清洁维护业户的开业条件。

● 人员条件。

至少有 2 名经过专业培训的车身清洁人员。

● 设施条件。

生产厂房面积不应少于 40m²。停车场面积不少于 30m²。

● 主要设备条件(见表 3-8)。

汽车车身清洁及其维护专项维修业户应具备的主要设备 表 3-8

序号	主要设备	序号	主要设备
1	举升设备或地沟	4	除尘、除垢设备
2	汽车外部清洗设备及污水处理设备	5	打蜡设备
3	吸尘设备	6	抛光设备

● 节水条件。

取得节水管理部门的批准,符合当地节水及环保要求。

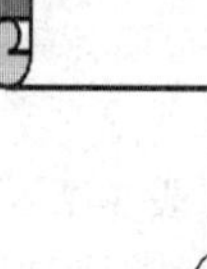

汽车涂漆业户的开业条件。

● 人员条件。

至少有 1 名经过专业培训的汽车维修涂漆人员。

● 设施条件。

生产厂房面积不少于 120m²。停车场面积不应少于 40m²。

● 主要设备条件(见表 3-9)。

汽车涂漆专项维修业户应具备的主要设备 表 3-9

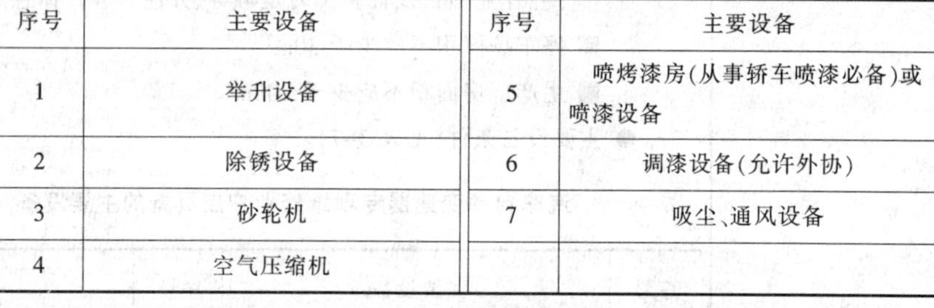

序号	主要设备	序号	主要设备
1	举升设备	5	喷烤漆房(从事轿车喷漆必备)或喷漆设备
2	除锈设备	6	调漆设备(允许外协)
3	砂轮机	7	吸尘、通风设备
4	空气压缩机		

四轮定位检测调整业户的开业条件。

● 人员条件。

至少有 1 名经过专业培训的汽车维修人员。

● 设施条件。

生产厂房面积不少于 40m²。停车场面积不应少于 30m²。

● 主要设备条件(见表 3-10)。

汽车四轮定位检测调整专项维修业户应具备的主要设备 表 3-10

序号	主要设备	序号	主要设备
1	举升设备	3	空气压缩机
2	四轮定位仪	4	轮胎气压表

轮胎动平衡及修补业户的开业条件。

- 人员条件。

至少有 1 名经过专业培训的轮胎维修人员。

- 设施条件。

生产厂房面积不少于 $30m^2$。停车场面积不应少于 $30m^2$。

- 主要设备条件(见表 3-11)。

汽车轮胎动平衡及修补专项维修业户应具备的主要设备　表 3-11

序号	主要设备	序号	主要设备
1	空气压缩机	5	轮胎螺母拆装机或专用拆装工具
2	漏气试验设备	6	轮胎轮辋拆装、除锈设备或专用工具
3	轮胎气压表	7	轮胎修补设备
4	千斤顶	8	车轮动平衡机

供油系统维护及油品更换业户的开业条件。

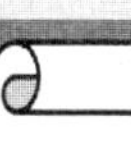

- 人员条件。

至少有 1 名经过专业培训的汽车维修人员。

- 设施条件。

生产厂房面积不少于 $40m^2$。停车场面积不应少于 $30m^2$。

- 主要设备条件(见表 3-12)。

汽车供油系统维护及油品更换专项维修业户应具备的主要设备　表 3-12

序号	主要设备	序号	主要设备
1	不解体油路清洗设备	4	举升设备或地沟
2	换油设备	5	空气压缩机
3	废油收集设备		

喷油泵、喷油器维修业户的开业条件。

- 人员条件。

至少有 1 名经过专业培训的汽车高压油泵维修人员。

- 设施条件。

生产厂房面积不应少于 $30m^2$。停车场面积不应少于 $30m^2$。

- 主要设备条件(见表 3-13)。

汽车喷油泵、喷油器专项维修业户应具备的主要设备　表 3-13

序号	主要设备	序号	主要设备
1	喷油泵、喷油器清洗和试验设备	4	千分尺
2	弹簧试验仪	5	厚薄规
3	喷油泵、喷油器密封性试验设备(从事喷油泵、喷油器维修的业户)		

曲轴修磨业户的开业条件。

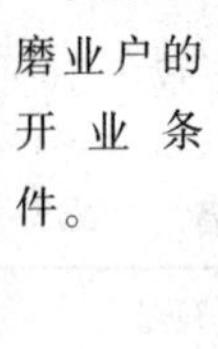

- 人员条件。

至少有1名经过专业培训的曲轴修磨人员。

- 设施条件。

生产厂房面积不少于60m²。停车场面积不应少于30m²。

- 主要设备条件(见表3–14)。

汽车曲轴修磨专项维修业户应具备的主要设备　表3–14

序号	主要设备	序号	主要设备
1	曲轴磨床	6	百分表及磁力表座
2	曲轴校正设备	7	外径千分尺
3	曲轴动平衡设备	8	无损探伤设备
4	平板	9	吊装设备
5	V型块		

汽缸镗磨业户的开业条件。

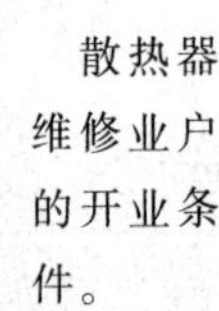

- 人员条件。

至少有1名经过专业培训的气缸镗磨人员。

- 设施条件。

生产厂房面积不少于60m²。停车场面积不应少于30m²。

- 主要设备条件(见表3–15)。

汽缸镗磨专项维修业户应具备的主要设备　表3–15

序号	主要设备	序号	主要设备
1	立式精镗床	6	量缸表
2	立式珩磨机	7	外径千分尺
3	压力机	8	厚薄规
4	吊装起重设备	9	激光淬火设备(从事激光淬火必备)
5	汽缸体水压试验设备		平板

散热器维修业户的开业条件。

- 人员条件。

至少有1名经过专业培训的专业维修人员。

- 设施条件。

生产厂房面积不应少于30m²。停车场面积不少于30m²。

- 主要设备条件(见表3–16)。

汽车散热器专项维修业户应具备的主要设备　表3–16

序号	主要设备	序号	主要设备
1	散热器清洗及管道疏通设备	4	空气压缩机
2	气焊设备	5	喷漆设备
3	钎焊设备	6	散热器密封试验设备

汽车空调维修业户的开业条件。

- 人员条件。

至少有1名经过专业培训的汽车空调维修人员。

- 设施条件。

生产厂房面积不少于40m²。停车场面积不少于30m²。

- 主要设备条件(见表3–17)。

汽车空调专项维修业户应具备的主要设备　　表3–17

序号	主要设备	序号	主要设备
1	汽车空调冷媒加注、回收设备	4	空调专用检测设备
2	气焊设备	5	数字式万用电表
3	空调电器检测设备		

汽车装璜业户的开业条件。

- 人员条件。

至少有1名经过专业培训的篷布、座垫及内装饰维修人员。

- 设施条件。

生产厂房面积不少于30m²。停车场面积不应少于30m²。

- 主要设备条件(见表3–18)。

汽车装璜专项维修业户应具备的主要设备　　表3–18

序号	主要设备	序号	主要设备
1	缝纫机	5	电熨斗
2	锁边机	6	裁剪工具
3	工作台或工作案	7	烘干设备
4	台钻或手电钻		

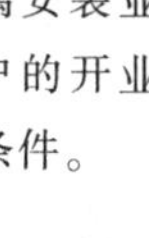

汽车玻璃安装业户的开业条件。

- 人员条件。

至少有1名经过专业培训的汽车玻璃安装、维修人员。

- 设施条件。

生产厂房面积不少于30m²。停车场面积不应少于30m²。

- 主要设备条件(见表3–19)。

汽车玻璃安装专项维修业户应具备的主要设备　　表3–19

序号	主要设备	序号	主要设备
1	工作台	5	直尺、弯尺
2	玻璃切割工具	6	玻璃拆装工具
3	注胶工具	7	吸尘器
4	玻璃固定工具		

3.汽车维修企业的厂区布置

对于汽车维修企业而言,厂区布局都应该从车辆进厂报修开始一直到修竣出厂为止。选择最合理的汽车维修工艺流程,按照各道工序所需要的空间和先后时刻进行最适当的分配和部署,构成最有效的劳动组合,将有利于企业获得最大的经济效益。

厂区总体布局要求。

- 力求工艺路线顺直、衔接、便捷,避免交叉、跨越和迂回。
- 与维修直接相关的部门应尽量靠近主要车间,甚至直接设于车间内。
- 充分利用厂区面积,在确保安全、防火和卫生的前提下,尽量缩短各建筑物之间的间距。
- 按性能、功能的不同,将厂区划分成若干个区域,相互之间既联系协调,又区别制约,尽可能与周围环境协调配套。
- 前店后厂(场),经营一体化,适应现代气息和品牌经营。
- 无论是建筑造型还是功能都应该具有一定的超前意识。

维修间的布置要求。

- 较大规模的企业——要建立完善的工位组合体,以保证较高的专业化程度。如建立检测工位、高级轿车专用工位、即修工位、换润滑油专用工位、一般维修工位以及专门的总成、电器维修工间、洗车场、停车场等。
- 中小规模的企业——①车间内的工位工序布局应满足工艺流程要 求,保障维修作业的顺利进行;②车间办公室、零部件库房和工具室应尽量靠近维修车间;③应有足够面积的停车场地。

4.汽车维修企业的筹建、立项及审批事项

汽车维修企业的筹建和立项。

- 筹建立项申请由县级以上道路运政管理机构受理。
- 受理时应提交的文件:
  - 经营项目、营业场所、法人代表或经营业主、职工人数、经营规模等书面资料。
  - 合法有效的资信证明或资金担保书。
  - 申请具有法人资格的企业应有可行性报告及其主管部门的立项批准书;无主管部门的企业或经营业户应提交城市街道或乡镇以上人民政府的证明。
  - 企业章程及应提交的其他资料。

- 筹建就绪，即可在规定时间内填写《开业申请表》。
  - ■ 向道路运政管理机构提出开业申请。
  - ■ 同时提交法人身份证、质检员证、价格结算员证等复印件。
  - ■ 还要提交质量管理机构配置情况与质量管理制度。
  - ■ 还要提交厂点位置分布图、厂区平面图和车间工艺布局图等有关资料。
- 受理后30日内为审验期，做出审批决定。
  - ■ 一类企业由省级道路运政管理机构审批。
  - ■ 二类企业由市级道路运政管理机构审批。
  - ■ 三类企业由县级道路运政管理机构审批。
- 批准开业。
  - ■ 核发《汽车维修业技术合格证》(或经营许可证)及铜制“汽车维修企业”经营标志牌。分别办理工商登记和税务登记手续。领取有关统一格式的单证和凭证。在规定筹建期内开业。
  - ■ 不予批准的也应以书面形式答复申请人。

四、汽车维修企业的审验与变更

1. 汽车维修企业的审验

- 县级以上的道路运政管理机构，应对辖区内的汽车维修企业和经营业户进行年度审验。
- 年度审验的时间由省级或地级道路运政管理机构确定。
- 道路运政管理机构应提前向汽车维修企业和经营业户公布年度审验的具体安排和分发年度审验表。
- 年度审验时，应向汽车维修企业和经营业户收回审验表及有关证件。
- 年度审验的内容有：
  - ■经营资质评审。
  - ■经营行为评审。
  - ■经营报表评审。
- 年度审验结果应记录在年度审验表上，并存入分户档案中。

2.汽车维修企业的变更

● 汽车维修企业或经营业户异动变更。

■ 名称的变动。

◆ 企业合并、分立、联营或隶属关系改变,需改变名称,应由经营者提交上级主管部门批文或有关联营协议等相关文件。

◆ 住所或营业场所变动,需改变名称,应由经营者说明原因并提交相关文件。

◆ 扩大或缩小经营范围,需改变名称,应由经营者提交经营情况和申请计划等。

■ 经营权的变动。

◆ 转让或出售汽车维修企业经营权,出让方应按歇业程序办理,受让方应持转让证明,根据具体情况,分别按“名称变更”、“经营范围变更”等程序办理。

◆ 向非经营者转让或出售汽车维修企业经营权,出卖方应按歇业、停业程序办理手续,受让方应按开业程序办理手续。

■ 财产纠纷抵押的经营权变新。

应由租赁或承包者持租赁或承包、抵押协议书到企业所在地的道路运政管理机构备案。道路运政管理机构对于经营者的变动,应认真审查,并重新核定其经营范围、经济性质,确定税费缴纳方式和管理办法。

● 经营范围的变更。

■ 汽车维修企业或经营业户因故变更其经营范围,应由原批准机构受理。

■ 汽车维修经营范围的变更主要用于同类变更。

■ 倘若属于扩大经营范围的变更,应按企业开业程序办理。

■ 倘若属于缩小经营范围的变更,应由企业经营者填报变更表,经审核同意后换发经营证件,必要时还应向社会通告。

课题二　汽车维修企业的经营与经营管理

一、汽车维修企业的经营

1.汽车维修企业的经营

企业的经营　是指在市场经济条件下，把拓宽了的、完全为了客户的市场经营观念作为企业的经营宗旨而进行的经营活动的总和。

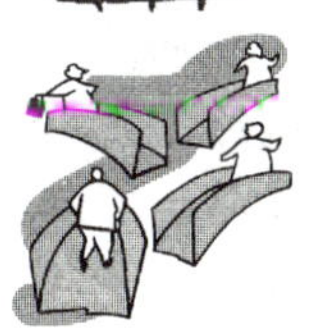

- 汽车维修企业的经营决策。
  - 汽车维修企业以客户市场为出发点和归宿点。
  - 进行市场调查和市场预测，掌握、了解维修信息和用户信息。
  - 对企业生产经营管理活动做出正确的经营决策。
- 汽车维修企业的经营目标。
  - 组织维修生产经营决策。
  - 实施维修作业(服务)，满足社会和客户的需求。
  - 求取企业获得良好的社会效益、经济效益和环境效益。
- 汽车维修企业的经营信息。
  - 生产经营管理活动是个不断循环的动态过程，动态意味着变化。
  - 维修企业必须通过市场信息和客户信息的反馈，不断调整、改进营销服务。

由上而知，现代汽车维修企业的生产经营不再仅仅是单纯的、坐等上门的修修汽车而已，而是应该从生产型转为经营型，完全按市场经济的规律运行，并把经营理念作为企业管理的重要内容。

2.企业经营与企业管理的关系

企业经营与企业管理是两个既有联系而又有区别的不同概念（见图 3-1、图 3-2)。

- 企业经营与企业管理二者不仅联系，而且还是交织渗透而不可分。
  - 企业经营中包括企业管理，企业管理中也包括企业经营。
  - 如若企业管理中没有明确的经营目标和正确的经营决策，那企业管理就会失去方向和适当的方式、方法。
  - 反之，如若企业经营中没有科学有效的企业管理，再好的企业经营或决策，也无济于事，不能付诸实施，也难获得良好的经济效益。
- 现代汽车维修企业的生产经营与管理内容包括内、外两大部分。
  - 对内管理指对企业维修、技术的管理，做到人财物最佳配合。
  - 对外经营指对企业经营活动的管理，做到维修与外部环境相适应，维修业务及服务活动达到适修对路，取得良好的经济效益。

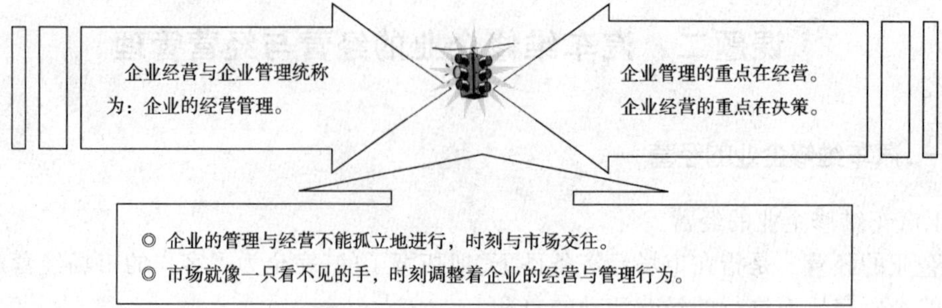

图 3-1 企业经营与企业管理的关系示意图

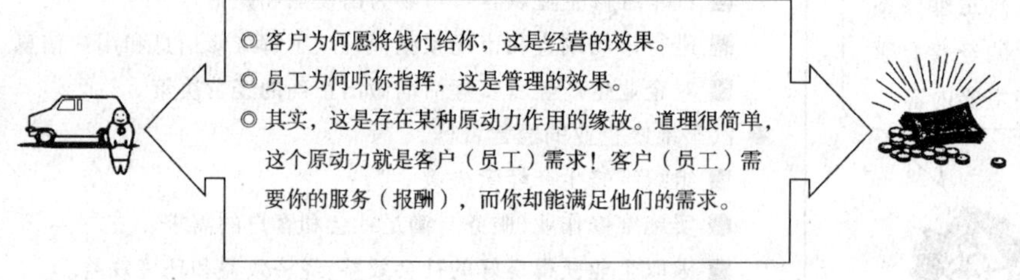

图 3-2 企业经营与企业管理的动力示意图

二、汽车维修企业的经营管理

1.汽车维修企业的经营管理

企业经营管理　是指汽车维修企业在变化的市场环境中，旨在满足消费需求，把汽车维修观念作为企业的管理指导思想，把经营决策作为企业管理的重心和工作中心，把提高企业经济效益作为企业追求目标的核心，为实现企业原定经营目标所做的全部努力。

汽车维修企业经营管理的必要性。

- 为了使汽车维修质量获得社会公众的认可和赞扬，并能以较小的物化劳动消耗取得较大的经济效益，求得扩大再生产，必须以先进、科学的企业经营管理作为可靠的保障。
- 为了使经营决策体现并贯串于全部企业管理过程。确认汽车维修企业经营管理的成败和经营决策正确与否，对汽车维修企业的生存和发展起着决定性作用。所以可以说，经营管理和经营决策是汽车维修企业一切生产经营管理活动的核心。
- 为了满足社会日益增长的物质文化生活的需求，汽车维修企业应该讲究经营管理，注重研究汽车维修市场的需求，并通过市场预测和经营决策，有针对性地扩大其服务领域，调整好汽车维修的专业化程度和服务方向，不断地为客户提供质量高、修期短、价格合理的汽车维修服务，为社会做出更大贡献。

2.汽车维修企业的经营理念

企业经营理念　是指体现汽车维修企业在一定时期、一定经营范围和一定市场环境条件下，进行全部维修经营管理活动的指导思想和根本准则。

- 树立良好的企业形象。
  - 顾全大局，遵守国家的方针政策、法律法规和财经纪律，从事合法经营。
  - 适应环境，处理好企业与国家、行业、员工的关系，树立良好的汽车维修企业形象。
- 努力拓展业务范围。
  - 做好待人接物、采购物资配件、车辆竣工交车、修后服务等工作。
  - 维修业务不等不靠，广开门路，主动揽活。
  - 维修业务拓展范围，坚持多样化、多元化、专门化。
  - 做好汽车维修市场调研，了解车源分布，主动走访客户，建立投诉处理制度和客户、业务往来户档案，健全联系制度。
  - 保住老客户，发展新客户。
- 实行为客户全过程、全项目服务。
  - 实行客户咨询、检测、维护、排故、美容、供件、修理、改装、改造等全套服务。
  - 开展免费故障检测、免费日常维护、免费技术咨询、免费急救、日夜救援、上门服务等活动；组建汽车俱乐部等活动，取得客户的信任和好评。
  - 确立并真正做到"有事请找我"、用"心"服务的经营理念。

    没有条件的企业，切勿强求，否则适得其反，不如细分市场，在专门化、专业化上下功夫，只要功夫深，铁杵照样磨成针。

- 苦练内功，确保维修质量。
  - 质量是企业的生命，是生存发展的根本，是客户信赖的第一要素。
  - 质量是企业竞争的主要手段，是无声的广告。只要质量好，不怕不上门。
- 降低维修成本，让利客户。
- 开展公正、公平、公开的正当竞争。
  - 竞争的目的是实现"双赢"，而非挤垮别人。
  - 竞争应是公正、公平、公开的正当竞争。
- 切忌弄虚作假，贪一时利益，做"一锤子买卖"。
  - 说到要做到，承诺要兑现，忌不讲诚信和欺诈行为。
  - 忌高额回扣，拉拢客户；忌使用伪劣配件，骗人骗己；忌偷工减料，糊弄客户；忌乱收费用，狮子大开口。

3.汽车维修企业的经营方针

企业经营方针 是指汽车维修企业维修经营管理活动中的行动纲领。

汽车维修企业的经营方针。

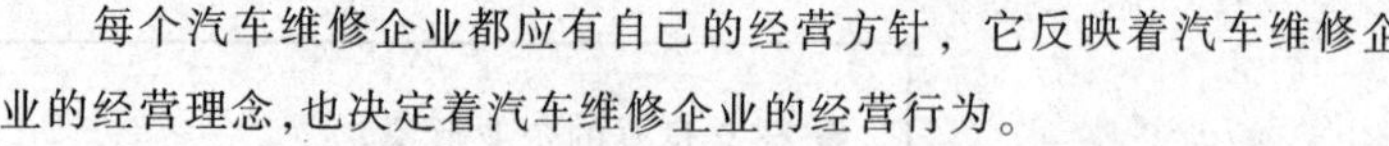

每个汽车维修企业都应有自己的经营方针，它反映着汽车维修企业的经营理念，也决定着汽车维修企业的经营行为。

- 不同的汽车维修企业或处于不同的时期，应对经营方针作必要的调整、修改。
- 制定汽车维修企业经营方针应符合国家、行业的政策法规，以市场调查、预测与决策为依据，充分体现为客户服务的宗旨。
- 制定汽车维修企业经营方针时，应根据自身的经营特点、经营目标、经营任务和经营策略，形成综合性或单项性的经营方针。
- 汽车维修企业的经营方针包括的内容。
  - ■ 企业的经营战略：
    - ◆ 经营方向与目标。
    - ◆ 经营方针与策略。
    - ◆ 经营规划与方案。
    - ◆ 经营实施细则与步骤等。
  - ■ 汽车产品(配件)、汽车维修及其服务的开发计划。
  - ■ 汽车产品(配件)、汽车维修及其服务的生产作业计划。
  - ■ 市场营销计划与市场开发计划。
  - ■ 财务核算与分析。

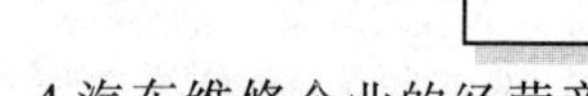

4.汽车维修企业的经营竞争

图 3-3 反映了企业的波特竞争模型。

汽车维修企业的经营竞争。

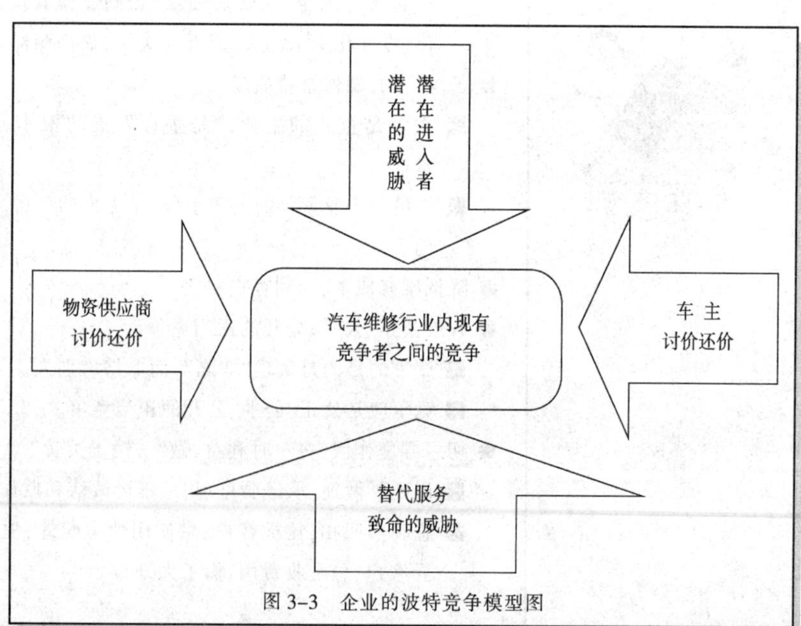

图 3-3　企业的波特竞争模型图

课题三　汽车维修市场调研与预测

一、汽车维修市场调研

市场调研　是指运用科学的方法，有目的、有计划、有系统地对社会公众和客户收集、记录、整理和分析市场活动的真实情况(信息)的活动和过程。

汽车维修市场调研　是指对汽车维修企业的类别、数量、性质的调研，对汽车厂牌、型号、数量的调研，对客户结构的调研以及对市场占有率等调查的总和。

1.汽车维修市场调研的意义

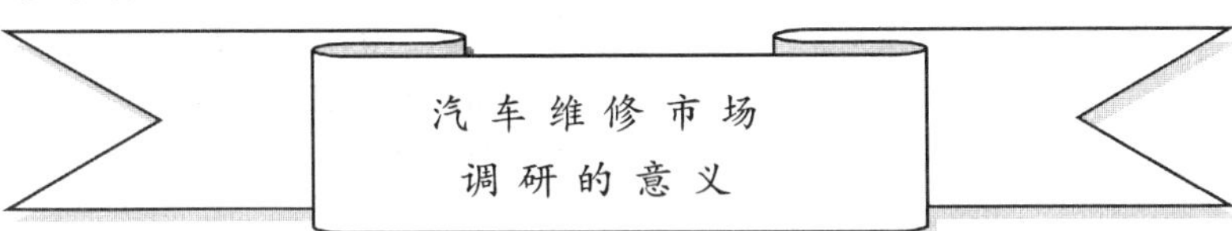

◎对宏观经济的意义。

- 有助于了解汽车维修业的产能、消费、布局、结构，实现宏观调控。
- 有助于国民经济中汽车维修业发展计划的制订。
- 有助于用经济杠杆影响汽车维修市场，平衡供求关系。充分利用、合理配置社会资源。

◎对微观经济的意义。

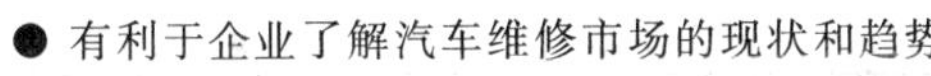

- 有利于企业了解汽车维修市场的现状和趋势。
- 有利于企业科学决策，搞好维修企业营销活动决策。
- 有利于不断改善经营管理，掌握先机，提高效益。
- 有利于有的放矢地促进汽车维修的经营，获取更大利润。

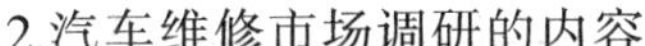

2.汽车维修市场调研的内容

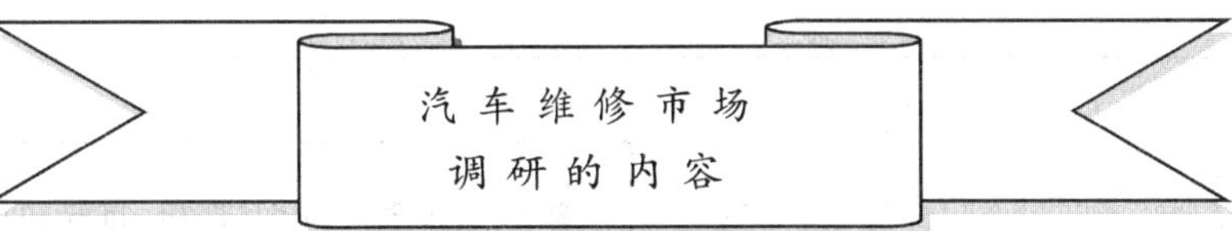

◎ 汽车维修市场需求状况调查

- 社会状况调查

- 修车者？
- 需修愿望？
- 需修强度？

→

- 人口数量及其各种结构情况调查。
- 社会购买力、消费、储蓄情况调查。
- 汽车保有量调查。

◆ 汽车维修需求调查

- 谁想修车？
- 修哪种车？
- 修车类别？
- 何时修？

- 修车量调查。
  - ■ 本地区总的维修需求量。
  - ■ 已能满足的需求量。
  - ■ 潜在的需求量。
  - ■ 本企业能占有的市场份额。
- 需求结构调查。
  - ■ 车型结构。
  - ■ 客户结构。
- 需求时间调查。
  - ■ 季节性需求(换季维护、天气变化)。
  - ■ 运行时间、里程对维修的需求。

◎ 汽车维修供给调查

- 维修渠道情况。
- 竞争对手情况。

- 汽车维修企业的分布、类别、规模、特点、维修质量、企业形象、价格策略。
- 单位自修能力、规模、特点，有否外修需求？多少量？哪种车型？或有何总成、工艺需要外协维修、加工？
- 汽车维修企业预计增减数以及可能的发展、转行、转业等生命周期情况。

3.汽车维修市场调研的要求

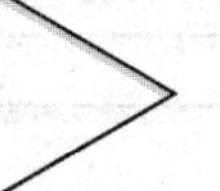

汽车维修市场调研的要求

有的放矢，才能有所收获。

- 调查前要有计划、设想、目标和提纲。
- 调查人员要熟悉市场，有一定经验。
- 调查要尊重真实、客观、可靠。
- 调查要系统、完整。
- 调查要精确、有效。
- 调查要有记录、资料。

4.汽车维修市场调研的程序

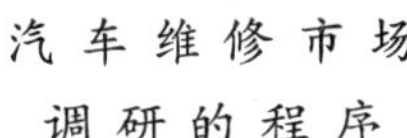

◎ 确定调查计划

- 分析已有资料,确定调查主题。
- 确定调查对象、范围。
- 确定调查方法。
- 设计调查问卷。
- 编制调查路线、日程和经费预算。
- 培训调查人员。

◎ 实地调查

- 直接调查法。
  - 面谈。
  - 填表、答卷。
  - 实地观察
  - 实验试销、试用考察。
  - 邮函询答。
- 间接调查法。
  - 电话了解。
  - 信函了解。
  - 网上征询。
- 普查法。
- 抽样法(随机抽样、标准抽样、分层抽样)。
- 固定样本连续调查法。

◎ 编撰调查报告

- 整理、分类、编号。
- 审阅调查资料。
- 计算、汇总、统计。
- 撰写调查报告。

二、汽车维修市场预测

市场预测 是指运用预测技术，对商品（服务）市场的供求趋势、影响因素和变化状况，做出分析和推断，从而为制定营销计划和进行营销决策提供依据。

汽车维修市场预测 是指通过定性、定量的预测技术，对汽车维修业现状的具体分析、推断，做出前瞻性的预期论断。

实质 汽车维修市场预测的实质是一种科学活动，依赖于科学的理论和方法、可靠的资料、先进的计算手段，得出科学的预测分析。

汽车维修市场预测的原则

过去、现在、未来的有机联系。

◎ 惯性原则

- 任何事物的产生和发展，都有一个基础。
- 任何事物的进展演变都与过去有着不可分割的联系。
- 任何事物的过去、现在都会影响将来。

由上可知，未来汽车维修市场的变化方向、速度和模式都与汽车维修现状有着许多相通、相同之处。未来汽车维修市场就是现在市场的延伸。

前车之辙可鉴。

◎ 类推原则

- 许多事物的发展往往是很相似的。
- 许多相似的事物往往存在必然的内在联系。
- 许多相似的事物往往又有相似的发展规律。

由此可知，从国外汽车维修市场的发展可以推断我国汽车维修市场之路；从发达地区汽车维修市场的演进可以类推后进地区汽车维修市场的发展趋向。

类似生态平衡的市场平衡。

◎ 相关原则

- 任何事物都不是孤立的，而是互相联系着、影响着、制约着，是千丝万缕的网状结构。
- 任何事物都不是完全分离的，而是互相统一、互相沟通、互相对立的矛盾统一体。

由上可知，事物与事物之间存在着一定量的比例关系、结构关系。各行业、各市场之间也存在这种关系。健康的维修市场应该与其他市场力求平衡。尤其是与汽车工业和销售市场有着密不可分的关系。

汽车维修市场预测的类型

● 宏观经济受微观经济影响。
● 微观经济受宏观经济控制。

◎ 按预测范围分类

● 宏观市场预测。

宏观市场预测是对维修市场总的供、承、托情况及对各种影响因素变化的预测。

● 微观市场预测。

微观市场预测是对某类或某型汽车维修的数量、品种、质量等需求变化的预测。

短、中、长预测都有必要。

◎ 按预测时间长短分类

● 长期预测(5 年以上)。
● 中期预测(1~4 年)。
● 近期预测(年度、季度)。
● 短期预测(月、周)。

根据企业经营目标而定。

◎ 按预测地域分类

● 全国性。
● 地区性。
● 辖区性。

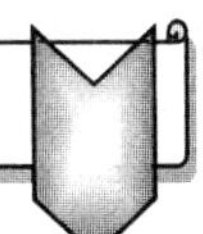

市场预测的要求

利器善工，事半功倍。

◎ 汽车维修市场预测的要求

● 预测前要有范围、时空目标。
● 预测前要有充分、可靠、精确的相关资料。
● 方法恰当。
● 计算正确。
● 汇总完整、全面、系统。

市场预测的程序

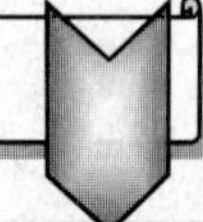

◎ 确立预测目标

- 预测目的。如维修量、经营收益等。
- 预测对象。如某维修类别、某商品、某项目等。
- 预测时间界定。如长、中、近、短期等。
- 预测地域范围。如地区、辖区范围等。

◎ 收集、整理资料

- 企业内部资料。
  - ■ 统计资料。
  - ■ 会计资料(账本、发票和报表等)。
  - ■ 经营历史记录(维修卡、合同等)。
- 市场调研获得的资料。

◎ 预测计算

- 选择预测方法。
- 运用数学模型作为初步预测。
- 再以主观经验,评价计算的合理性,修正初测结果,求得最终预测值及其区间。

◎ 编撰预测报告

- 预测组织组成。
- 预测方法和步骤的过程。
- 预测结论。

市场预测的方法

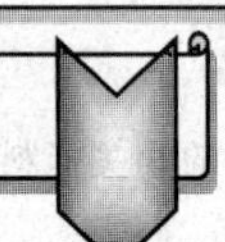

◎ 定性预测法(调查分析法)

定性预测法 是指一种在科学分析基础上依靠人的观察、分析,依经验和判断为主的主观估计预测方法。

※ 主观概率法(经验估计法)

概率计算公式:

$$0 \leqslant P(E_i) \leqslant 1$$

$$\sum P(E_i) \leqslant 1$$

$$P = \sum P_i / n$$

式中:P——概率及概率平均值;

E_i——经验样本;

P_i——预测人员的主观概率;

n——预测人数。

- 主观概率法是对未来事件发生的可能性做出主观估计。
- 个人对某事件的信念可以用0~1来衡量,称为主观概率。
- 所有参加调研预测人员的主观概率的平均值,就可代表该次预测的概率。
- 参加主观概率预测的人过少,误差愈大,通常在10人以上,人员较多时也可分组进行。
- 该法简便易行,比较适合汽车维修企业的市场预测,但主观随意性较大,误差较大。

※ 专家调查法(德尔菲法)

- 选择若干名专家,对预测课题逐一进行匿名解答(每个专家依次编号,只知道自己的编号,答题时依该编号书写,不写姓名)。
- 专家填好预测答卷后,反馈企业,由专人统计、整理、归纳,汇总成新表,再分发各专家进行第二轮调查。
- 专家根据新的数据材料,进行修改或陈述理由,再反馈企业。
- 如此反复4个轮回的结果,可以基本统一,作为最终预测结论。
- 该法集思广益,互相启发,结论比较客观。

- 专家越多,预测越是客观。
- 专家越多,则预测费用越大。
- 通常在10~20名之间。

※ 综合意见法

该法成败的关键在于事前的方案和人员的筛选。

- 将市场预测人员以职务与水平不同分为若干小组,分别进行测算,得出其预测值。
- 然后根据各组不同情况,分别确定权重。
- 最后,进行综合计算,得出最终预测值。

【例】

- A 组人员预测维修营业额为:20 万元;
- B 组人员预测维修营业额为:22 万元;
- C 组人员预测维修营业额为:18 万元;
- 业务员组预测维修营业额为:21 万元;
- 经理组预测维修营业额为:22.5 万元。

【设】

- 经理组的权重为 2;
- 其他组的权重为 1。

【计算】

$$\frac{(20+22+18+21)\times1+22.5\times2}{6}=21(\text{万元})$$

◎ 定量预测法(图解法、统计法)

定量预测法 是指根据历史统计资料,用数学方法(计算、作图)进行市场预测的方法。各种定量预测法的共同特点几乎都是根据历史数据得出的。

定量法的两个科学依据。

- 历史数据中存在某种模式,意味着依据该模式可以推导出未来,得出预测结论。
- 历史数据中存在两个或两个以上变量之间的某种相关形式,通过找出它们的相关关系,从若干个影响因素的变化中去发现目标量未来的变化值。

※ 单纯移动平均法

计算公式

$$\overline{X}=\frac{X_1+X_2+X_3+\cdots+X_n}{n}$$

式中: $\overline{X}$——表示平均值;

X_1——表示数据一;

X_2——表示数据二,以下类推;

n ——表示数据的个数。

- 将过去含有变动的一组统计资料(X_1、X_2、X_3 $\cdots X_n$)相加,求其平均值。
- 该值可以平移,可以作为下一周期的预测数。
- 该法主要用作短期预测。
- 该法适用于成熟产品(服务)或处于均衡期的维修业务预测较可靠(不适用于增长或减退趋势的维修业务预测)。
- 该法也可以用作图法预测。

▲

※ 作图法

【作图法】

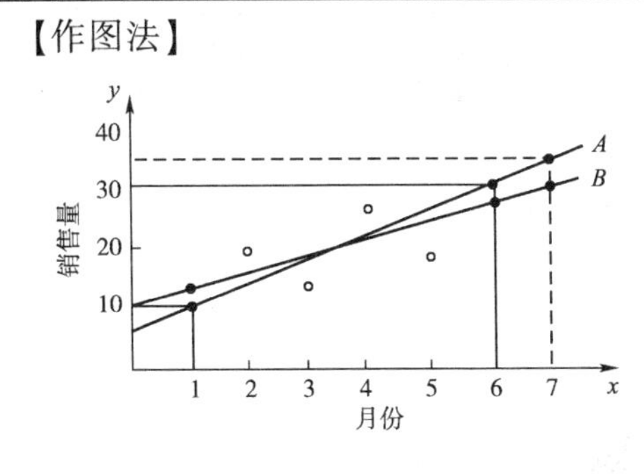

作图法示意图

【计算法】

- $y=b+a\cdot x$（直线方程式）
- 1 月时 x 为 1，6 月时 x 为 6（类推）。
- 则：解方程组，求得 a、b 值。

$$\begin{cases}10=b+a\\30=b+6a\end{cases}$$

- $y_7=b+a\cdot 7$　求得 7 月预测值。

- 画 1 个坐标。
- 分别在纵、横坐标上画出等分点（如：维修收入、月份）。
- 依历史资料在图上画出相应的点。
- 通过 1 月点、6 月点作直线 A。
- 在直线 A 上找出 7 月相应位置，该点对应的纵坐标值，即为预测值。
- 该法也可以用计算法求解预测值。
- 该法适用于预测精度不高的情况。

课题四　汽车维修企业的经营目标和经营策略

一、汽车维修企业的经营目标

汽车维修企业经营目标　是指汽车维修企业在某个时期内，对其车辆维修经营管理活动所要达到的预期目的。

1.汽车维修企业经营目标的内容

- 汽车维修企业的总目标。
  - ■ 拓展车源。
  - ■ 发挥优势，挖掘潜力。
  - ■ 降低消耗，缩短修期，减少工时，降低成本，保证质量，合理收费。
  - ■ 细分上述各目标，使之更具体、更明确、更具针对性和适合性。
- 汽车维修企业的发展目标。
  - ■ 市场目标——挖掘企业潜力，编制企业发展规划，晋升企业等级，拓展细分新的市场，达到一定的市场占有率。
  - ■ 利益目标——营业额、成本、利润和利润率。
  - ■ 贡献目标——技术质量等级、客户满意度、返修率、缴纳税费、员工奖金及福利等。

2.汽车维修企业的经营目标体系

①第一层次（总目标）。

- 第一层次决定企业长期发展方向、规模、速度的总目标或基本目标。属于战略性目标。
- 诸如发展目标、稳定性目标、竞争性目标都属于基本目标之类。
- 由于各企业的特性不同，可分为 4 个阶梯。
  - ■第 1 阶梯：如产值、营业额、利润额等发展性目标。
  - ■第 2 阶梯：如市场占有率、利润率等效率性目标。
  - ■第 3 阶梯：行业领先企业。
  - ■第 4 阶梯：走向世界市场。

经营目标是分层次的。

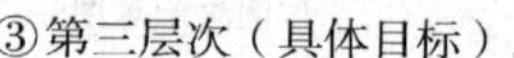

②第二层次（中间目标）。

- 对内目标 —— 即素质目标。如设备目标、人数目标、比例目标、物资利用目标和成本目标等。
- 对外目标 —— 即维修服务及其对象的选择、定量化。如维修服务结构、新项目、满意度等。

③第三层次（具体目标）。

- 第三层次即为市场和生产经营的合理化与效率的具体目标。
- 第三层次目标如劳动生产率、合格率、合理库存、费用预算及维修质量指标等。

- 总目标制约中间目标，中间目标为实现总目标服务。
- 中间目标制约具体目标，具体目标为实现中间目标服务。

这就形成了一个树状的目标体系。

3.汽车维修企业经营目标的制定原则

- 目标的关键性原则。

  目标必须突出企业经营成败的重要问题和关键问题。

- 目标的一致性原则。

  目标必须与中间目标、具体目标协调一致，形成系统。

- 目标的可行性原则。

  目标必须保证能如期实现和完成。

- 目标的激励性原则。

  目标必须有激发员工积极性的强大力量。

- 目标的可量化原则。

  目标必须尽量能用数值或指标来表示。

- 目标的灵活性原则。

  目标必须既有刚性，又必须有弹性，具有灵活调整机制。

4.汽车维修企业经营目标的实施方法

- 努力拓展车源。
- 体现企业自身经营特色，实施维修精品策略。
- 努力提高维修质量。严格操作规程、工艺规范和技术标准。
- 切实履行质量“三包”制度和修后服务制度。
- 极尽力量缩短在修车日。急客户所急。
- 精心培养、提高员工的思想、技术素质。
- 努力降低维修经营成本，明确企业维修收费标准，明码工时、材料标价，合理收费。
- 随时注意维修市场动态，适时、相应采取对策，适应维修市场变化。

二、汽车维修企业的经营策略

汽车维修企业经营策略　是指在激烈的市场竞争环境里，为汽车维修企业确定企业目标并选择实现这些目标的途径和取得竞争优势的方针对策所进行的谋划。

- 由于现代汽车技术发展很快，汽车结构日趋复杂，性能越来越高，对于汽车维修业来说，虽增加了挑战的难度，却也提供了空前的机遇。
- 要想在汽车维修行业占有一席之地，并能增强实力，扩展市场，赢得客户信任，提高市场占有份额，在经营策略上非得下点功夫不可。

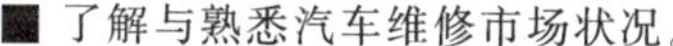

- 了解与熟悉汽车维修市场状况。
  - 加强汽车维修市场调研和预测。
  - 加强汽车维修市场营销、服务功能。
  - 努力开拓汽车维修市场，提高汽车维修市场份额。
  - 加强汽车维修服务意识；增强汽车维修竞争实力。
- 突出汽车维修特色服务。

  扬长避短，发挥本身的优势，极力开展特色维修服务项目，不失时机地为维修市场提供优质、新颖的维修业务。
- 处理好内外关系，营造良好的汽车维修企业环境和公共关系。
- 加大维修企业科技含量投入。
- 增加汽车维修设备、检测仪器设备的投入。
- 强化企业管理，使各项工作有序进行、依章办事，提高工作效率。
- 强化企业文化建设、企业形象塑造。
- 开展现代企业制度的改革，引入并创新企业新的活力机制，塑造良好企业形象。

1.汽车维修市场的细分

市场细分 是指根据消费者的一定特性，把原有市场分割为两个或两个以上的子市场，以便确定目标市场的过程。

汽车维修市场细分 是指通过市场调研，维修企业按照车主明显的不同特征，把车主细分成若干部分的分类行为和过程。

实质 一个市场竞争者要进入已经被别人占领的汽车维修市场，竞争往往是很激烈的。为了避开或减轻这种激烈的竞争，就应该细分市场，找出尚未被开发的汽车维修市场或竞争不十分激烈的汽车维修市场，作为自己的目标市场。

按不同标准进行的市场细分见图 3-4。

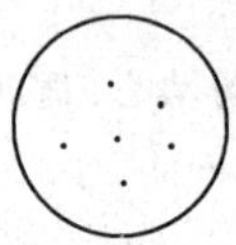

a)没有市场细分

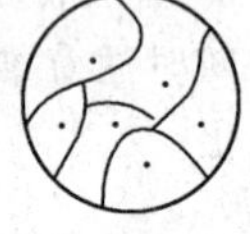

b)完全细分

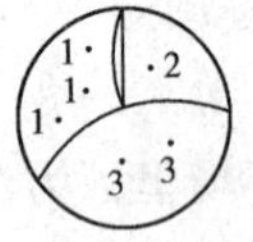

c)按收入1、2和3级进行市场细分

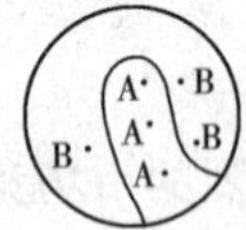

d)按年龄A和阶层B进行市场细分

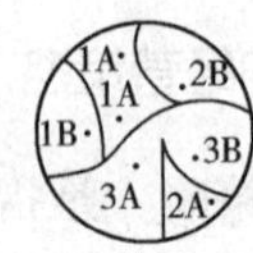

e)按收入—年龄阶层进行市场细分

图 3-4 市场的不同细分示意图

按客户性质细分。

- 质量细分型——客户对维修价格和维修时限并不十分计较，可十分注重档次、材质和质量。
- 时间优先型——客户往往在重大活动前、节假日前或上下班接送等事项时或商业性营运车辆，注重在修时间。有些还忽略价格。
- 价格优先型——客户大多为中低档私家车、出租车或营业性车辆，往往注重修车价格。
- 回扣优先型——少数雇佣性、职业性驾驶员往往关注回扣。

按车辆类别细分。

- 政府公务用车。
- 单位公用车。
- 私家车。
- 出租车。
- 过境车辆。
- 特殊、专用车辆（叉车、装载车、吊车、发电机组、消防车、工程车、钻井车、救援车、救护车等特殊车辆）。
- 疑难杂症车辆。
- 事故车辆。

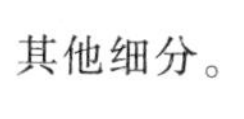

- 地域细分——按不同地域、自然气候、传统文化、风土人情、经济发展水平和消费习惯等划分为不同的区域。
- 人口细分——按年龄、性别、文化程度、家庭人数、收入、职业、民族和信仰等划分为不同的车主群体。
- 心理细分——按生活方式、社会阶层、个性、气质和偏好等划分为不同心理特征的车主。
- 行为细分——按车主对汽车的了解程度、维修要求、维修态度、使用状况以及对维修企业的反应、信誉认可等行为划分为不同的范围。其行为可再细分为：
  - 修车时期。
  - 修车目的。
  - 使用状况。
  - 用车频率。
  - 对车辆爱护、忠诚心理程度。
  - 修车的缓急要求程度。
  - 修车的挑剔程度等。

2.汽车维修市场细分的作用

利于发现市场机会。

- 能够了解到客户维修汽车需求的满足程度。
- 能够了解到维修类型的缺门和薄弱环节，进行开发。
- 能够了解汽车维修市场竞争的激烈程度，哪些领域竞争较少，从而发现市场机会。

利于增强企业竞争力。

- 能够增强维修企业的适应能力和应变能力。有针对性地进行市场调研，掌握车主的需求特点及其变化状况。
- 能够避免在整体市场上分散经营力量，握紧拳头，集中人力、财力、物力资源于某个或某些细分市场上，形成优势突破。
- 能够看清楚每个细分维修市场上各个竞争者的优势和劣势，更有效地确立自己的独特目标市场。

利于扬长避短，发挥优势。

- 对每一个汽车维修企业而言，其经营能力相对于整体市场都是有限的，全面出击几乎是不可能的。
- 通过市场细分可以发现、正视和利用自己的长处。
- 通过市场细分，还可以发现、正视和规避自己的短处。

- 汽车维修对市场的占有往往总是从小到大，逐步拓展的。
- 通过市场细分，汽车维修企业还可以选择最适合自己去占领的某些子市场，作为其目标市场。
- 当占领这些子市场后，再逐步向外推进、拓展，从而扩大市场占有率。

3.汽车维修市场细分的条件

- 差异性。

  差异性　是指某些汽车维修在市场上确实存在着消费上明显的差异，才得以成为细分的依据。
- 可衡量性。

  可衡量性　是指对某种特性细分的特色维修子市场，其规模和维修力的大小应该可以量化。
- 可入性。

  可入性　是指维修企业对细分后的子市场，必须是切实可以进入，并占有一定份额的，否则对维修企业毫无现实意义。
- 实效性(可盈利性)。

  实效性　是指细分后的维修市场，企业应有利可图。否则对其来说也是毫无现实意义的。

4.汽车维修市场细分的步骤

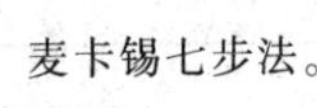

- 以需求确定汽车维修市场范围。

  在明确了企业任务、目标，对汽车维修市场环境充分调查分析之后，从市场需求出发，选定一个可能的维修市场范围。
- 估计潜在客户的基本要求。
- 分析潜在客户的不同要求。
- 剔除潜在客户的共同需求。
- 给不同的细分市场暂时定名。

  如：好动者、成熟者、新婚者、权贵者、白领者……
- 再深入考察细分的维修市场的科学性、合理性和可行性。
- 估算不同类型、规模、层次的细分市场的规模和获利水平。

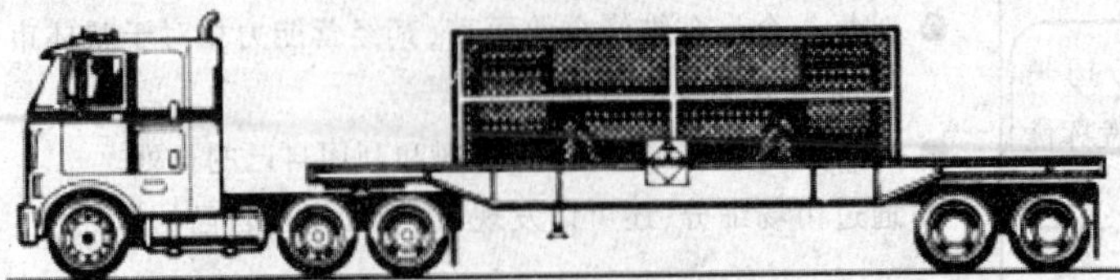

5.汽车维修市场的目标市场

目标市场 是指经市场细分后作为企业经营活动目标,决定进入并为之服务的市场。实质 企业的一切经营活动都是围绕目标市场进行的。选择和确定目标市场,明确企业的具体服务对象,关系到企业任务、目标的落实,是企业制定经营战略的首要内容和基本出发点。

汽车维修市场覆盖 是指汽车维修企业想占领的市场领域和份额。

实质 汽车维修市场是一个大市场,除了五花八门的商品车市场之外,还包括众多的外围市场、相关市场和服务市场,任何汽车维修企业都无法完全覆盖整个市场。每个维修企业都要根据自身的特点和实力,覆盖其中力所能及的那部分市场领域和份额,才是取胜之道,见图 3–5。

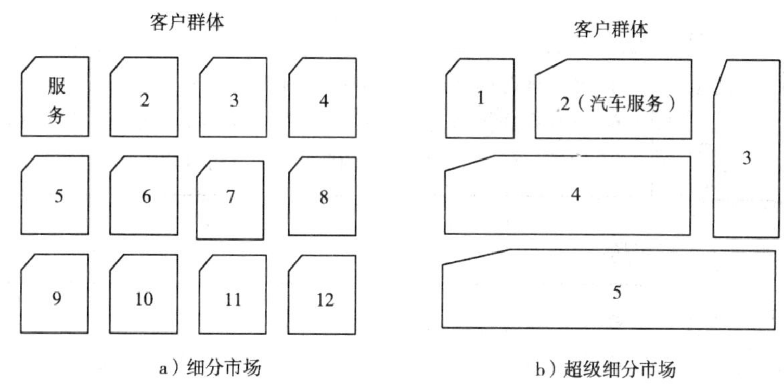

图 3–5 汽车维修企业细分市场示意图

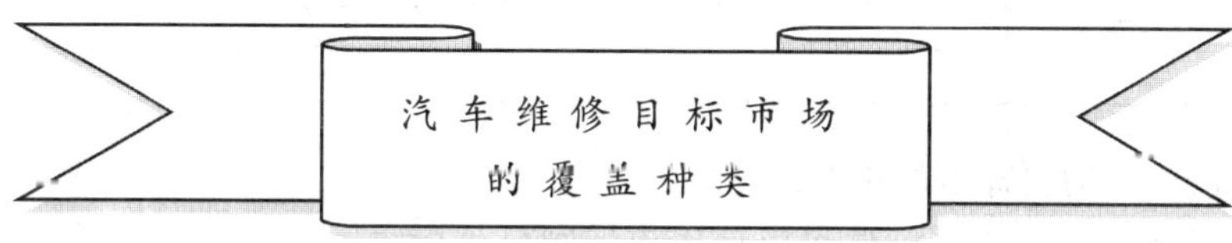

◎ 单一化汽车维修市场

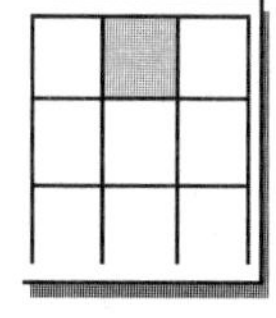

图中:“列”表示市场,
“行”表示服务类别

- 单一化汽车维修目标市场无论从市场(客户)或是维修角度,都集中于 1 个细分市场。
- 企业只维修(服务)于某一类汽车或某一品牌的汽车。
- 只服务某类客户群体。适合于小企业。

◎ 专业化的汽车维修市场

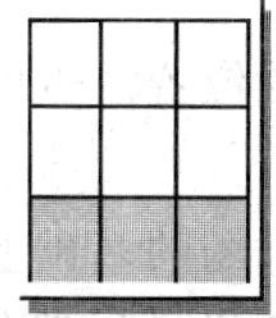

- 向各类客户同时维修某种汽车。
- 汽车的型号、档次、质量或款式等各个方面各不相同,以满足不同类型客户的需求。适合于特色维修企业。

▼

▲

◎ 专业化市场型的汽车维修市场

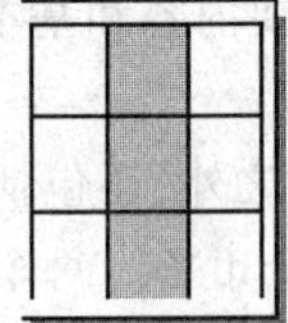

- 企业为同一客户群维修不同车种、车型、用途、性能的汽车。
- 客户具有相同或相似的类别特点。如专业运输单位、公务用车单位、企业自用及相同的私人用车群体等。适合于固定客户。

◎ 选择性专业化的汽车维修市场

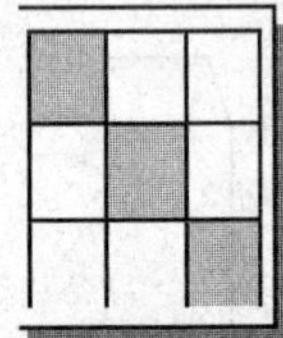

- 企业有选择地进入几个不同的细分市场。
- 企业有选择地为不同的客户群体提供不同型号、性能、档次、款式的维修服务。适合于具有一定实力的客户。

◎ 全面覆盖型汽车维修市场

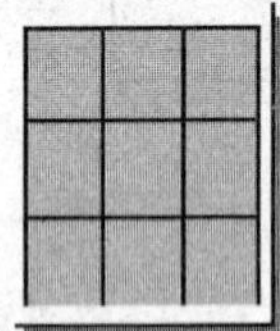

- 企业全方位进入各个细分市场。
- 为所有客户群,提供各自需要的各种汽车维修服务。
- 企业具备雄厚的实力,占据市场领导地位,甚至是垄断地位。实际上几乎不可能达到全面覆盖的目标市场。

6.汽车维修市场的目标市场选择

汽车维修目标市场的选择通常可以使用市场网目分析法。

市场网目分析法 是指以“行”表示汽车种类,以“列”表示细分的维修市场,对此作相应分析的方法,如图 3-6 所示。

	单位用(1)	家用(2)	特殊用途(3)
载货汽车 1	1.(1)	1.(2)	1.(3)
大客车 2	2.(1)	2.(2)	2.(3)
中客车 3	3.(1)	3.(2)	3.(3)
小客车 4	4.(1)	4.(2)	4.(3)

图 3-6 市场网目分析法

7.汽车维修目标市场的定位

市场定位 是指确立维修企业及其维修业务(服务)在目标市场上的位置。也即企业及其维修业务(服务)在客户心目中的形象。如图 3-7 所示。

实质 市场定位也可以看作目标市场的选择。只不过它是在目标市场的基础上进行的更深层次的剖析。只要不是采用全面覆盖的战略,就需要进行市场定位。经过科学合理的市场定位,将可以使其维修业务(服务)具有一定的竞争优势。

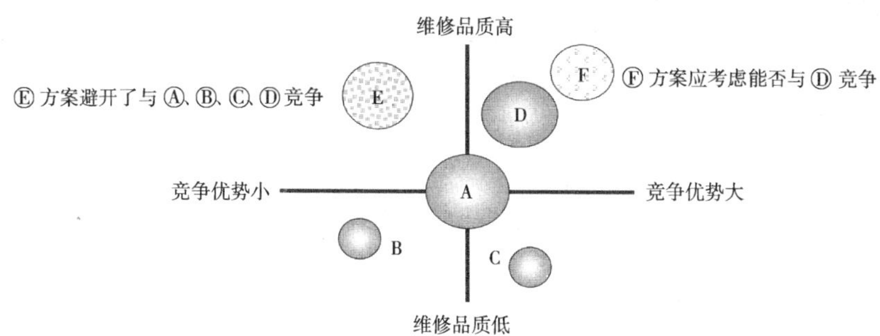

图 3-7　市场定位示意图(图中圆圈大小表示营业额或市场占有程度的大小)

汽车维修目标市场定位的意义。

- 维修市场定位是企业制定市场经营组合策略的基础。
- 定位利于树立企业及其汽车维修的市场特色，使其在客户心目中树立一个与众不同的独特形象，形成鲜明的个性。
- 定位利于企业制定竞争策略，取得更大的主动权。

汽车维修目标市场定位的步骤。

- 明确潜在的竞争优势。
  - ■ 研究竞争对手的定位情况。
  - ■ 研究客户对维修车的评价标准、消费心理和关注度。
  - ■ 研究企业自身的资源积累、资本优势和技术强弱情况，与竞争对手相比的优势所在。
- 选择相对竞争优势。
  - ■ 成本优势、价格优势。
  - ■ 维修车辆差别化优势。
  - ■ 物资(主要为汽车配件)购销渠道优势和营业网络优势。
  - ■ 员工优势。
  - ■ 服务优势。
  - ■ 品牌优势

☆ 上述现实优势和潜在优势应综合考虑。

- 显示竞争优势。
  - ■ 广告宣传优势。
  - ■ 演示、试车优势。
  - ■ 展示、推介优势。
  - ■ 维修品质高，故障率低，返修率小，包用优势。

8.汽车维修目标市场定位的方式

- 避强定位。
  - 避开强有力的竞争对手。
  - 市场竞争风险较小,成功率较高。
  - 但空白的细分市场,往往同时也是实施难度较大的细分市场。
  - 该方式常为多数中、小型维修企业所采用。
- 追随定位。
  - 追随竞争对手,与竞争者和平共处,分一杯羹。
  - 可以借鉴竞争对手的业务特点、经验,节约调研、开发费用。
  - 此种定位可以将其作为过渡性定位。先追随,待强大或成熟后再挑战。
- 补缺定位。
  - 填补维修市场的空缺,起拾遗补缺的作用。
  - 忌盲目、刻意地追求"补缺",否则可能得不偿失。
- 挑战定位。
  - 迎面挑战竞争对手。
  - 竞争风险较大。
  - 能激励自己奋发向上,一旦成功,则会取得巨大的市场优势。
  - 宜十分慎重对待,不可贸然!
- 重新定位。
  - 重新定位即二次定位。
  - 当目标市场定位失误后,应果断重新定位。旨在摆脱困境,重新获得新生和活力。
  - 失误并不一定是决策失误引起的,也可能是对手强力反击或出现新的强力对手造成的。

9.汽车维修目标市场定位的进入策略

- 企图进入汽车维修市场,但还不很熟悉。
- 企图尽快进入汽车维修市场。
- 当遭遇到诸多困难,如专利权、连锁权、规模、地域、地址、购销渠道、员工素质、管理经验等条件限制时,采用收购法不失为是一种明智、有效的捷径。

- 没有适当的现成维修企业可以收购。
- 未能达成收购要约。
- 受到现有维修企业的抵制。
- 从头做起,可以锻炼员工,取得实际经验,甚至可以独树一帜,创出特色。

- 合作创办，一旦遇到风险，可以分担从而降低风险。
- 可以达到资源互补（业务、类别、品牌、人力、技术、资金、经营渠道、社会地位等）和取长补短的效果。
- 可以握紧拳头，形成更强大的经营能力和经营规模。
- 合作和合并是汽车维修市场竞争的必然。

- 可利用某汽车厂或维修企业的品牌优势。
- 可利用战略联盟的形式在统一的经营规划下实行集中化管理和专业分工，简化复杂的经营活动。
- 可获取共同的规模效益。
- 可加快维修市场占领速度。
- 经营机制灵活。
- 可使原本的竞争对手转变为战略同盟。
- 连锁经营不但是市场竞争的必然结果，而且是面对外资进入、全球经济一体化的必然趋势。
- 连锁经营的形式。
  - 直营连锁——各连锁企业的维修工场均由公司全资或控股开设，并在总部直接领导下，对各维修工场的商流（业务）、物流、技术（交）流、信息流等实施集中统一管理、合理布局，统一经营，充分发挥规模效应。
  - 特许连锁经营——特许人将自身的商标、商号、业务（服务）、专利和技术，以及经营模式等，通过经营合同形式，特别允许加盟的被许人按规定的统一形象、统一管理、统一经营模式开展经营活动，被许人向特许人支付一定的相应费用。
  - 自由或自愿连锁经营——连锁的各维修工场虽使用共同的名号，但资产权关系不变，都各自为独立法人。各维修工场根据自愿原则在总部的统一指导下，按签约合同与总部共同经营。

- 汽车维修连锁经营不同于其他纯商业性的超市和餐饮，也不同于汽车美容、轮胎和油品的品牌纯商业店铺。汽车维修连锁经营店只是为中心店负责客户群管理的终端服务机构，其作业项目通常以快修、急修为主。可与人合作，也可收购一些小铺构成。
- 其管理模式和资金运作均由中心店统一模式进行。
- 占地面积少，规模小，投资少，大多分散布局在一定地段区间内。
- 配件储备少，可联网供应。疑难问题由中心负责处理。

为了突出汽车维修连锁经营的特色或核心优势,必须组建5个支持系统:

- 客户管理系统——客户开发、客户档案、客户调研、形象宣传、品牌管理、售后服务、维修(服务)项目等。
- 标准化管理系统——企业形象标准化、计量和设备标准化、维修(服务)内容和质量标准化、服务承诺和行为标准化、标准化的管理和推广等。
- 配送管理系统——配件、物资、工量具等连锁配送、库存调剂、外部协作、物流网络建设等。
- 信息管理系统——网络组建、数据库管理(传输、处理与维护)、外部商业情报收集整理、科技情报收集整理、企业策划等。
- 人力资源管理系统———员工招聘、培训和调配等。

10.汽车维修经营的价格策略

价格策略 是指决策者在特定情况下,依据确定的价格目标,所采取的价格方针、价格竞争方式和指导正确定价的行为准则。

实质 定价是一个非常复杂的决策过程,受到市场内外很多因素的影响,可它又是汽车维修市场竞争的重要手段以及具有主客双方双向决策的特征。定价策略的成败,决定了市场经营和获取利润目标能否实现。价格定价的策略结构图见图3-8。

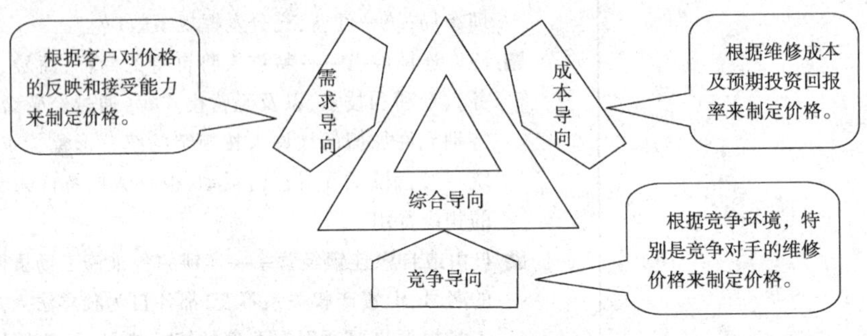

图3-8 价格定价策略结构图

- 维修成本。

  维修成本或服务成本以及员工工资等是汽车维修价格的基本部分。
- 流通费用。

  流通费用与汽车维修车日、材料库存等有关,其大小往往造成同种汽车的维修类别差价和地区差价。
- 国家税金和行业费用。
- 企业利润。

汽车维修价格的影响因素。

● 汽车维修成本。
  ■ 维修成本。
  ■ 物资储运成本。
  ■ 营业成本。
● 汽车维修客户的需求。
  ■ 维修量。
  ■ 维修欲望强度。
  ■ 维修需求层次。
● 汽车特征。
  ■ 造型、装饰。
  ■ 质量、性能。
  ■ 品牌、服务。
● 竞争地位和程度。
● 汽车维修市场结构。
  ■ 完全竞争市场。
  ■ 不完全竞争市场。
  ■ 主导市场。
  ■ 垄断市场。
● 货币价值。
● 政府干预。
● 社会经济结构及其状况。

价格以诚信为要！

汽车维修定价目标

汽车维修企业在定价之前，要考虑一个与企业总目标以及与经营目标相符的汽车维修定价目标，作为确定汽车维修价格策略和汽车维修定价方法的依据。可供选择的汽车维修定价目标通常有以下六大类：

汽车维修定价目标
- （一）利润导向的定价目标 → ①利润最大化;②目标利润;③适当利润
- （二）维修量导向的定价目标 → ①保持或扩大市场占有率;②维修增加量
- （三）竞争导向的定价目标
- （四）质量导向的定价目标
- （五）生存导向的定价目标
- （六）维修渠道导向的定价目标

汽车维修定价程序(见图 3-9)

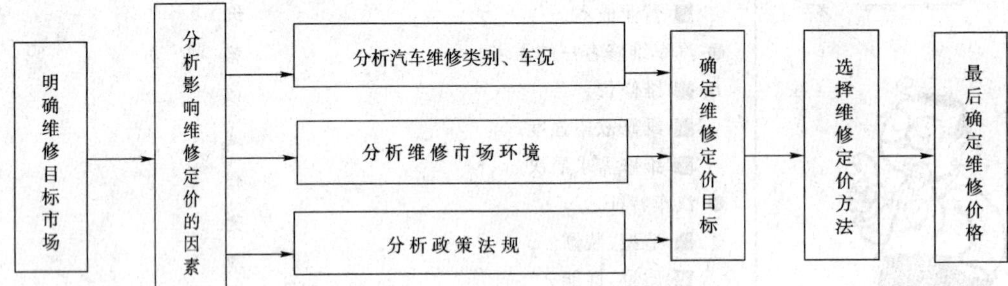

图 3-9　汽车维修定价的一般程序示意图

汽车维修经营的价格策略(一)。

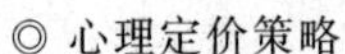

◎ 心理定价策略。

- 开展免费检测,或免费调整,或馈赠油料、备件或其他礼品(给人以赠送的感觉)。
- 结算时去零(头)收整或化整降零(头)(给人以便宜的感觉)。
- 整数定价(给人与其身份、地位相符的感觉)。
- 声望定价(给人以"价高质必优"的感觉)。
- 习惯定价(给人以习惯性的感觉)。
- 系列定价(给人以有选择余地的感觉)。

心理定价

汽车维修经营的价格策略(二)。

◎ 新维修(服务)项目定价策略(见图 3-10)。

- 撇油定价策略。

　　维修(服务)难度大或独此一家,其他企业一时跟不上的项目或持久性短的项目,一开始可以定价稍高,尽快收回投资。

- 渗透定价策略。

　　维修(服务)难度小,其他企业会很快出台或想尽量维持长久些,一开始就可以定价稍低,薄利多"营",以微利排斥、抵制其他竞争者介入,且容易被客户接受,能很快打开和占领市场。

- 满意定价策略。

　　满意定价策略介于撇油定价和渗透定价之间,风险小,成功的可能性较大,同时兼顾客户、配件供应商和维修商三者的利益。

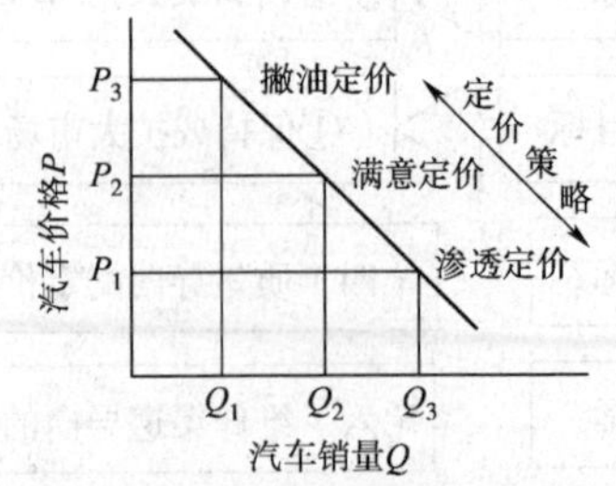

图 3-10　新维修(服务)项目定价策略图

决定定价策略前应综合考虑的因素:

- 竞争情况。
- 市场潜力。
- 维修业务能力。
- 维修成本。
- 投资回收。

科学定价

汽车维修经营的价格策略(三)。

按实定价

◎ 折扣与回扣定价。

- 数量折扣。

  根据客户维修汽车量的多少,分别给以不同的折扣。维修车辆越多(单位包修或个人累计修车次数),折扣可以更大。

- 现金折扣。

  对于按约定日期提前付款或按期付款的客户给以一定的低价优惠。

- 交易折扣(功能折扣)。

  根据中介商(中间性客户)在经营活动中承担的不同职能,给以不同的折扣。

- 季节折扣。

  当维修淡季时,可给客户一定的价格优惠。

- 促销折扣。

  在促销活动期间或由于中介商所进行的促销活动所付出的费用,而给予一定的价格优惠。

  在汽车维修过程中,大多采用回扣的办法,虽然折扣和回扣同样是一种降价,但回扣要比折扣在客户心目中产生更为积极的反响。

课题五　汽车维修企业经营策略实例

一、汽车经营实务(4S 模式)

1.汽车销售过程

汽车销售过程　是指实现汽车销售前、中、后三个环节的整个历程。

实质　现代汽车销售的全过程不再仅仅局限于商品汽车所有权的转移过程,而是向前、后两端作了延伸,包括售前、售中和售后 3 个部分。它们已经成为一个整体,缺一不可。而现代汽车销售又采用 3S、4S 制,往往使销售、维修、供应配件、服务等成为一个整体。

车源采购。

- 筹措进货资金。
- 根据市场调研和销售状况,确定车型、数量。
- 选择进货渠道,确定供货企业。
  - 直供的原装车,一般而言价格低,质量好。
  - 原厂的紧俏车,往往不能完全满足采购数量和要货时间。
  - 平时要注重与供货单位搞好关系。
  - 必要时,也可以从其他经销商处调剂,但往往价格较高。
- 进货时应经谈判(或商议),签订购销合同,认真履行责任和义务。

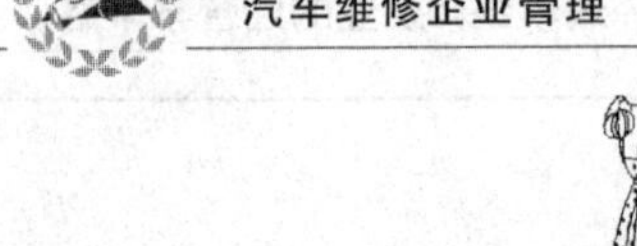

验收车辆就是购方从汽车供货方提货的过程中,进行认真、严格的检查,确认合乎要求后,收下商品车的过程和行为。

- 应选派有经验、能力强、负责任、原则强的验收人员。
- 验收的核心是分辨真假,确定新旧,鉴别原装还是拼装,谨防上当受骗。
- 验收的"四检一试"步骤:

■ 检查车辆外部。
- ◆ 车辆识别代号(VIN)。
- ◆ 随车工具、附件。
- ◆ 表层漆膜状况;舱盖、门窗间隙是否均匀,开关是否灵活。
- ◆ 风挡玻璃及门窗玻璃是否原装。
- ◆ 配件是否原配,有否损坏、老化。
- ◆ 在地沟上检查车辆底部。

■ 检查车辆内部。
- ◆ 查验里程表显示数。
- ◆ 检查转向盘间隙和自由行程。
- ◆ 检查门窗玻璃升降、密封情况。
- ◆ 检查装备是否齐全、有效。
- ◆ 检查座椅、地板垫是否清洁、良好。

■ 检查证照、号码及手续。
- ◆ 铭牌、号码。
- ◆ 出厂日期、合格证、说明书、维修卡。
- ◆ 进口车的入境证件、纳税单证等。

■ 检查车辆性能。
- ◆ 检查离合器、制动器、加速踏板是否正常。
- ◆ 检查水、油面高度,有否缺漏。
- ◆ 检查灯光、信号是否良好。
- ◆ 检查电器有否损伤、短路、断路及不合格安装情况。

■ 试车。
- ◆ 听察声响。
- ◆ 观察仪表。
- ◆ 机件操纵性能。
- ◆ 车辆动态。

验车还应做到:
- 不能采取抽验办法,而应每车必验。
- 银货两讫。
- 允许客户到工厂(或供货点)自提。

运储车辆。

运输就是将商品车运回销售商所在地或直接运到客户所在地的过程。

存储就是将商品车存储起来。

- 运输。
  - 委托工厂通过(火车)车皮发货或其他方式发送。
  - 委托当地储运公司,代提、代发。
  - 自提自运。
- 存储。
  - 存储有自储或委托代储两种形式。
  - 切断汽车蓄电池电源,定期充电。
  - 避免日晒雨淋。
  - 储存时间较长时,应上油防锈,支起轮胎,定期维护。
  - 冬天存储应放水防冻。
  - 采取切实可行的防盗措施。

定价。

定价就是按照市场价格规律及政府的价格规定，确定商品的销售价格。

- 《汽车工业产业政策》规定汽车工业根据市场需求自行确定其生产的民用汽车产品价格,但对小型乘用车暂时实行国家指导性价格。
- 国家发改委规定小型乘用车定价办法为：

实际出厂价=(准出厂价+消费税)×(1±10%浮动幅度)

销售价=实际出厂价×(1+6.5%管理费率)

  - 6.5%中包括所有经营环节费用的总和。
  - 增值税是一种价外另加的税,以17%计。
  - 小型乘用车经营企业如付出一定的劳务和业务经费的，经规定部门批准,可收取少量劳务费。
  - 经营过程发生合理的进货运杂费,按实际发生额向客户收取。凡经营企业不垫付资金,不入库的,原则上不得收取任何费用。由此而得：汽车销售价=进货价+商品车流通费+销售利润
  - 报价还应包括17%的增值税。

- 奥迪、切诺基、夏利、富康、奥拓、云雀的出厂价中已含消费税。
- 桑塔纳、捷达的出厂价中未含消费税,另收。
- 发动机排量2000ml以上的,按销售额的8%征收消费税;100~2000ml的,按5%征收;小型乘用车发动机排量为2000ml以上的,按5%征收。

促销。

商品汽车投放市场,应适当采取一些促销措施。

- 广告。
- 展销会。
- 演示会。
- 博览会。
- 体育比赛。
- 优惠销售、赠品销售。
- 其他促销手段。

销售。

汽车销售是经销商的核心业务,分为零售交易和批发交易两种。

- 零售交易多为个人购车和单位购车。
- 批发交易多为专业运输单位或中间商购车。
- 汽车销售的过程通常为:洽谈、选择车型、谈妥价格、签署协议、办理付款手续、开具提车单和发票,最后提车交车。
- 汽车交易的关键应注意付款的谨慎,查验汇票或支票的真伪,确认到款后才能交车。
- 办理购车贷款应由客户提供相关证明,确定贷款额度和还贷计划。还应交待明白贷款手续费和律师费数额,让客户心中有数。
- 实施分期付款的,务必慎重、规范。

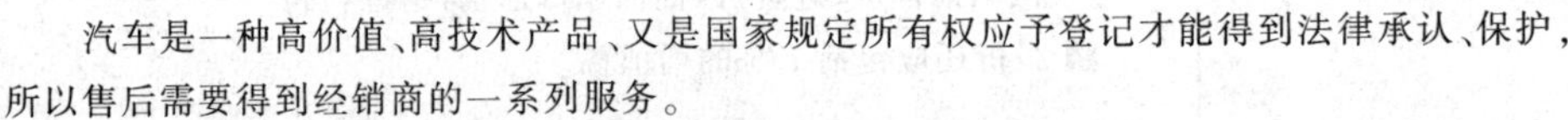

汽车售后服务

汽车是一种高价值、高技术产品、又是国家规定所有权应予登记才能得到法律承认、保护,所以售后需要得到经销商的一系列服务。

- 协助办理工商验证、移动证、验车、证照、号牌等手续。
- 协助加油、提车,有的还要帮助雇请驾驶员。
- 协助办理车辆保险,缴纳养路费、车船使用税。
- 协助联系清洗、开蜡、上蜡、抛光及其他美容改装事项。
- 主动走访客户,为客户排忧解难。
- 定期或不定期分发相关资料。
- 在保证期内和保证期外,都应提供维护服务的方便。
- 处理好客户投诉。

汽车备品配件供应

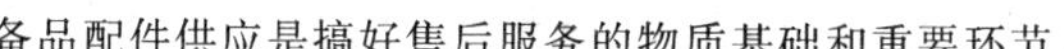

备品配件供应是搞好售后服务的物质基础和重要环节。

- 经销商应保证商品车保证期内备品配件的供应和索赔件的供应。
- 经销商应尽力保证商品车在今后的维修用配件。
- 汽车生产企业在生产整车的基础上，一般要超出整车生产量20%的零配件，以满足各维修部及配件商店的供应。
- 零配件定价应合理，符合物价部门的规定。一般而言，配件进销差价(毛利)不得大于20%。

汽车特约维修

特约维修是客户非常关心的事，也是经销商售后服务的重要环节，解决客户的后顾之忧。

- 特约维修机构建设。
  - 经销商或生产商自行组建维修站。
  - 特约当地维修水平较高的维修厂承担。
  - 要有一支技术素质高、思想作风好的技术队伍。

- 特约维修机构规模和任务。
  - 维修站设备配置以中、小修为主。个别车辆集中区域可设一个承担大修的维修站。
  - 维修站的任务为：强制性定期维护；功能恢复件维修；供应配件。
  - 维修站应承担驾驶员与维修工的技术培训工作。

特约维修，方便、可信。

- 汽车生产企业和经销商应建立一支巡回服务队伍，对个别客户或未设维修站地区的车辆进行技术服务。

汽车销售信息反馈

信息反馈对于了解现状、改进工作、提高汽车技术性能、开发新产品、扩大市场占有率等具有十分重要的意义。

要把收集信息当件事去做好。

● 汽车销售商及其工作人员接触客户最多,最了解客户的情况,因此,他们是信息反馈的主渠道。

● 收集信息的主要目标是:商品汽车的质量、性能、客户要求、客户意见、客户满意度、市场占有率以及技术服务效果等。

● 收集信息的多少,决定于工作人员的有心、留心、用心、关心、尽心、细心和恒心。

一是要教育职工重视信息的收集;二是要有专门机构负责,建立、健全信息收集的考核制。

● 信息反馈应快捷、准确,渠道应畅通。

2.汽车销售的实施

汽车销售的实施 是指汽车经销商将商品汽车出售给客户的各种经营行为和活动过程。

实质 汽车销售活动与营销活动相比,更致力于将商品汽车更快、更多地通过推销手段出售出去,争取获得更大的销售额而获得较大的利润。

汽车销售谈判

谈判的原则和目的。

● 谈判双方必然会提出不同的观点和议题,通过洽商,调整各自的要求条件,最终达到双方能够接受的双方均能获利的格局。

● 谈判双方所处的地位是平等的、公平的、合作的。经过友好协商、互谅互让,才能取得双方满意的结果。

● 谈判双方进行智力较量,以智取胜,但决不意味着对方合理利益的被侵蚀和剥夺,而是要以理服人,说服对方改变立场观点,求得合理的结果。

● 谈判取得一致意见后,应签署受法律约束的协议或合同。其权利和义务是对等的。

谈判的方式和内容。

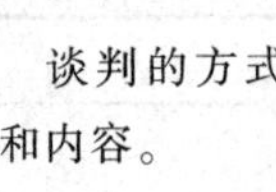

● 谈判方式。

■ 当面洽谈。大宗交易或重要事项(重要项目合作、营销合作等)的谈判大多采用当面洽谈方式。

■ 电话洽谈、信函磋商、网上交流(统称非接触式洽谈)。

■ 先进行非接触性洽谈,达成初步意向后再面谈。

● 谈判内容要素。

■ 要约。

◆ 接受人。

◆ 明确、完整的交易条件内容。

◆ 订约意图。

■ 承诺。

- 谈前了解情况。
  - 对方存货情况、要货时间、库容大小。
  - 对方货源渠道、经销渠道、经营业绩。
  - 对方经济实力、资金运作状况。
  - 对方商品车质量状况、新品开发状况。
  - 对方价格底线、价格动态。
  - 当前市场动态、竞争状况。
- 谈前试探。
- 谈判方案。
  - 谈判方式。
  - 时间。
  - 地点。
  - 谈判对手及其情况。
  - 己方人员名单及其"红脸"、"白脸"角色,如何配合。
  - 谈判事项、内容。
  - 谈判目标及其层次。
  - 谈判谋划。
    - 先读(谈)什么。
    - 后谈什么。
    - 谈判焦点是什么,弹性多大。
    - 可能出现的争论及进退尺度,何时进退。
    - 其他筹划。

- 先声夺人,争取主动,寸步不让,固守阵地,号领诸侯,旗开得胜。
- 掌握筹码,伺机摊牌,不失时机,乘胜出击,逼人就范,一气呵成。
- 留有余地,增加弹性,深思熟虑,步步为营,进退自如,伺机突破。
- 以退为进,稍退却进,进退有序,不乱方寸,小伤皮毛,大获全胜。
- 声东击西,迂回攻击,乱其军心,扰其思路,乘其不备,突破阵地。
- 软硬兼施,左右开弓,红脸唱戏,白脸和事,一唱一和,言和罢战。
- 察颜观色,冷静思考,言多必失,一言九鼎,沉着应战,从容取胜。
- 避实为虚,似虚还实,真真假假,虚虚实实,欲擒故纵,束手就擒。
- 坚持原则,细节商洽,通情达理,以理服人,让人折腰,心甘顺服。
- 战不能胜,退不可守,挂牌免战,再谋策略,转移目标,择日再博。

所谓的"谈判高手"只不过他能在瞬息万变中机动灵活、随机应变。

商务谈判技巧要点。

- 树立谈判信心，占据心理优势。
- 培养妥协素养，不可占尽上风，常言道："赢者未必全赢，输者未然全输"。商业谈判的至理在于"双赢"。"赢"则才能保持长久，"恒"则才能立于不败之地，此乃众多"百年老店"生存之道的哲理精髓所在。
- 报价要有分寸，过高则失去商机，过低则无利可图。报价附带附加条件不失为是一种谈判艺术。
- 谈判拍板不可过早，也不可滞疑，以免贻误时机，应该把握火候，不失时机，当机立断，拍板成交。
- 异议处理要和善、和缓，热情大度，文明礼貌，说理要迂回，避免正面争辩，给对方留下台阶。
- 一次谈成的"热处理"固然好，但若不成可改为"冷处理"，"冷处理"不失为是一种"还天之术"。
- 最好的谈判技巧就是：知己知彼、攻防有度、高瞻远瞩、诚信守诺。

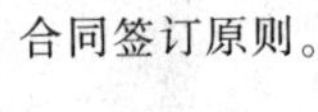

- 一般情况下，销售合同应采用书面形式。
- 不得利用合同进行违法、诈骗活动，牟取非法收入。
- 签订合同的当事人必须具有法人资格。
- 销售合同规定的事项不得超出合法经营范围。
- 销售合同依法订立，具有法律约束力。任何一方不得擅自更改或解除。
- 合同签订双方应遵循平等互利、协商一致的原则。任何一方不得将自己的意志强加于对方。任何单位和个人不得非法干预。
- 合同签订双方必须全面履行规定的义务，并享有规定的权利。
- 销售合同不符合下列情况之一者，视为无效合同。
  - ■ 违反国家法律、法规或与其抵触的合同。
  - ■ 损害国家利益和社会公共利益的合同。
  - ■ 采取欺诈、威逼等强制手段签订的合同。
  - ■ 代理人超越代理权限所签订的合同。
- 其他无效合同。
  - ■ 涉及走私车、没收车、非法改装车、拼装车、报废车进入流通领域的交易合同。
  - ■ 没有经营权的单位签订的批发合同或销售合同。
  - ■ 超越经营范围的购销合同。

- 标的。

    汽车的种类、劳务、仓储、运输等。

- 数量的质量。
- 价款或酬金额。

    履行期限、地点和方式。

- 双方承诺、约定事项。
- 违约责任。
- 法律规定的或经济合同性质必须具备的条款以及当事人要求的条款。
- 一般合同条款的补充和修改条款。

    当补充或修改条款与一般条款两者有抵触时，应以特殊条款为准。

- 当事人名称、签章。
- 签约日期。

- 供货计划。
    - 一次性供货或分期供货，注明日期、批数、数量。
    - 供货地点、提货方式。
- 商品车价格。
    - 注明单价、总价。在国内均用人民币结算、支付。除国家允许使用现金支付以外，必须通过银行转帐或者票据结算。
    - 国内通常以提货价为货价。国际贸易常分为：码头交货价、离岸价、到岸价等。
    - 逾期交货的，遇价格上涨时，按原价执行；价格下跌时，按高价执行。
    - 逾期提货或逾期付款的，遇价格上涨则按新价执行；下跌按原价执行。
- 定金。
    - 当事人商定，买方可向卖方先支付5%~30%的定金。合同履行结束，返回定金或作抵价款。
    - 买方不履行合同，无权要还定金；卖方不履行合同，应该加倍返还定金。
- 支付方式。
    - 支票、汇票。
    - 托收、托收承付、信用证支付。

3.汽车销售实务

汽车销售实务　是指汽车销售企业针对汽车市场的特点、现状和变化情况,采用各种有效方式和手段,实施汽车销售业务的具体活动和行为。

实质　汽车销售在我国刚刚突破计划经济的模式,步入市场经济的轨道。对于传统的、单一的守株待兔式的销售方式和手段,必须要进行全面的改革。国外很多汽车推销术,很值得借鉴和学习。

- 地毯式访问法。

  划定一定地域访问。根据“平均法则”,必定会有新客户。
- 连锁介绍法(见图3-11)。

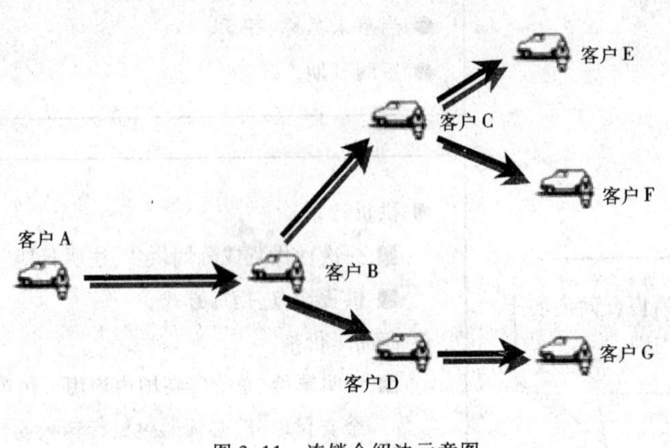

图3-11　连锁介绍法示意图

- 中心开花法(见图3-12)。

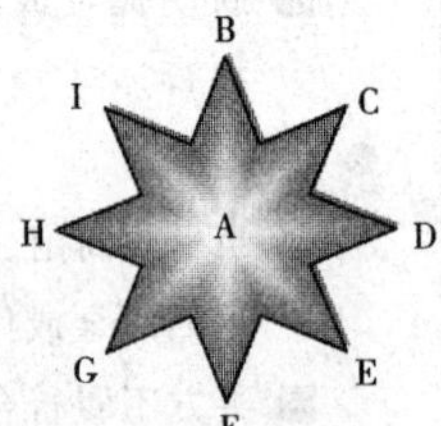

图3-12　中心开花法示意图

- 广告开拓法。
- 资料查阅法。
- 市场咨询法。
- 委托助手法。

开发新客户。

- 对潜在客户进行分析、筛选、分类。
- 了解新客户自然情况。
  - 姓名、性别、年龄、民族、职业、地址、邮编、电话等情况。
  - 单位的基本情况以及他们的经济实力、经营范围、经营需求及购买愿望等情况。
- 电话联络沟通。
- 信函传递信息。
- 登门拜访交谈。
- 确定购买(合作)意向。
- 办理交易手续。

一次拜访可能没有结果，只要有诚意，一定能感化客户，一次又一次的拜访，直至成功。

约见准备。

约见，又称商业约会。目的在于接触客户，开始展开销售业务。由于种种原因，客户对于来访，多数持不太欢迎的态度，容易引起反感，为此，必须在约见之前有所准备。

- 进一步了解客户，熟记各种已掌握的情况。
- 制定面谈计划。
  - 面谈目标。
  - 面谈理由。
  - 面谈议程。
  - 面谈方法。
- 心理准备。
- 用品、资料准备。
- 礼仪准备。

约见方法。

- 面约。

面约，即推销人员与客户当面约定面谈时间、地点及其他有关事项。

- 函约。
- 电话约见。
- 委托他人代为约见(代约)。
- 广告媒体约见。

在约见对象不明或太多的情况下，采取这种约见，效果较好。可以约定一个期限上门或接待客户来访。

接近客户的方法。

- 介绍接近法。
  - ■ 第三者介绍引见法。
  - ■ 自我介绍法。
    - ◆ 介绍信。
    - ◆ 名片。
    - ◆ 身份证、工作证。
- 产品接近法。
- 汽车模型。
- 图片、画册。
- 技术说明书。
- 宣传资料。
- 利益接近法。

陈述汽车给客户带来的实质性利益，吸引客户的兴趣。

- 好奇接近法。

利用客户的好奇接近客户。如防冻液冬天不结冰，不用放水；汽车内可看见车外的事物，车外却不能看见车内的事物；车内装备办公设备，作为流动办公室；自动导航；遥控开门；遥控预热发动机等。

- 演示接近法。
- 馈赠接近法。
  - ■ 礼品。
  - ■ 赠品。
- 赞美接近法。
- 求教接近法。

接近客户的方法很多，可根据当时客户的特点，确定运用哪种方法。通常，接近客户往往不是一种方法，可以采用多种方法组合使用，效果更佳。

接近客户陈述要求。

接近客户的陈述是最为关键的部分。陈述应简明扼要，有说服力。

- 陈述的内容应与客户有密切的利害关系。
- 陈述的内容必须简洁明了。
- 陈述的内容应有新意，有吸引力。
- 陈述的内容必须有理有据。
- 陈述的内容必须有诱惑力和刺激力。

如何赢得客户信赖？

客户的信赖和忠诚是企业长久发展之本。

- 崇信“诚信重于生命”的理念。
- 使商品车的质量、性能、款式、价格、服务超值于客户的期望。
- 以诚相待，决不虚伪。
- 实事求是，决无虚假。
- 说到做到，决不敷衍搪塞。
- 倾听意见，知错即改。
- 设身处地，处处为客户着想。
- 客户要求，有求必应。
- 履行合同，尽心尽力。

如何与客户建立良好的往来关系？

良好的客户关系是企业生存的基础。

- 了解、掌握客户的自然情况和性格特点。
- 经常联系、沟通，为客户排忧解难。
- 每逢重大节日，寄上一份贺卡。
- 新年送上一份纪念品。
- 客户生日，发函电祝寿或直接参加。
- 得知客户患病，就地探望，异地函电慰问。
- 获悉客户婚丧嫁娶、添丁晋升、建屋乔迁等红白诸事以合适的方式予以表示。
- 邀请或受邀参加双方的重大活动。

如何利用电话销售？

电话的普及导致电话业务的增多，学会利用电话做生意也是一项技能。

- 来电应少说多听，必要时记下要点内容，先把情况弄清楚，必要时发问弄清意图。
- 若能决定，则当场答复，否则，约时主动回电答复。
- 给客户打电话，若时间、环境不恰当，可另约时间不可失约。
- 电话表述要简单扼要，关键内容要复述确认，以免误解。
- 电话中一旦达成意向或决定，应进一步相约当面接触，确定成交。
- 通话时注意态度、语气，表示友好、耐心、热情。
- 通话结束要掌握时机、节度。

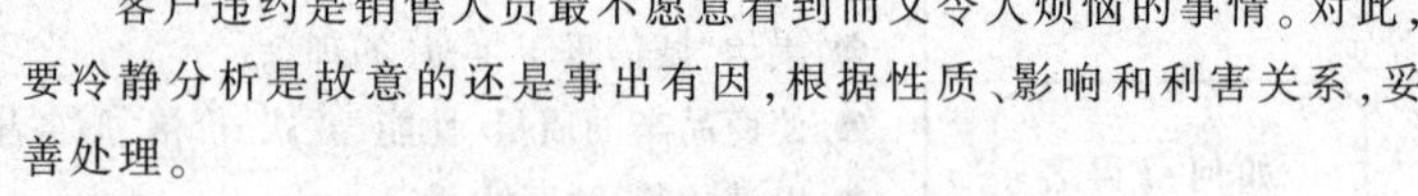

如何处理客户违约？

客户违约是销售人员最不愿意看到而又令人烦恼的事情。对此，要冷静分析是故意的还是事出有因，根据性质、影响和利害关系，妥善处理。

- 了解和分析客户违约的原因，分别各种情况做出对策。
- 交易尚未执行的，根据双方利益，可对合同作适当调整、修改。
- 交易已经发生的，在追索货款的同时，提出新的意向，或达成还款计划，形成书面协议。
- 由于违约已给企业造成经济损失的，首先应协商解决，协商不成，可诉诸法律。

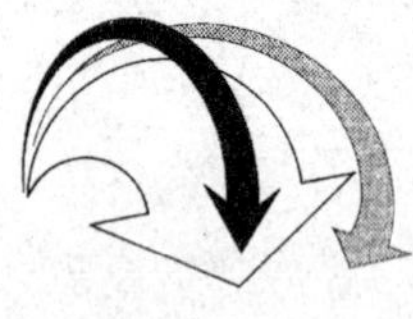

违　约

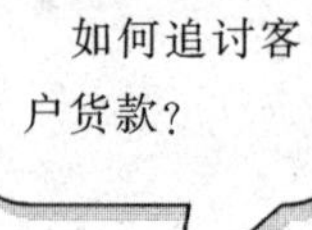

追讨客户欠款是一件艰难繁重的工作，一定要投入相当大的人力，力求尽快了结，切忌掉以轻心，延误时限造成坏帐，而蒙受损失。

- 分析客户拖欠货款的情况。
- 若由己方原因造成客户拒付的，应尽快消除、解决欠款的事项。
- 若由客户原因造成欠款的，应积极与客户沟通联系，明确还款计划。
- 催讨欠款要严肃认真对待，明确专人负责。
- 追款人员要经常造访客户，必要时要干扰客户的工作和生活，也可以选择在广庭大众场合催讨。
- 对一拖再拖的客户，可通过第三者迂回追讨。
- 对大宗欠款，应果断诉诸法律，诉求保全措施。

为了避免欠款事件的发生，应注意了解客户的信用等级、业务态度和经济实力，注重“认钱不认人”，尽量避免“分期发货”、“分期付款”，免得节外生枝。

二、汽车维修实务

1.汽车维修的过程

汽车维修过程 是指汽车从进厂到出厂的整个作业流程。

实质 汽车维修过程的整个作业流程，除了进厂→维修作业→配件材料供应→交车之外，其实还应包括作业流程中防止出现瓶颈现象而中断正常的流程；同时，还要做好质量控制，严格执行“三检”制度（进厂检验、过程检验、出厂检验或总检）。见图 3–13 所示。

要重视汽车维修过程。

- 要组织好汽车维修的过程，应该对过程有所分类、分工。
- 要组织好汽车维修的过程，应加强对各部门、各工种之间的协调、联系。
- 要组织好汽车维修的过程，应特别重视作业的质量监控。
- 要组织好汽车维修的过程，应强化与客户的联系，实行客户参与制度，以提高客户的满意度。

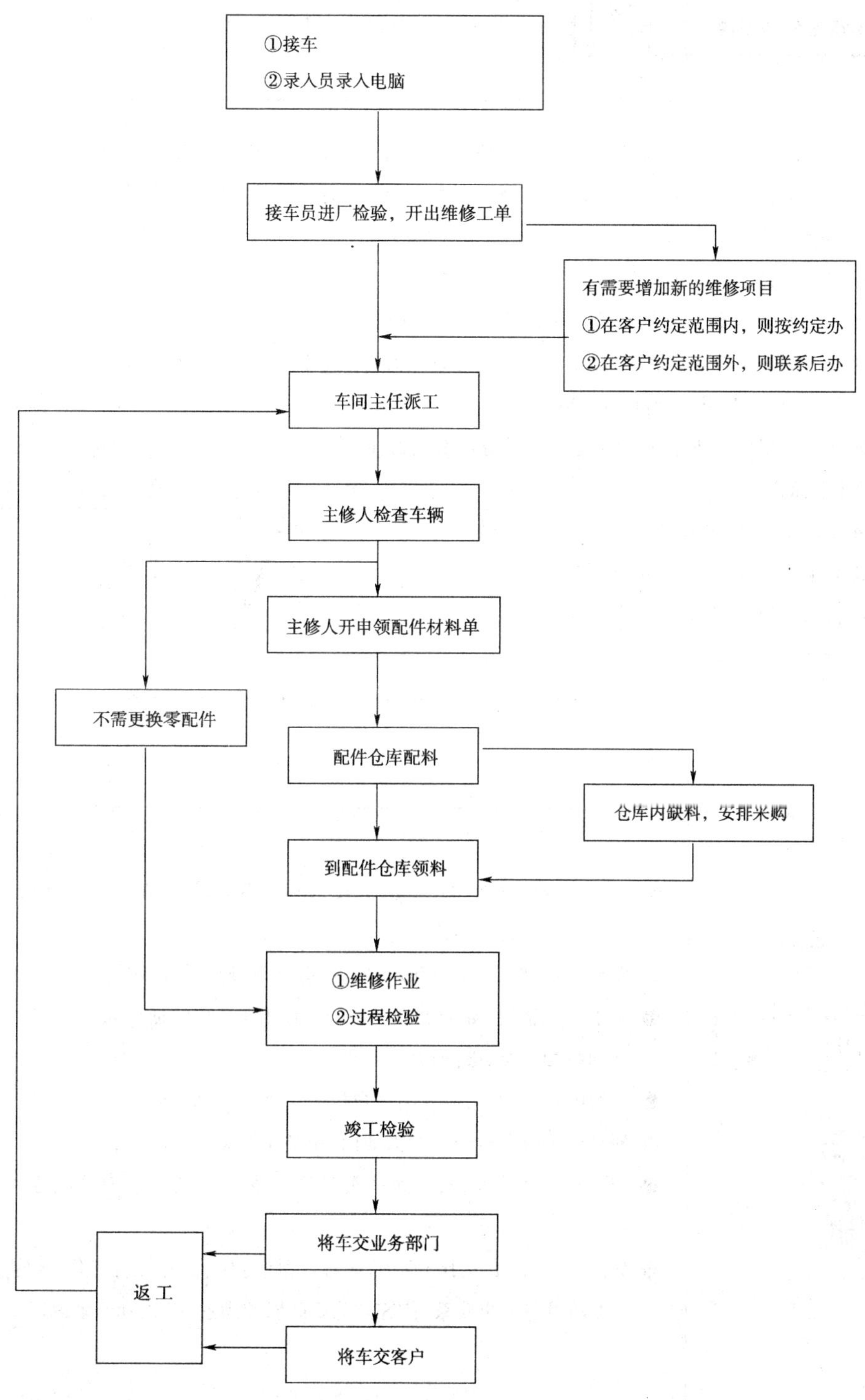

图 3-13　汽车维修过程组织结构图

2.汽车维修的业务预约及客户接待

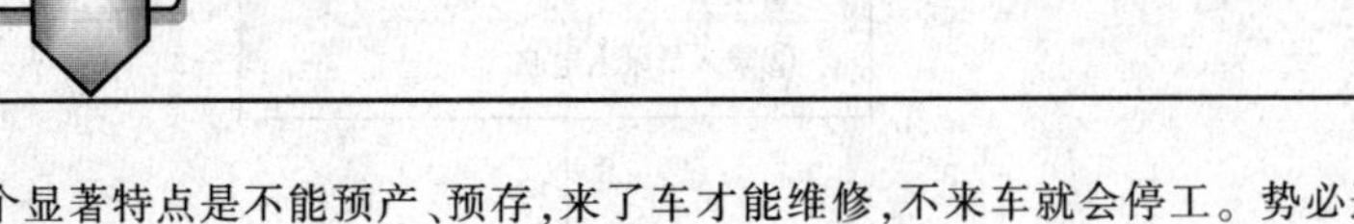

汽车维修业的一个显著特点是不能预产、预存,来了车才能维修,不来车就会停工。势必造成计划不均衡,忙闲不一。若能做好预约,则可大为改观这个弊端,其好处是不言而喻的。

- 对客户而言。
  - 客户不必等待或减少等待时间。
  - 客户可以有计划、有准备地安排自己的日程、时间。
  - 客户可事先告知车辆车型、车辆档案编号以及大体故障状况、车辆技术状况,便于咨询、了解维修时日、费用,做到心中有数。
  - 客户根据咨询情况,可以决定是否维修或做出选择余地。

预约的优点。

- 对企业而言。
  - 忙闲均衡,计划有序。
  - 各项工作早作准备,减少停工待料。
  - 提高工间、设备的利用率,
  - 提高经济效益。

做好预约工作,切不能随心所欲!

- 电话预约或面谈预约都应认真、负责、热情,认真在规定的预约单上详细填写清楚各项内容。
- 预约时间、事项、价格和承诺应留有余地,切勿信口雌黄。
- 对于某些情况,如老客户、业务淡闲时段或预约期较长的,可以给予规定的折扣优惠,鼓励预约。
- 预约中和预约后,应查阅客户档案,了解相关情况。
- 预约记录应及时告知有关部门,作必要的准备工作。
- 若出现特殊情况,实在无法实现预约,要尽快告知客户并诚恳致歉,重新预约。
- 如果预约外出(救援)服务,务必尽早、尽快、做好准备工作,赶赴现场。途中随时与客户联系,使客户感到欣慰和满意,不致过分焦虑。

汽车维修业务客户接待。

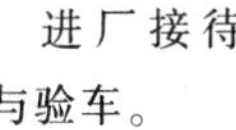

- 业务接待人员应热情接待，微笑服务。
- 进行初步的绕车检视。一边检视，一边询问车况和要求，一边介绍建议维修项目，征求客户意见，从中还可以了解到很多有价值的客户信息、车辆信息以及可为客户服务的信息。
- 清点车辆装备和附件。有些附件可以办理手续暂时寄存于厂内寄存处保管，以免丢失。有些贵重物品请客户带回或自行保管。
- 检查、检测车辆技术状况和故障、损坏情况，并予登记。
- 确定维修项目，填写维修单并同时录入电脑（或录入电脑再打印）。
- 估算维修费用价格（主要是工时费和材料费等）。
- 告知、协商维修时间及交车日期。
- 签订维修合同或在格式化维修单上由双方签字确认。
- 个别的有条件的企业还可给予免费或有偿提供代用车辆。
- 若维修时间较短，客户立等取车的则应妥善安排好客户休息，有条件的还可提供各种娱乐休闲活动。

3.汽车维修进度的控制

维修过程的掌握、沟通与监督。

- 业务人员应随时掌握维修进度。
  - 随时掌握、控制维修进度的目的在于能确保准时交车；能随时答复客户的电话催问；能控制工间作业负荷，防止出现超负荷运作或作业积压现象。
  - 一旦出现异常情况，应予立即调整、补救，力求正常运作。如若难以兑现承诺，应及时与客户联系、致歉，协商延时交车。
- 新增、漏报、漏派项目处理。
  - 出现增加新的维修项目，也应及时与客户联系、沟通，征求意见，以便得到客户确认，安排作业计划。
  - 及时发现漏报、漏派项目，应予追补，调整作业计划。
- 维修过程应关注、监督、检查作业人员的作业质量状况。
  - 随时了解和掌握作业质量，既可保证车辆维修质量，也可提高企业信誉。
  - 随时了解和掌握作业质量，可防止可能出现配件重新更换，浪费材料的情况发生。
  - 随时了解和掌握作业质量，可防止返工，浪费工时，保证准时交车。

4.汽车修竣后的交车

最后一关，至关重要。

- 交车前的最后检查。
  - 交车前的最后检查是维修业务接待体系中的重要环节。
  - 交车前的最后检查不仅能保证维修质量，更是提高客户满意度，直接影响企业形象的大事。也是为顺利交车作好准备的必不可少的重要工作。
  - 填写好维修合格证以及相关的技术资料。
- 根据资料事先进行费用结算，备好相关明细单据与收费凭证。特别要注明免费项目及价格。
- 通知或预约客户接车。
- 交车要有充分的时间，不可草率、简单，务求详尽、慎重。
- 必要时(尤其是新增项目)应给客户验看旧件，使客户真正认可。
- 必要时应进行发动机试运转或道路试车，让客户明了放心。
- 详细交待维修过程中的情况，让客户一一了解、过目。
- 详细交待维修过程中产生的生产技术资料和费用资料。
- 做一点某些额外服务(如轮胎补气、项目外紧固、润滑、调整等)。
- 以口头告知或采用技术信息卡等形式做一点技术告诫和说明(如:某个部位的零部件已经磨损到何种程度，估计还能使用多少时间；某个部位已有迹象，可能会出现何种故障，建议如何排除；建议买点什么备件备用；建议下次更换何种新型号的零部件；建议在使用中要注意何类事项等)。
- 发放一些技术资料、信息卡片、企业宣传材料或小礼品等物品。
- 礼貌送别。

5.汽车维修的后续工作

千万不要忽视，以免前功尽弃。

- 交车后的2~3天内，业务人员应打电话给客户，询问车辆维修后的使用状况，征求客户意见，认真记录入档。必要时应上门服务。
- 定期与客户联系，了解情况，征求意见，以视关心。
- 定期召开客户座谈会，征询客户对企业的需求和建议，沟通相互关系，建立业务友谊。
- 定期召开工作例会，研究、探讨、解决客户意见反馈情况，落实改进措施。
- 认真处理客户投诉，既要热情接待、诚恳处之、认真负责，又要切实解决客户问题。重大投诉应由领导亲自直接处理。

三、汽车维修企业的效益管理

★ 效益是管理的永恒、终极的主题。
★ 任何企业的管理都是为了获得某种效益。
★ 效益的高低直接影响着企业的生存和发展。
★ 效益与效果、效率三者密不可分，既相互联系，又是不完全相同的三个概念。

效果　是指由投入经过转换而产生的成果。其中有的是有效益的，有的也许并无效益。

效率　是指单位时间内所取得的效果数量。反映了劳动时间的利用程度，与效益有实际的联系。

效益　是指有效产出与投入之间的一种比例关系。可从社会和经济两个不同角度进行考验，即社会效益和经济效益。二者既有联系，又有区别。经济效益是讲求社会效益的基础，而讲求社会效益又是促进经济效益的重要条件。

效益管理(收入管理、实时定价)　是指一种用于制定最佳定价的经济技术行为和手段。而最佳定价方针能够使销售或服务产生最大利润。

效益管理的实质　管理就是要追求更大、更多的效益。应该讲求把经济效益与社会效益有机地结合起来。本文所指的效益管理主要叙述经济效益，它是通过建立实时预测模型和对以市场细分为基础的需求行为分析，确定最佳的经营(服务)价格。

效益管理的解释。

● 效益管理起源于20世纪80年代，美国航空公司为了在航空业激烈竞争中取得优势而倡导、应用了“效益定价管理”系统。
● 为何要搞效益定价管理呢？原因在于飞机起飞后的空座，对企业而言是毫无意义了，不如在起飞前的不同时段内，采用逐步加大折扣的办法销售出去为好。甚至在临起飞前折扣到亏本也在所不惜，以总收入与总成本而言，只有益处而无害处(当然最低折扣以多少为界应以取得最佳效益为度)。
● 效益定价管理系统通过一系列的程序，可以计算出当时最合理的航空价格(折扣)。这种价格往往都低于并先于其他航空公司的折扣，抢占了时间先机，赢得了众多的旅客。
● 效益管理得益于联合电子分销系统的技术(电子计算机网络化)支持。

效益管理的适用性。

● 产品(劳务)时效性强的企业。
● 可以通过预约、预订的销售(服务)业。
● 价格弹性体系较大的企业。
● 单位成本变化较小的企业。

效益管理对财务的影响。

● 据统计分析,效益定价管理系统的运用,将对营业额产生3%~7%的积极影响。

● 效益管理可对销售额和单价两个收入源泉进行优化。

■ 销售额:利用价格杠杆的调整、生产资源的管理、替代品的控制、超量预定等手段,开发潜在市场,增加销售量。

■ 单价:当需求量发生变动时,利用价格浮动、签约数量、促限销售等手段,可通过单价的作用,控制销售量。

■ 以少量的折扣,导致可变成本增加的损失(通常不超过营业额的20%),换取5%的营业额的增加,进一步转变成收入的显著增加。

效益管理对汽车维修企业的积极意义。

● 汽车维修企业的作业不能存储。

汽车维修属于技术服务和技术生产类企业,它的服务对象针对“汽车”。不能象其他产品一样可以预先生产再存储起来,然后在适当时机再销售出去。而汽车维修企业却只能有汽车来修才有活干,如果没有汽车来修就得停工,忙闲不均,时效性强。如果实施效益管理,则可在空闲时实施价格折扣优惠,鼓励客户在业务清淡时修车,鼓励客户预约修车。

● 汽车维修企业的工时费用弹性大。

汽车维修企业的工时费用虽与技术相关,但与忙闲关系极大,为了提高工时利用率,其工时费用的弹性可以产生极大影响,来调节工时的合理分配利用。

● 适应不同客户的需求。

■ 不同车辆档次有不同的需求。

■ 不同客户的消费层次对价格的敏感度有不同的感觉。

■ 不同的客户对修车时段(如清早、上午、下午、夜间)有不同的限制需求。

■ 不同的修车缓急有不同的需求。

针对上述各种情况,实施效益管理,采用不同的价格吸引客户,调节忙闲,提高设备利用率,增加收益,何乐不为呢!

值得引起注意的是:效益价格管理系统不能一成不变,编制的程序和调整的数据并不能“一劳永逸”,而一定要记住:随着市场的变化到一定程度时,非要调节数据甚至更改程序不可,否则反而有害无益。

单元四　汽车维修企业质量管理

课题一　质量管理基础知识

一、质量管理的若干概念

1.质量的概念

质量 是指一组固有特性满足要求的程度(ISO9000:2000版标准-GB / T 19000国标的定义)。

关于质量的内涵。

- 固有特性。
  - **特性** 是指可以区分的特征。如:
    - 物理特性——汽车性能、发动机功率、行驶速度、通过性、螺栓直径、表面粗糙度、公差值、电性能、材料特性等。
    - 功能特性——最大行驶速度、怠速稳定性、行驶安全性、百公里油耗、维修方便性等。
    - 时间特性——准时性、维护周期、维修车日、寿命周期等。
    - 人体功效特性——生理性、心理性及人身安全保障性能等。
  - 固有特性可以是固有的,也可以是赋予的。
    - "固有的"是指某事或某物中本来就有的,尤其是那种永久的特性。
    - "赋予的"是指不是固有的,而是完成的事物所增加的特性。如价格、交车时间、运输要求、售后服务时限、保修期等。
- **"要求"** 是指明示的、通常隐含的或必须履行的需求或期望。
  - "明示的"——可以理解为是规定的要求。如企业明文规定的各项要求,或客户明确提出的各种要求等。
  - "通常隐含的"——可以理解为企业、客户或其他相关的惯例或一般常用、常见做法,都是不言而喻的,不必再予明示。
  - "必须履行的"——是指法律法规要求的强制性标准所要求的。
  - "要求"——可以有各方提出不同的要求。例如对汽车而言,客户要求美观、高速、轻便、省油;但社会要求对环境不产生污染,限制道路车速;而汽车供应商却兼顾各相关方的要求等。
  - "要求"——可以是多种方式、多方面的,倘若在特别情况下,可以前缀修饰词以予区别。如"汽车产品"要求、"客户"要求、"质量管理体系"要求等。

● 狭义的质量仅指产品的质量。

即指产品(作业)适合一定的用途,能满足社会和人类需要的某种属性或特性。

● 广义的质量是指除了产品(作业)的质量以外,还包括工作质量。

■ **产品质量** 是指产品能最大程度满足客户需求的特征和特性。主要包括适用性、可靠性、安全性、经济性以及寿命等

■ **工作质量** 是指企业为了保证产品质量或服务质量而所做的全过程服务的特征和特性。主要包括功能性、时间性、安全性、节省性和舒适性等。

由上叙述,在此可对质量作更具体、更通俗的定义:

质量 是指人们在工作和生活中逐步形成的、用以评价产品(服务)或工作优劣程度的一种概念。

2.质量管理的概念

常规定义 **质量管理** 是指企业为了保证和提高产品(服务)或工作质量所进行的调查、计划、组织、协调、控制、检查、处理及信息反馈等项活动的总和。

在 ISO9000:2000 版标准–GB / T 19000 国标中,更简练概括地定义为:

标准定义 **质量管理** 是指在质量方面指挥和控制组织的协调活动。

内涵 质量管理是企业经营、生存、发展必须的一种综合性质量管理职能活动。质量管理是各级管理者的职责所在,涉及企业所有员工,通过建立质量体系,开展质量策划、质量控制、质量保证和质量改进等活动,有效地实现质量方针、质量目标,获得期望的质量水平。

质量管理职能 是指企业在实现产品(服务)质量的过程中,各部门所应发挥的作用和职责。

质量方针 是指由企业最高管理者正式发布的总的质量宗旨和方向。

质量策划 是指致力于制定质量目标,及其为了实现该目标而对运行过程和资源利用做出谋略。

质量控制 是指为了达到质量要求所采取的作业技术措施和活动。

质量保证 是指致力于提供质量要求所必须的全部有计划的、有系统的活动。

质量改进 是指致力于增强满足质量要求的能力和措施。

3.质量管理的原则

ISO9000:2000版标准概括了八项原则。

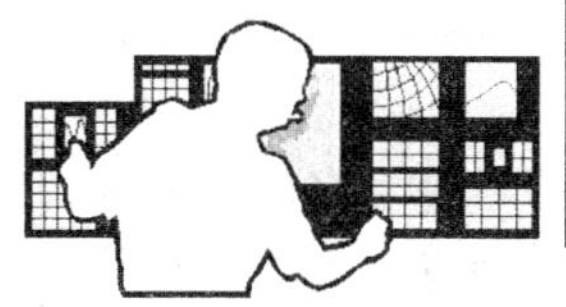

- 以客户为关注点——应把“客户是上帝”放在第一位。
- 强调领导作用——最高管理层的高度重视和强有力的领导是质量管理取得成功的关键。
- 重视全员参与——推行质量管理务必十分重视人的作用。
- 注重过程方法——采用过程方法对质量管理活动和相关的资源实行控制，以确保每个过程的质量，并高效率地达到预期的效果。
- 采用管理的系统方法——对组成质量管理体系的各个过程加以识别、理解和管理，以达到实现质量方针和质量目标。
- 持续改进——它是竞争的必然，永恒的主题，进步的表现。
- 基于事实的决策方法——有效的决策必定是建筑于数据和信息的基础之上。
- 与供方互利的关系——与上游产品供方之间的互惠互利关系，可增强双方创造价值的可贵能力。

4.质量管理的发展过程(见表 4–1)

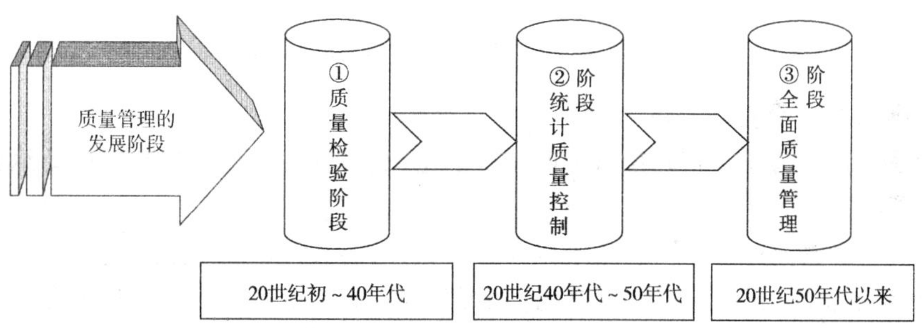

质量管理三个阶段的对比表　　表 4–1

项目	质量检验阶段	统计质量管理阶段	全面质量管理阶段
质量概念	狭义质量	从狭义质量向广义质量发展	广义质量
管理依据	按产品标准验收	按既定质量标准验收	以技术标准为基础，适应客户需求
管理特点	事后把关，管结果	从把关向预防控制发展	防检结合，预防为主，管因素，管条件
管理范围	限于生产现场质量管理	从生产过程扩展到设计过程	全过程质量管理
管理方法	主要采用检验方法	发展到采用数理统计方法	运用多种管理方法、手段
管理对象	限于产品质量	从产品质量向过程质量发展	产品质量、工作质量、过程质量
管理标准化	重视技术标准	从技术标准发展为质量控制标准	严格执行技术、控制和管理标准并重的制度
管理人员	质检部门和质检人员	质检部门和技术部门及有关人员	全体员工

二、汽车维修企业的质量管理目标与质量计划

1.汽车维修企业的质量目标

质量目标 是指企业产品(服务)质量的奋斗努力争取达到的定位。它是质量方针的具体体现。

实质 汽车维修企业的质量目标是针对汽车维修企业中各项工作所提出的质量要求。质量管理部门及其管理人员应深入到维修的全过程中，既要按汽车维修质量检验规范和质量验收标准进行全方位的管理，还要根据汽车维修过程中的实际维修工艺和维修质量情况不断提出改进意见和修改措施。

- 以客户的质量要求为重——客户的修车要求应作为汽车维修企业质量目标的主要依据。
- 参考行业内质量信息——维修行业内维修质量水平及质量管理情况是制定企业质量目标的参考佐证。
- 切合企业条件——制定企业质量目标虽要科学合理，但应有针对性，并切合企业实际条件(规模、设施、设备、素质等)，切忌贪大求全、好高骛远。
- 以质量经济分析为前提——提高维修质量势必提高维修成本，是否有“利”可图，应在质、本、利三者之间衡量决策。

2.汽车维修企业的质量计划

质量计划 是指为了达到质量目标而制定的组织、步骤、措施、方法等的行动纲领和具体方式方法的策划。

实质 汽车维修企业除了要制定维修作业计划外，还必须明确制定工艺流程、质量计划，否则将使维修作业计划不能顺利、完美地实现，而且还可能由于返工、返修、报废等原因使企业蒙受不必要的经济损失，甚至严重影响企业在客户中的形象，严重损害企业的健康发展。

- 建立强有力的领导班子与管理部门，形成涉及全企业的质量管理网络。
- 建立、健全行之有效的企业质量管理规章制度。落实岗位责任制和质量责任制，做到操作有规程，检验有标准，优劣有奖惩。
- 强化全员质量教育，提高质量意识。树立职工自我、自觉的质量自检意识，提高维修合格率，降低返工率，杜绝无效劳动和浪费。
- 组建质量管理小组，开展质量分析活动，不断改进出现的问题。
- 积极推广、应用新技术、新工艺、新材料、新设备，开展技术革新活动，不断提高维修质量和维修效率。
- 进行职工技术业务及操作技能培训，提高技术素质。
- 创造质量管理和开展质量活动的良好状态和优化的周边环境。
- 积极推广全面质量管理新模式。

三、汽车维修企业质量管理的内容

汽车维修过程的质量管理内容。

● 组织文明维修。

■ 贯彻执行维修工艺一定要按严肃的工艺纪律、严格的操作规范、严密的工艺规程、严实的工艺规范办。

■ 营造良好的维修作业环境。做到:工艺流程顺理顺当,维修工位布局合理,作业场所整洁美观,工艺装备完好有效,工具摆放条理有序,物品堆放整齐恰当。

● 强化质量管理制度。

■ 维修汽车进厂、解体、维修过程及竣工出厂检验制度。

■ 原材料、外协外购零部件进厂入库检验制度。

■ 计量管理制度。

■ 技术业务培训制度。

■ 岗位责任制度。

■ 修竣车辆合格证制度和质量承诺制度。

■ 质量保证制度。

■ 质量考核制度。

■ 机具设备管理制度。

● 严把汽车维修过程质量检验关。

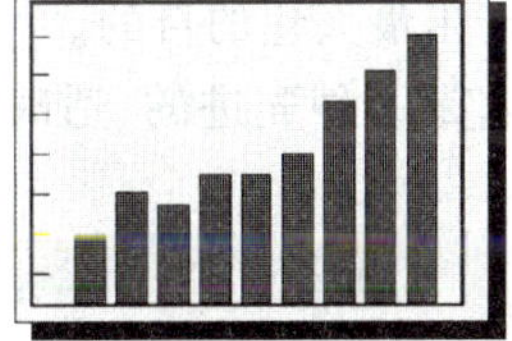

■ 不合格的工件不加工。

■ 不合格的零部件不装配。

■ 不合格的车辆不出厂。

■ 掌握作业质量动态,随走随纠,控制返工、返修和零配件损坏。

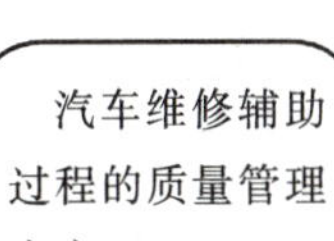

● 汽车维修物料供应的质量管理。

■ 仓储质量管理;出入库检验;材料配件领用、审批、签字手续。

■ 在保证供应前提下,减少库存,加速资金周转。

■ 热情服务,简化领料手续,送料上门。

● 汽车维修的工装夹具质量管理。

■ 汽车拆装机具的管理内容原则上与物料供应的质量管理相同。

■ 计量器具由计量部门统一管理,分级使用。

■ 专用工具、非标工具、贵重工具应由维修部门或供应部门直接管理,统一由工具间保管、借用。

■ 建立工装卡片,健全借用制度;坚持出入验收签字责任制,好的借出好的还;集中统一更新、报废处理。

● 汽车维修设备的质量管理。

■选型购置、安装验收、维修改造和直至报废的全程管理。

■日常管理和检修管理。

汽车维修企业不同于一般商品销售企业，汽车出厂后的使用初期还有走合期问题(走合期是维修作业的继续)，对于整个汽车的维修质量起着相当大的影响。所以从某种角度上讲，汽车维修企业的质量管理还延伸到修竣出厂以后的使用过程中。因此，积极做好汽车修竣出厂后的技术服务工作有着十分重要的意义。

- 编制、发放车辆使用说明书，提供备品备件，定期完成走合维护。
- 设立技术服务站。
- 开展技术培训，传授汽车使用和维修技术。
- 实行维修质量三包(包修、包换、包赔)制度。
- 进行客户访问、联系，了解维修质量情况，征求客户意见。

课题二　准时生产制与全面质量管理

一、准时生产制(JIT)

准时生产制　是指一种有效地利用各种生产资源，降低生产成本的生产准则。

涵义　准时生产制是表示在需要的时间和地点，生产必要数量和完美质量的产品和零部件，以杜绝超量生产，消除无效劳动和浪费，达到投入最少化却实现产出最大化的目的。准时生产制首先由日本丰田汽车工业公司于1953年提出并实施的，它是一种先进的、适时适应环境变化的生产方式。

1.准时生产方式的组成

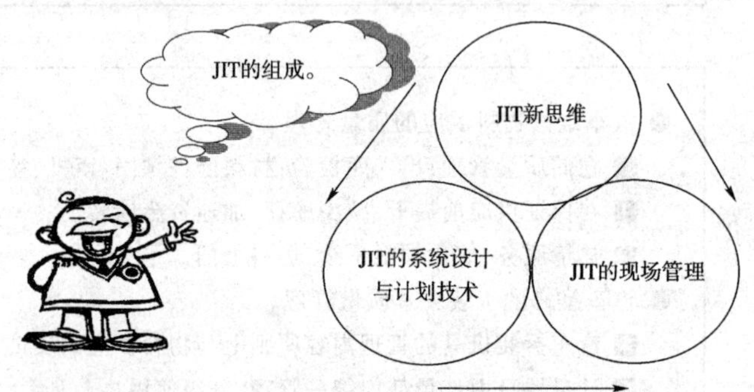

2.准时生产方式新思维

- JIT 的成功之处首先在于它向传统管理观念提出了挑战。
- JIT 的目标是彻底消除无效劳动造成的浪费。
- JIT 提出“生产工厂的利润寓于生产方式之中”的观点。
- JIT 着重于在适当的时间、适当的地点入手安排生产。

JIT 寻求达到的目标。

● 零废品。

JIT 的目标是消除各种引起不合格的原因，在作业过程中，要求每道工序都达到最好水平。对汽车维修来说即是无返工、无返修。

● 零库存。

JIT 认为库存是一种弊病。库存是由于生产系统不合理，生产过程不协调，生产作业不良等原因产生的。对汽车维修来说即最小物资库存。

● 准备时间最短化（“零”准备时间）。

JIT 要求企业提高生产组织水平，精确组织极小批量的生产。具体到汽车维修企业来说，就是要做到随到随修。

● 提前期最短。

JIT 采用最短的提前期与小批量相结合的系统，应变能力强，柔性好。

● 减少零件搬运。

JIT 认为零件搬运、传递都需要时间，这是一种浪费，如果改革工艺流程或改进生产布局，可以减少搬运，节约人力、时间、费用，并能缩短装配时间。

3.准时生产系统的设计与计划技术

先进的设计，实在的计划。

● 快速应变的设计思想。

■ 产品设计应满足市场的需求是 JIT 的基本原则。

■ 快速应变的设计思想是：试图通过产品的合理设计，使产品易生产、易装配；当产品范围增加时，力求维持工艺过程不增加。

● 快速应变的设计方法。

■ 一种基本型、多种变异型的设计。

■ 模块化设计——设计为数不多的基本模块，然后组合成不同新模块。

■ 生产自动化。

■ 尽量采用通用件、标准件或尽量采用通用工具、通用设备生产。

● 持续地降低在制品库存（降低在运品、周转量、安全保证量）。

● 准时采购——准时采购应达到理想的原料、外协件“零库存”目标。

● 均衡化生产——企业可通过制定月、日生产计划，合理搭配产品品种、作业项目和工序，并根据变化及时调整计划，使物流（维修汽车、零部件、物料、工具、量具等）在各个环节之间趋于平衡，均衡地流动。

● 合理利用生产资源。

■ 调动员工生产积极性。

■ 提高设备的柔性改变程度和灵活的组合模式。

● JIT 的质量控制。

■强调全面质量管理。

■消除不合格品以及消除产生不合格品的根源。

4.准时生产的现场管理

维修进度控制。

维修作业进度控制 是指在维修作业执行过程中,对有关配件加工的数量和维修作业进度进行的操纵。

- 投入进度控制。

投入进度控制是对维修车辆开始维修日期、各种原材料、毛坯、零部件的投入提前期和投入数量进行控制。

- 产出进度控制。

产出进度控制是对修竣车辆(或零部件)修竣的日期、修竣提前期、修竣量、修竣均衡性和成套性进行控制。

- 工序进度控制。

工序进度控制是对维修车辆(或零部件)在生产过程中经过的每道维修工序的进度进行控制。

在修车(或制品)量控制。

在修车(或修旧件)量控制 是指对维修过程中各个环节的在修车的实物和账目进行了解、掌握,并予以调节的过程和活动。

- 在修车(或修旧件)量控制项目。
  - ■ 控制车间内各工序在修车(修旧件)的流转。
  - ■ 控制各车间协作工序的在修车(修旧件)流转。
  - ■ 加强检查部门对在修车(或修旧件)流转的控制。
- 实行"看板管理"法。
  - ■ 看板管理 是一种作业现场物流控制系统,是通过看板的传递或运动来控制物流的一种方法。
  - ■ 看板管理法是日本丰田汽车公司为实施准时生产制而创建的一种生产管理方式。
  - ■看板管理法与传统方法的区别。
    - ◆ 传统方式是后道工序向前道工序领取必要的修理件(零部件)。
    - ◆ 看板管理法却是前道工序只修理(生产)要被后道工序取走的那部分零件,以严格控制零部件的修理(生产)和储备量。
  - ■ 看板用来指挥生产,控制加工的数量和流向。它是各工序之间及车间之间取得联系的纽带。又作为生产指令、取货指令、运输指令,用以控制生产和微调生产计划。
  - ■ 看板实则并非一块板,而是一张卡片,夹在塑料夹内,类似于标识牌。也可以是一辆专门运送某种零件的小车;也可以是工位器具或存件箱的标签。也可以是指示吊运的标签;也可以是流水线上的各种颜色的小球或信号灯;也可以是电视图像。总之,形式可以多样化,只要能起到标识作用即可。
  - ■ 看板上标有配件(零件)、材料的名称、数量和前后工序等事项。

看板在工序之间的传递过程。

- 当总装配线收到一个作业计划后，它按计划要求的品种、数量进行总装配作业，由总装配线上各工位存料点中抽取总装配线所需要的维修件(零部件)，使各工位存料点库存减少。
- 当各工位存料点的工件数达到补充库存数最小限度时，就到各子装配线存料点(或协作工厂)提取零部件。
- 各子装配线出口存料点为保持其在制品定额，继而拉动工作中心按批生产取走数量的维修件(零部件)，它同样也要向前工序工作中心提取必要的工件。
- 这样，就形成了一个向上游运动的拉动链，使得整个物流按总装配线的要求同步运转。

拉动式作业管理　拉动式作业管理是由代表客户的任务单开始，制定作业计划和总装顺序，从总装配出发，每个工作中心按照当时对维修件(零部件)的需要，向前一道工序提出要求，发出工作指令，前一道工序工作中心完全按照这些指令进行生产。

推动式作业管理　是一种传统的作业管理模式。推动式作业管理是根据生产计划的要求，确定每个部件的投入产出计划，按计划发出生产和订货指令。

看板的使用规则。

- 不合格的维修车辆、总成、部件及不合格件不流入后道工序。
  - 使维修不合格的工序能及时发现本工序出现了不合格情况。
  - 如果不及时解决不合格问题，后道工序就会停工，问题就会很快发现，引起管理人员、监督人员的重视，共同采取对策，解决问题，防止再出现类似现象。
- 后道工序取走前道工序的维修件。
- 每个工序只修理(生产)后道工序取走的那些数量的维修件。
- 看板管理只适用于需求波动较小的重复性生产系统，也即均衡化生产。

均衡化生产　是指均衡维修车辆，使物流在各作业之间、生产线之间、工序之间、工厂之间平衡、均衡流动的一种生产方式。

由此而知，均衡化生产是JIT方式的基础。

看板的类别。

- 生产订货看板。
  - 一般看板(内容为件号、件名、工序存放位置、加工设备等)。
  - 三角看板即待修看板(内容同上外还有批量、盘点数等)。
- 取件看板(分为工序间取件看板和外协取货看板两种)。
- 其他看板(分为信号看板和临时看板两种)。

二、全面质量管理

1.全面质量管理(TQM)的基本概念

全面质量管理　是指以质量为中心,以全员参与为基础,全面控制生产全过程质量影响因素,目的在于通过让客户满意和本企业所有者、员工、供方、合作伙伴或社会相关各方都能受益,达到长期保持、坚持的科学、严密、高效、成功的一种管理方法和活动过程。

核心内涵　全面质量管理的核心是强调人的工作质量,保证和提高产品质量,达到和提高企业和全社会经济效益的目标。

2.全面质量管理的基本特征是“三全”质量管理(见表4–2)

全过程的质量管理　　全员参与的质理管理　　全面的质量管理

质量与全面质量的基本特征对比表　　表4–2

要素	质量管理	全面质量管理
对象	提供产品或服务	提供产品(服务)及所有与产品(服务)有关的事物
相关者	外部客户	外部客户和内部员工
包含的过程	与产品生产、供应直接相关的过程	所有过程
参与人员	与生产产品和实施服务的有关人员	所有人员
相关工作部门和人员	企业内的有关职能部门和职能人员	企业内的所有职能部门和人员
培训	质量部门	全员培训

3.全面质量管理的特性

体现了一切为客户、一切为社会的思想。

- 质量管理的全面性。

  质量管理的全面性主要体现为“三全”的质量管理思想。
- 质量管理的服务性。

  一切为客户服务是全面质量管理的精髓。
- 质量管理的预防性。

  质量管理以预防为主,检查与预防相结合。把质量工作的重点由“事后把关”转换为“事先防范”;从管“修竣车质量”转换到管“工序质量”上来,建立一套完整、完善的质量保证体系。
- 质量管理的科学性。

  质量管理一切以数据和事实说话。采用多种管理理论、管理方法、管理技术、管理设施和一切科学手段,进行综合性的管理。

4.全面质量管理的主要内容

内容涉及方方面面、所有工作的管理。

- 市场调查的质量管理。
- 设计过程、维修方案的质量管理。
- 原材料、汽配件、协作件、标准件采购的质量管理。
- 生产制造过程的质量管理。
- 辅助服务过程的质量管理。
- 工件、部件、产品的质量检验管理。
- 产品营销的质量管理。
- 售后使用、服务过程的质量管理。
- 信息反馈的质量管理。
- 其他各项工作(设备、工装、计量、人力资源、培训、财务、企业文化等)的质量管理。

5.全面质量管理的基本工作

基础要打得扎扎实实。

从点点滴滴做起

全面质量管理的基础工作——是企业建立和运行质量体系的基础,是全面质量管理能顺利进行的保证。一般而言,全面质量管理的基础工作应包括:质量教育工作、标准化工作、计量工作、质量信息工作和质量责任制等。

- 质量教育工作。
  - 质量意识教育。
  - 质量管理知识教育。
  - 质量管理专业技术与技能教育。
- 质量标准化。
  - 技术标准。
  - 管理标准。
  - 各岗位的工作标准。
- 计量工作。
- 质量信息工作。
  - 建立质量信息系统(QIS)。
  - 质量信息收集、整理、分类、传递、汇总和立档。
- 质量责任制。
  - 质量责任制的实质是职、权、利三者的统一。
  - 按不同层次、不同业务对象,制定各部门和各级各类人员的质量责任制。
  - 质量责任制中规定的任务和责任要尽量具体化、数量化。
  - 质量责任制要实事求是,由粗至细,逐步完善。
  - 质量责任制要与质量奖惩措施配套。实行“质量一票否决”制。

6.全面质量管理的基本方法——PDCA 循环

PDCA 循环的概念。

- PDCA 是指 Plan(计划)、Do(执行)、Check(检查)、Action(处理)4 个英语单词首个字母的缩写组合。
- 全面质量管理的工作体系是个动态系统，其运转的基本方式是按计划—执行—检查—处理 4 个工作阶段周而复始地进行着工作循环,这就是 PDCA 循环(见图 4-1、图 4-2、图 4-3)。

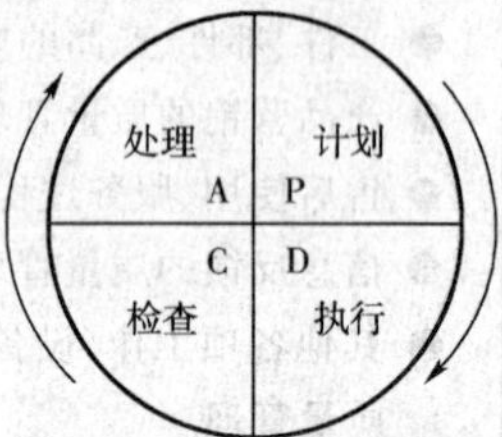
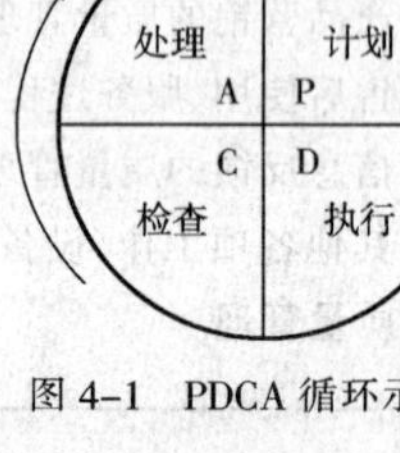

图 4-1　PDCA 循环示意图

图 4-2　PDCA 循环八个步骤示意图

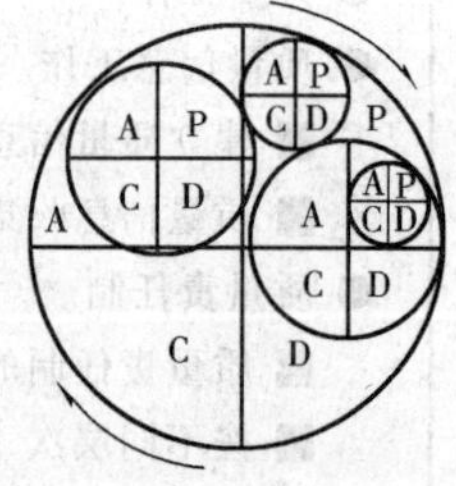

图 4-3　大循环套小循环示意图

- PDCA 循环是美国质量管理专家戴明博士首先提出,故又名戴明循环。
- PDCA 循环是一种被国内外普遍采用、推广,用以提高产品质量的管理方法。

7. PDCA 循环的内容和特点

● PDCA 循环的内容。

■ 计划阶段(P)。

◆ 第一步:分析质量现状,找出存在问题。

◆ 第二步:分析造成质量问题的各种影响因素或原因。

◆ 第三步:从各种影响因素或原因中找出主要因素或主要原因。

◆ 第四步:针对主要因素或主要原因,制定对策。

制定对策应综合考虑"5W"、"1H":

5W——Why(为何制定?)、What(目标是什么?)、Where (在何处执行?)、When(何时执行?)、Who(由谁执行?)。

1H——How(如何执行?)。

■ 实施阶段(D)。

认真按计划措施去实施,并记录执行结果。

■ 检查阶段(C)。

将执行的结果与预定的质量目标进行对比检查, 找出差距、问题。

■ 处理阶段(A)。

◆ 第一步:将成功的经验、失败的教训,作为标准性处理,以巩固取得的成果,防止类似情况再发生。

◆ 第二步:提出尚未解决的问题,转入下一轮的 PDCA 循环,继续解决。

● PDCA 循环的特点(见图 4-4)。

■ 按 PDCA 程序转动,不可跨越,不可逆转。

■ 大环套小环,相互衔接,互相促进。

■ 爬楼梯式滚动上升。每上升一个台阶,就解决一些问题,前进一步。

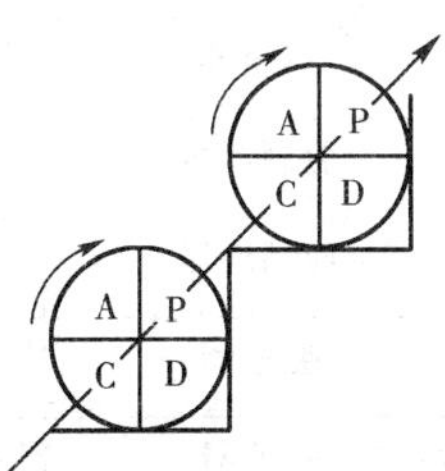

图 4-4 爬楼梯式循环示意图

■ PDCA 循环中,A 阶段是最为关键阶段。

8.全面质量管理中常用的统计方法——“用数据说话”

● 分层法又称分类法,它是加工整理数据的常用方法。其目的是通过分类把性质不同的数据以及错综复杂的影响因素理出头绪，从中发现问题，进而采取措施,解决问题。

● 分层不是简单的分组，而是把收集来的数据按照不同的目的和不同的分类方法分组。分层的方法很多,可根据需要选择。

● 常用的分层标志。

常用的数据分层标志有:按数据发生的时间分;按不同类型的操作人员分;按使用的设备分;按操作方法分;按原材料不同分;按不同的测量工具和测量方法分;按不同的加工环境分以及按其他标志分类。一般来说,数据分类的目的不同,采用的分层标志也就不同。

■ 按时间分——季、月、旬、日、早班、中班、晚班等。

■ 按人员分——性别、年龄、工种、文化水平、技能高低等。

■ 按设备分——设备类型、新旧程度、不同总成等。

■ 按操作方法分——工艺、道路条件、气候条件、荷载、速度等。

■ 按材料分——产地、供应商、质地、材质、规格、成分等。

■ 按测量工作分——检测人员、检测仪具、检测环境、检测批量、取样方法以及取样多少等。

■ 按其他方式分——不同企业、不同使用单位、不同工序、不同部位以及责任、缘故等。

● 【例】某汽车维修企业为提高维修质量,需要掌握汽车使用过程中的总成损坏概率,对其中的小修频数数据进行分类。其中采样 7 个总成的小修项目频数,在统计基础上进行分类列表(见表 4–3),找出容易发生的小修总成有哪些?

分层能分出头绪来

汽车各总成小修频数分层表 表 4–3

发生小修作业的总成	频数	累计频数	累计百分数(%)
发动机	882	882	35.8
离合器	435	1317	53.6
后制动器	410	1727	70.3
前制动器	326	2053	83.6
变速器	192	2245	91.4
差速器	109	2354	95.8
转向机构	101	2455	100.0

从分层表中可以看出:发动机总成的小修频数最高,其次是离合器,然后分别是后制动器和前制动器。

● 排列图法又称巴雷特图法(见图 4–5),它是用来寻找影响产品(作业)质量主要因素的一种方法,在质量管理中是依据“关键的少数”和“次要的多数”原则制作的。

关键的少数
次要的多数

■ 少数的 A 类因素对质量产生的不良后果影响较大(约占 80%),是主要影响因素。

■ 多数的 B 类、C 类因素对质量产生的不良后果影响较小(约占 10%左右),却是次要影响要素。

● 排列图的涵义。

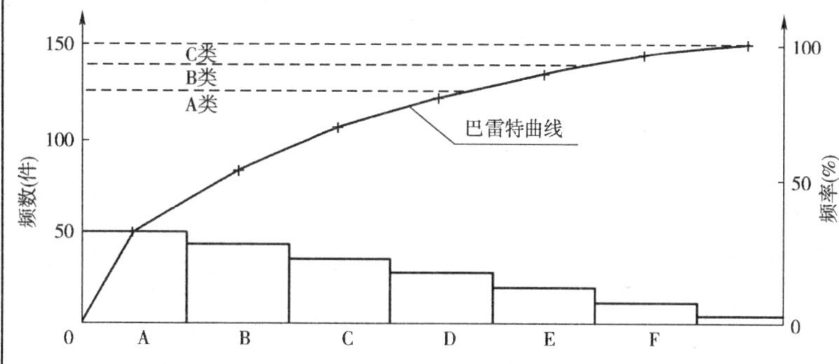

图 4–5 排列图法(巴雷特图法)

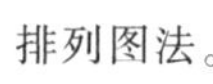

■ 由 2 个纵坐标,1 个横坐标,若干个影响质量因素(A、B、C、D、E、F、……)按影响程度大小排列的直方形和 1 条曲线组成。

■ 曲线称为巴雷特曲线,表示影响因素大小的累计百分数。通常将累计百分数分为 3 类。0~80%为 A 类因素(主要因素);80%~90%为 B 类因素(次要因素);90%~100%为 C 类因素(一般因素)。

● 排列图的运用。

■ 分析主要缺陷形式。

■ 分析造成不合格的主要工序原因。

■ 分析产生不合格的关键工序。

■ 分析各种不合格的主次地位。

■ 分析经济损失的主次因素。

■ 分析、对比采取某些措施前后的效果。

● 排列图运用注意事项。

■ 主要因素不要过多,否则主次难分,互相干扰。

■ 纵坐标频数的选择可依据分析的问题而定,如件数、金额等,原则上是以找到的主要影响因素为主。

■ 如果一般因素过多,可将其相近、相似的因素合并,以减小排列的难度。

■ 排列图的运用可逐次、逐层深化、细分,直至找到具体原因。采取措施后还要重新画出排列图,以作采取措施前后效果的对比。

因果关系

因果影响

● 因果关系分析法又称特性要因图法、树枝状分析法和鱼刺图法，是将影响某一质量事项的各种原因，按类别、层次将主次因素形象地反映在图形上，形成因果关系排列而成。通过逐项分析，由大到小，达到解决质量问题的目的。图 4-6 是连杆轴承烧蚀的因果分析图。

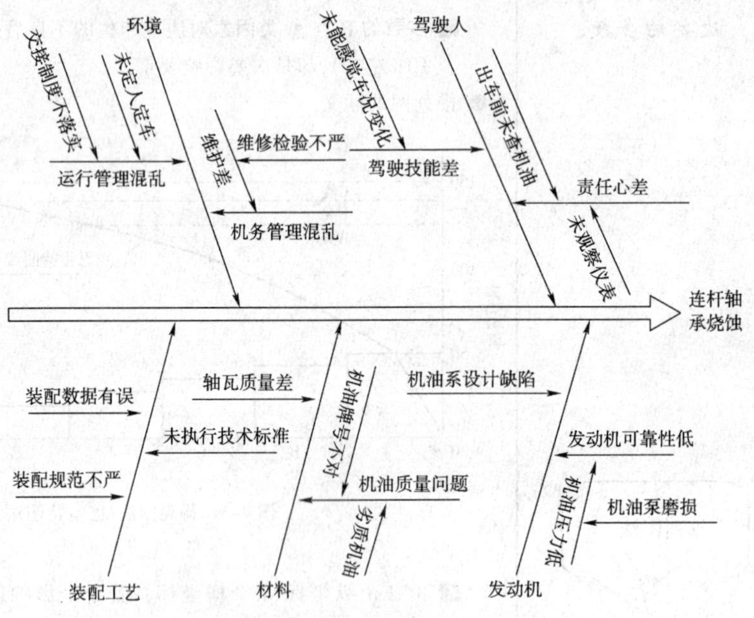

图 4-6 连杆轴承烧蚀的因果关系分析图

● 因果图的质量问题可以根据实际分析对象要求而定，例如“零件为何不合格？”、“为何装配总是会损坏零件？”、“发动机寿命为何缩短？”、“灯泡为何老是容易烧毁？”等。

● 作图过程。

■ 确定分析对象。也即要解决什么问题或产生质量(故障)的原因等。

■ 发动员工，分析产生质量问题、事故的诸多原因。

■ 整理原因，按大小、先后关系分层画图，找出主要原因。

● 因果关系图运用注意事项。

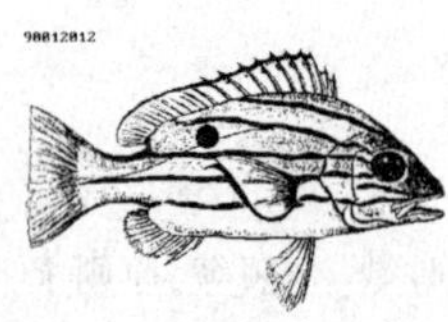

■ 调查原因应集思广益，尤其要注重基层员工最直接的意见。

■ 影响质量问题的大原因往往可以从环境、人员、设备、材料、工艺、总成等方面着手考虑。

■ 原因分析逐层细化到一直不能再分，或者已经达到可以采取具体措施为止。

■ 细小的因素未必不是构成质量问题之所在，也许就是这个细小原因造成质量大问题，因而决不可忽视。

■ 找到主要原因后还应到现场核实，并制定改进措施。

■ 措施落实后还要利用排列图法对比前后效果，是否解决问题。

这方高那方低
一眼看分明

直方图法。

● 直方图法又称质量分布图(见图 4-7)。它是用于工序质量控制的一种质量数据分析图形法，是整理质量数据，找出数据分布中心后散布规律的一种十分有效的方法。

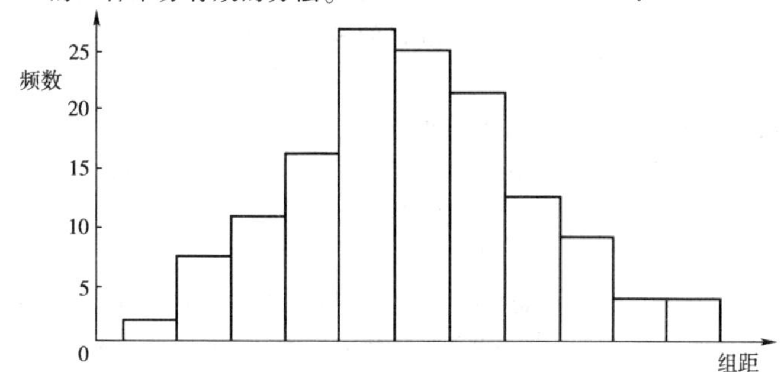

图 4-7　直方图法(质量分布图)

● 直方图将产品(作业)质量分布情况用一系列直方矩形表示，根据直方的分布形状变动趋势以及直方和公差界限的距离，判断生产过程和工序质量，进一步估算出哪道工序有可能产生多少不合格品，并依此来调整工序。

● 绘制直方图。

首先要随机抽取样本(通常为 100 个)，检测后将结果填入数据表内，并从中找出最大值和最小值，计算极差，也即样本尺寸分布范围。然后将数据分组，确定组距，计算落入各组数据的频数。进而以频数为纵坐标，以组距为横坐标，画出一系列直方图形。

● 观察、分析直方图(见图 4-8)。

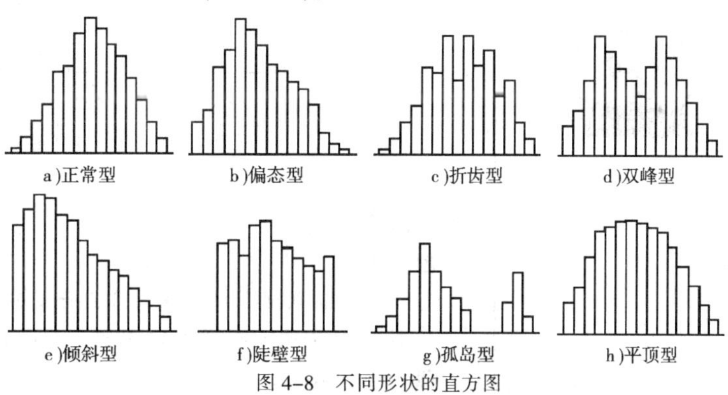

图 4-8　不同形状的直方图

■ 正常型——中间高，两边低，左右近似对称，表明工序正常。

■ 偏态型——图形偏向一边，表明存在技术问题。

■ 折齿型——像折齿的梳子，因分组过多或测量误差较大所致。

■ 双峰型——出现双峰，因两种不同分布中心的产品混合所致。

■ 倾斜型——向一边倾斜分布，是将不合格部分剔除后所致。

■ 陡壁型——两边呈徒壁，工序能力较差时，剔除合格品后所致。

■ 孤岛型——出现孤岛，工序中出现异常原因。

■ 平顶型——呈平顶状，可能由于多个母体、多种分布混在一起所致；或由于质量指标在区间内均匀变化所致；或由于工序过程中某种缓慢的倾向性作用所致。

控制上限——
控在中间就好
控制下限——

● 控制图法又称管理图法(见图4–9)。它是工序质量控制统计法的中心内容,是运用控制图控制工序质量的图表方法。

● 控制图不仅对判别质量稳定性、评定工艺过程状态以及发现并消除工艺过程的失控现象有着重要作用，而且可以为质量评定提供依据。

● 控制图的制作。

■ 对某批作业(某类产品)随机抽取一定数量的样本进行检测、鉴定,根据检测鉴定所得数据,计算出某一规定的统计量(如平均值 $\bar{x}$、极差 R 等)。

■ 以抽样的试样号或取样时间为横坐标,以对应的统计量(尺寸或其他质量特征数据）为纵坐标，在坐标系中分别做出统计量的中心线及上、下控制线。

■ 按规定时间间隔抽样,测量加工尺寸或确定其他所定的质量特征,将测得的数据填在控制图上,就制成控制图。

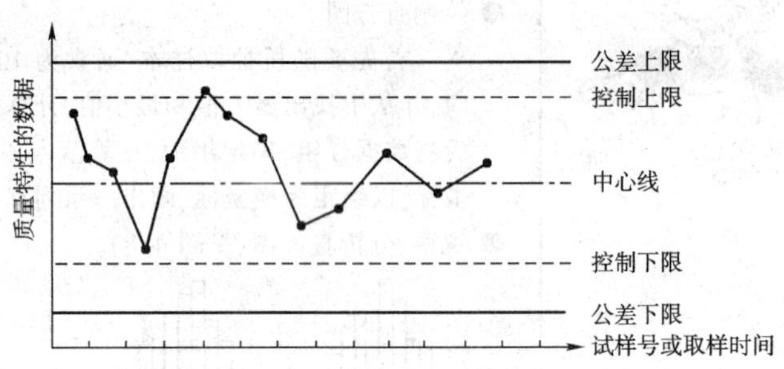

图4–9 控制图

● 控制图的分析。

■ 正常状态。

正常状况下,统计量相应点分布在中心线的附近,不超出上、下控制线,表明生产(作业)过程处于稳定状态。

■ 异常状态。

异常状况时,统计量相应点超出上、下控制线,表明生产(作业)过程处于非稳定状态,应予及时调查,找出原因,采取适当措施,予以调整,确保作业(产品)回到稳定状态。

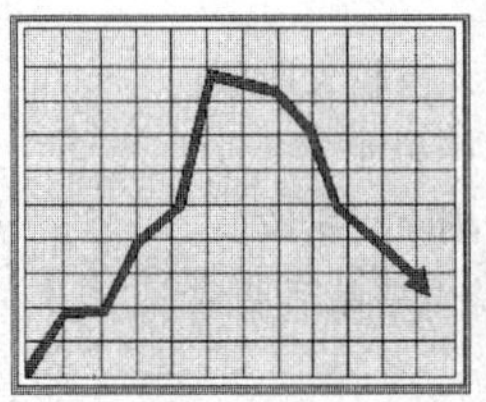

● 控制图的种类。

控制图的种类很多,基本上是根据质量数据,划分为计量数据控制图和计数数据控制图两类。

■ 计量数据控制图适用于可连续取值的长度、重量、强度、硬度、纯度、粘度、成分、油耗等质量特性差异的控制等。

■ 计数数据控制图适用于对废品、次品等计数件的控制。

三、质量保证体系

质量保证体系　是指企业以保证和提高产品质量为目标，运用系统的概念和方法，把质量管理各个阶段、各个环节的管理职能组织起来，形成一个有明确任务、责任、权限，互相协调，互相促进的有机整体。

内涵　质量保证体系是企业对客户在作业（产品、服务）上提供的担保和承诺，保证产品在寿命周期内质量可靠、使用正常。这种担保和承诺虽然往往以书面的质量保证文件形式表示，但它却是以实实在在的质量活动作为坚强后盾，即表明该作业（产品、服务）是在严格的质量管理中完成的，具有足够的管理和技术上的保证能力。

从系统学的角度来讲，它也可以认为是上道工序向下道工序提供的质量担保和承诺。

实质　质量保证体系的实质是系统工程的理论和方法在质量管理中的应用，建立质量保证体系是实现企业方针、目标的一种手段和方法。

1.汽车维修企业质量保证体系的基本原则

质量保证体系的基本原则。

- 质量保证体系应有明确的针对对象。

  质量保证体系是主要针对维修（作业、服务）为对象建立的，也可以以某道工序（或过程）为对象建立（如漆工、电气等过程）。

- 质量保证的手段应有强有力的基点。

  质量保证手段应坚持质量管理与技术相结合为基点，二者缺一不可。

- 质量保证体系的耳目是质量信息管理。

  质量信息管理是使质量保证体系正常运转的动力，没有质量信息体系，质量保证体系就会静止、死亡，如果表面上还有“保证”，其实只是图有虚名的假象。

- 质量保证体系应有坚实的后盾。

  质量保证体系不是制度化、标准化的代名词，也决不可成为书面的、文件式的质量保证，而应有坚实的质量活动作为后盾。

- 质量保证体系又是企业内部管理的保证。

  质量保证体系又为企业内部开展更为广泛、深入的质量活动打下深厚的基础。

2.汽车维修企业质量保证体系文件的结构（见图 4-10）

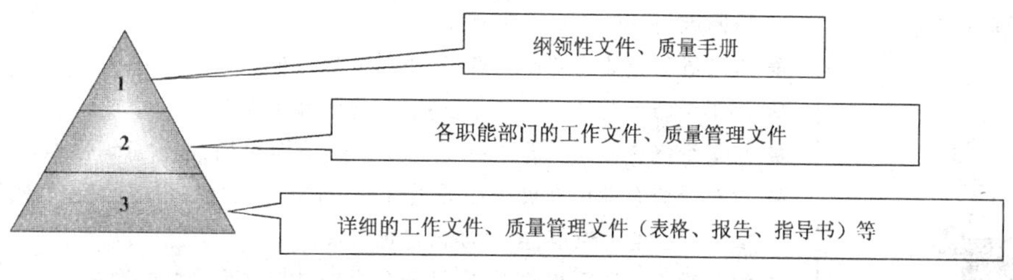

图 4-10　质量保证体系文件分布结构示意图

3.汽车维修企业质量保证体系的要求

良好的质量保证体系有何要求？

- 必须明确质量方针、质量目标和目标值，并将质量方针展开，将维修目标值层层分解，落实到部门、车间、班组，直至个人。
- 必须建立一个高效严密的汽车维修组织机构，用以监督、控制、协调各部门的质量管理工作。
- 必须有完整的、全维修企业的先进技术标准、操作标准、管理标准和各项工作程序。
- 必须有准确、及时、完整的信息，做到在全企业能迅速传递和反馈，并认真处理有关质量问题。
- 必须建立由群众广泛参加的质量管理网络，普及质量管理(QC)小组活动。

4.汽车维修企业质量保证体系的类别

凡是工作就得建立质量保证体系。

- 维修车辆质量的保证体系。
  - ■ 维修过程的质量保证体系(工作标准化)。
  - ■ 零件修复、装配的质量保证体系(操作标准化、工作典型化)。
- 维修业务工作及管理工作的质量保证体系。
  - ■ 维修、工艺、工装开发与设计工作质量保证体系。
  - ■ 工艺管理的质量保证体系。
  - ■ 均衡作业的质量保证体系。
  - ■ 维修、作业监督检验工作的质量保证体系。
  - ■ 设备、工装、计量器具和物资管理的质量保证体系。
  - ■ 销售服务、业务接待的质量保证体系。
  - ■ 厂际协作的质量保证体系。
- 其他工作质量的保证体系。
  - ■ 思想政治工作的质量保证体系。
  - ■ 社区工作的质量保证体系。

5.汽车维修企业建立质量保证体系的条件

建立质量保证体系的条件。

- 汽车维修企业应有一个懂业务、会管理的坚强领导班子。事业心强，不怕困难，百折不挠，勇往直前。
- 汽车维修企业富有创新意识，工作颇具特色。
- 汽车维修企业各项工作完善扎实，生产和工作有条不紊。
- 汽车维修企业建立健全各项规章制度，有章可循，法治意识强烈。
- 汽车维修企业已开展全面质量管理工作，并取得一定的经验和成效，各项工作已走上轨道，生产经营稳定发展。
- 汽车维修企业面貌改观，在社会公众中已树立了良好的形象。

四、ISO9000 质量管理、质量保证系列标准与质量认证

ISO　是国际标准化组织的代号。

ISO9000　是指国际标准化组织于 1987 年 3 月正式颁布的质量管理系列标准。2000 年 12 月 15 日又经修改正式发布了 2000 年版本的 ISO9000 族标准。写为:ISO9000:2000 版标准。

我国国家技术监督局于 2000 年 12 月 28 日发布 GB / T 19000(2000 版)国家标准,规定等同采用国际标准化组织发布的 ISO9000:2000 版标准。

1. ISO9000 族文件的结构

ISO9000 族文件的结构。

- 核心标准。
  - ISO9000:2000《质量管理体系——基础和术语》。
  - ISO9001:2000《质量管理体系——要求》。
  - ISO9004:2000《质量管理体系——业绩改进指南》。
  - ISO19011:2002《质量和(或)环境管理体系审核指南》。
- 其他标准。
  - ISO10012《测量管理体系测量过程和测量设备要求》。
  - ISO10019《质量管理体系咨询师选择和使用指南》。
- 技术报告或技术规范或技术协议。
  - ISO / TR10005《质量计划指南》。
  - ISO / TR10006《项目质量管理指南》。
  - ISO / TR10007《技术状态管理指南》。
  - ISO / TR10013《质量管理体系文件》。
  - ISO / TR10014《质量经济性管理指南》。
  - ISO / TR10015《教育与培训指南》。
  - ISO / TR10017《统计技术在 ISO9001 中的应用指南》。
  - ISO / TR10018《顾客投诉》。
- 小册子。
  - 《质量管理的原则》。
  - 《选择和使用指南》。
  - ISO9001《小型企业实施指南》等。
- 技术规范。
  - ISO / TS16949:2002《质量管理体系——汽车生产件及相关维修零件企业应用 ISO9001:2000 的特别要求》。

2.质量认证(合格评定)

质量认证 是指为确信产品和服务完全符合有关标准或技术规范，而进行的第三方机构的审核、评定、证明、注册以及事后监督的活动。

内涵 质量认证是由质量认证和机构人员认证两部分构成。其中质量认证是认证的主体活动,它包含产品认证和质量体系认证。产品认证又包含合格证和安全认证。质量体系认证又叫质量体系注册。机构人员认证分为校准和检验机构、检查机构或审核机构、认证机构、检查员/评审员资格等的认可。

质量认证是世界各国对产品质量与企业质量体系进行评价、监督、管理的通行做法和认证制度。

- 需要争取制造重大设备或建设重大工程的投标。
- 需要争取签订订货合同。
- 需要提高产品(服务)质量信誉,争创品牌,取得市场竞争胜利。
- 需要将企业的产品或服务打入国际市场。
- 需要将企业自身的管理和运行体系提高一个档次。通过专家进行认证辅导、整合活动,集思广益,行家指导,无疑获益匪浅。再则,以认证为纽带和动力,发动员工深化质量管理,提高管理水平和体系运行的有效性。
- 从某种角度讲,为了减少社会检验,节省费用,需要进行质量认证。

- 标准和技术规范是认证的基本依据。

  产品认证的基础是产品技术规范或确定的标准,质量体系认证的基础是ISO系列标准规定的质量保证模式。产品(含硬件、软件、流程性材料和服务)是质量认证的对象。
- 质量认证是由第三方来认证确定的。
  - **第三方** 是指与第一方(供方)、第二方(需方)无任何行政隶属关系,在经济上无利害关系的认证机构或认证公司。
  - 第三方的认证可以体现公平、公正、权威的形象,况且得到政府的承认。
- 质量认证的方法采用严格、严肃、认真、负责任的审核鉴定的方法。

  质量认证机构给予注册,并以企业名誉形式公布,表示质量认证获得通过。

获得质量认证　表示企业的成功

课题三 汽车维修服务质量管理

汽车维修企业应以满足客户的需求作为运作的目标,以客户的满意作为经营发展的战略。汽车维修企业除了提高维修质量外,提高维修服务质量也是很重要的事情。

一、客户满意与客户满意度

1.客户满意

客户满意(简写为 CS) 是指客户通过修车(接受服务)的可感知的效果(或结果)与他的期望值相比较后形成的感觉状态。

如果用公式表示,则为:客户满意=可感知效果/期望值。

实质 客户满意是一种感觉状态的水平,它来源于对维修的汽车(服务)所出现的效果与客户的期望所进行的比较。如果效果超过期望值,则客户就满意;反之,就不满意。满意了下次再来,不满意也许再也不来啦!那些真正满意的客户就是“忠诚客户”,成为维修企业利润的源泉。

车辆维修后的效果表现于维修本身的价值、服务价值、人员价值、形象价值。

客户的期望来源又往往出于以往的经验体会,或是他人的影响,或是业务人员的推荐和承诺。期望值表现为客户的整体成本,具体表现为货币成本、时间成本、体力成本和精力成本4项。

客户满意的若干概念。

- 维修价值 是指车辆维修(作业、服务)的功能、特性、品质、品种与式样等所产生的价值。如汽车维修技术的价值。
- 服务价值 是指伴随车辆维修(作业、服务)提供的附加服务。如上门服务、技术培训、质量保证、修后访问等。
- 人员价值 是指企业员工的经营思想、经营作风、知识技能水平、业务能力、工作效率、应变能力等所产生的价值。
- 形象价值 是指企业车辆维修(作业、服务)在社会公众中的总体形象所产生的价值。
- 货币成本 是指车辆维修(作业、服务)的价格。
- 时间成本 是指客户为了修车或享受该项服务所花费的所有时间。
- 体力成本 是指客户为了修车或接受该项服务所投入的体力消耗和支出。如行走、检查、试验、调整、试车等。
- 精力成本 是指客户为了修车或接受该项服务所耗费的精力。如了解车辆维修(作业、服务)的特性、品质,了解企业的形象、品牌以及等候等。

2.客户满意度

客户满意度　是指人们对所修车辆或接受该服务的满意程度，以及由此产生的决定他们今后是否会继续来厂修理或接受该项服务的可能性。它是量化了的客户满意程度。

如果用公式表示，则为：客户满意度=修车后实际体验值／修车前期望值。

客户满意的层次。

● 物质满意层。

物质满意层　是指客户对企业维修汽车及接受服务核心层的消费过程中所产生的满意层次。它是客户满意中最基础的层次。

● 精神满意层。

精神满意层　是客户对企业维修汽车及接受服务的形式和外延的消费过程中所产生的满意层次。

● 社会满意层。

社会满意层　是指客户对企业维修汽车及接受服务中所体验到的社会利益被维护程度的层次。支持社会满意层次的是维修汽车（服务）的道德价值、政治价值和生态价值。

上述3个满意层次，一般具有递进关系。从社会发展的满意趋势分析，人们首先寻求的是物质满意，当物质满意基本满意后，才会推及精神满意，而精神满意后才会考虑社会满意。对于现阶段的汽车维修客户来说，主要要求物质满意和精神满意。

考核客户满意的几个具体指标。

● 美誉度。

美誉度　是指客户对汽车维修企业的褒扬程度。

● 指名度。

指名度　是指客户指名到某个维修企业修车或接受服务的程度。

● 回头率。

回头率　是指客户在该维修企业修车后或接受服务后，再来修车或愿意再来修车，或介绍他人前来修车的比例数。

● 抱怨率。

抱怨率　是指客户在该企业修过车或接受服务后，产生抱怨的比例数。

● 销售（服务）力。

销售（服务）力　是指汽车维修企业修车（服务）营业额（营业量）。一般而言，客户对修车（服务）满意，必然有良好的营业量。所以，销售（服务）力也是衡量客户满意与否的指标之一。

3.客户让渡价值

客户让渡价值　是指客户总价值与客户总成本的差额。

如果用公式表示,则为:客户让渡价值=客户总价值-客户总成本。

- 车辆维修价值
- 服务价值
- 人员价值
- 形象价值

- 货币成本
- 时间成本
- 体力成本
- 精力成本

- 客户让渡价值的多少受客户总价值与客户总成本两个方面的影响。
- 客户总价值与客户总成本的变化及其影响作用是相互影响的。
- 不同客户对车辆维修价值的期望以及对各项成本的重视程度是不同的。
- 采取"客户让渡价值最大化"策略应权衡、把握住一个"尺度"。
  - ■ 企业通常采用"客户让渡价值最大化"策略来争取客户,战胜竞争对手,巩固和提高市场占有率。
  - ■ 企业如若片面地追求"客户让渡价值最大化",其结果往往适得其反,导致成本增加,利润减少。
  - ■ 鉴于上述因素,企业应把握住一个"度",做到恰如其分。

4.确立提高客户满意的基本理念

客户满意是企业的宝贵财富!

- 取胜于客户取决于维修企业自身。

  有句俗话说得好,"酒好不怕巷子深"。企业自身素质好,产品性能好、质量高,服务又到位,哪怕客户不上门。
- 过硬的维修质量、至尊的服务永远超前于客户预期。

  有句俗话说得好,"想客户之想,急客户之急,为客户之为"。只要心中揣着客户的需求,不断提高维修质量,不断开发新服务项目,提升服务质量,客户每次都会产生新的满足,还怕客户不上门。
- 客户的抱怨和意见是维修企业得以发展的助力。

  有句俗话说得好,"打是亲,骂是爱"。客户的抱怨和意见从另外的角度讲,恰恰表现了客户的真实期望,难道不是企业正好要重金收集的信息吗?送上门的指责一定要诚恳接受,切莫说成是客户的刁钻苛刻,而是企业得以发展的助力。

二、客户的感觉管理

汽车维修企业在经营中时刻与客户发生这样那样的接触,不同的接触,产生不同的感觉,也就产生不同的效果。

好的接触、好的感觉产生好的效果,企业才能"一帆风顺"。

客户的感觉管理 是指企业重视客户需求,凡事对客户负责,为客户服务,在经营活动中不论是维修车辆或服务,还是经营的态度和环境,都能给予客户良好印象的过程和活动。

实质 客户的感觉管理之所以重要,在于客户的感觉是因人、因地、因事不同而异的,即使维修相同车辆和采用相同经营方式方法,也无法使客户都产生良好的感觉。为此,要面对实际,针对不同情况采取不同的对策和方法,这就是客户感觉管理的难点和显示出它的重要。

1.影响人们感觉的因素

影响人们感觉的因素有3个:

- 人们自身的特性。
- 被感觉对象的特性。
- 周围的环境。

对于企业来说,如何去影响客户的感觉呢?一般而言,客户的特点是难以去改变它的,能够做到的就只有改变企业自身的行为和服务环境。

2.人的感觉是相对比较而得

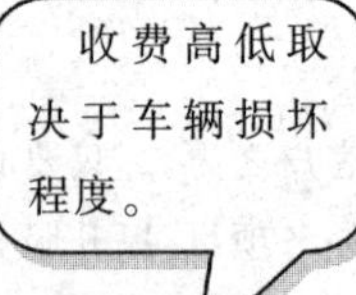

- 客户自认为车辆损坏严重,收费合理时,客户会感到便宜。
- 客户自认为车辆损坏不怎严重,收费也合理时,客户却会感到贵。

上述收费虽都是合理的,客户却产生不同感觉,这是由于客户对车辆不同损坏程度相对比较的错觉差别造成的(见图4–11)。

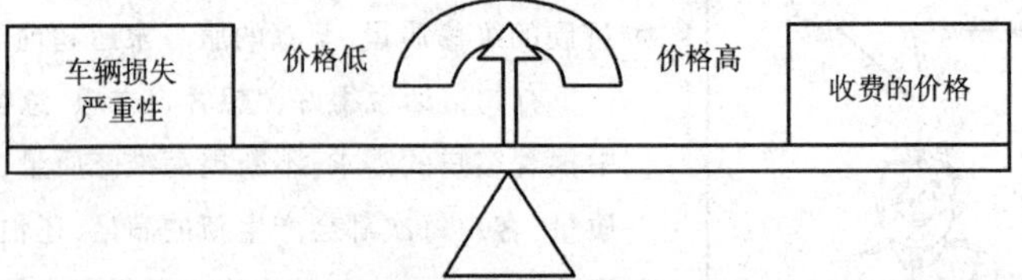

图4–11 收费价格的高低取决于车辆损坏的严重性示意图

- 所以,收费可根据车辆损坏程度来定,而不仅仅根据工时来定。也就是说,对损坏严重的可以在标准收费基础上适当多收费,而对损坏较轻的可以在标准收费基础上适当少收费。
- 另外,车辆的损坏程度一定要让客户知道,有所感觉。尤其是对那些不怎么懂得汽车构造的客户尤为重要。

给予客户一个意外的惊喜。

- 客户前来修车之前，自觉不自觉地都有一个期望值，若感觉值大于或等于期望值时，就会感到满意；反之，若感觉值小于期望值时，就会感到不满意（见图 4–12）。

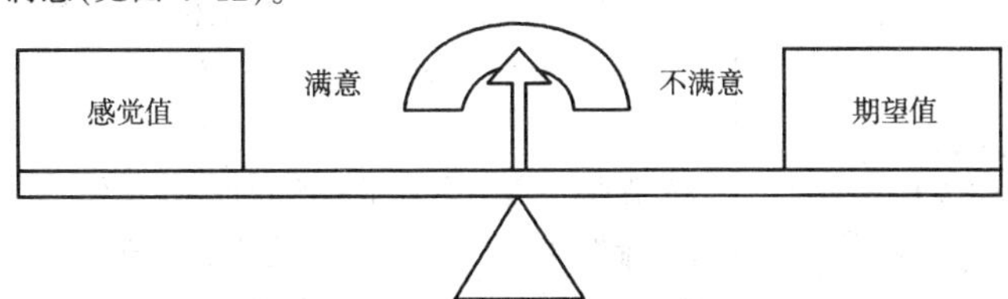

图 4–12　客户的满意度是感觉值与期望值的比较示意图

- 所以，尽可能地给客户一个意外惊喜，使其感觉值大大超过其期望值，这是汽车维修企业特别要重视的一个小窍门。
- 另外，业务员千万不可信口开河、乱许承诺，给自己带来麻烦。相反应该留下退路，譬如在报价和交车时间上留有余地，最后收费低于报价，提前交车，则会令客户惊喜而满意，或由不满意转而满意，至少可冲淡些不满意。

3.维修企业环境管理

给予客户的第一感觉是周围的环境面貌。

企业周围及入口处环境管理。

- 企业周边整洁、美观。
- 企业区域内标志醒目、保持清洁。
- 企业周边及门区种植树木绿化，并做到及时修剪，保持一定形态，切忌遮挡厂牌和标志。
- 企业入口照明良好，按时开灯。
- 企业入口设置安全设施，保证车辆进出安全。必要时设专职安全指挥人员。
- 企业入口道路平整，保持清洁。

企业内部环境管理。

- 建筑物外壁整洁干净，定期清洗粉饰。图画与宣传文字保持清晰。
- 窗户干净，定期擦拭。
- 道路与场地保持干净清洁，随时清扫。
- 厂区内进行绿化，清除杂草，在适当地段摆放盆栽植物，并精心栽培。必要时进行季节性更换，保持常青常绿。
- 设置垃圾箱。
- 厂区设置必要的旗帜、横幅广告，布置美观大方。
- 破旧车辆和废弃杂物存放在隔离、隐蔽处。

停车场环境管理。

- 在进入企业区域后应设停车场指引标志。
- 停车场标志应醒目、整洁。
- 停车场设置出入口、通道、泊位,必要时划线分明,规定车种类型。
- 停车场的车辆停放整齐,设兼职指引人员,必要时设专职管理人员。
- 保持一定空余数量的客户停车泊位。
- 定期清扫停车场地,保持清洁干净。
- 加强停车场的安全保卫工作。

业务大厅环境管理。

- 业务大厅面积适当。
- 业务大厅保持空气清新,温度适当,光线明亮。
- 业务大厅设置业务柜台及适量的洽谈桌椅,布置不可过密、过疏。
- 业务大厅设置必要的零配件展柜。
- 业务大厅墙上布置必要的规章制度、业务人员照片和编号、业务流程指南、维修价目、企业宣传资料、技术咨询资料、企业精神标语以及必要的图画等,布置美观大方。
- 业务大厅内要配备茶水饮料。
- 业务大厅内要配备报纸、杂志等阅读刊物。
- 业务柜台内准备必要的客户档案、配件目录册、配件价目册等资料。
- 业务大厅内要配备电脑、电话、登记簿等必要的办公用品。
- 业务大厅内可播放适当的轻音乐。
- 业务大厅周边或门口显眼处可适当放置观赏植物,并精心栽培管理。
- 业务大厅保持地面清洁卫生。客人离去,马上整理桌椅、水杯,清理桌面,倒去烟缸内烟灰,整理好商谈资料。

洗手间管理。

- 业务大厅边及厂区必要处应设置洗手间。男女分置。
- 洗手间应有明确的指示性标志,易于客户寻找识别。
- 洗手间内要注意通风,保持空气清新无臭味,摆放或喷洒芳香剂或空气清新剂。
- 洗手间内应摆放肥皂(洗手液)、手纸等用品。
- 洗手间必须保持清洁干爽,随时冲洗、清扫、整理。清扫工具整理后放回原处。
- 洗手间内应保持适当的室内温度。

4.客户接触管理

接触是服务质量的关键和重心。

- 电话接待是汽车维修业务经常利用的联系工具。不论是业务需要主动与客户联系还是客户与企业的联系,都少不了电话与手机。
  通话期间互不见面,但通过语言、语气的交往可以判断出相互的热情、诚意如何。因此,作为业务人员务必掌握电话礼节,对业务的进展起着至关重要的作用。
- 通过电话联系,可相互准确、迅速地交流信息和意向,这是向客户提供最佳服务的前提。
- 通话期间热情、真诚、愉快地交流是促进与客户关系紧密结合的重要因素。
- 电话联系可为企业和客户双方都节省不少费用和时间。
- 电话联系的质量和效果是客户评价维修企业的一个重要指标。

- 接听电话,铃声不宜超过3声,忙时请同伴代接。
- 接听电话,先问候客户,报示企业名称,可使客户放松、安定,给以良好的第一印象。为此,应编制日常礼貌用语,反复练习熟记,做到脱口而出而不是临时编排。
- 电话中的适当时间,请教客户贵姓,以便电话中多使用尊称(如李先生、蒋小姐等),给人以亲切、尊重的感觉。
- 接听电话,对方虽然看不见人的表情,但可以感觉出你的认真、诚意如何,所以一要坐姿端正,不要摆弄文件用品而发出声响,更不能口中吃食物;二要全神贯注,认真接听、记录电话内容;三要有分寸地答复客户的提问,必要时作恰当的咨询或解释;四要注意专心接听,通话过程不要与第三者说话打茬,必要时,应该先与通话客户打个招呼(对不起,请稍等一下,让我先回答一下另外客户的问话,并按住话筒),时间不可过长,然后马上继续通话,并再次致歉。
- 电话用语表达应简练、准确,语速不可过快,避免使用客户陌生的专业术语。
- 不要轻率地将电话转给别人接听。若确有必要转给他人,应予声明。更不可将电话转来转去,给人似乎“无人管事”、“无人做主”的印象。
- 当客户提出批评、指责时,更要注意礼貌和语气,表示诚恳、虚心的态度,千万不可推卸、搪塞,并表示愿意帮助解决的诚意。

接触客户的仪表着装。

- 穿着指定的制服,干净整洁。
- 佩戴胸卡。
- 梳妆整理好头发。
- 修剪指甲,保持指缝清洁。
- 皮鞋擦拭干净,保持光亮。
- 上班前不吃异味食物。
- 化妆清淡,不宜浓妆艳抹。
- 同事之间相互检查自己不易察觉的仪表。

如何与客户洽谈接触?

- 客户来访或洽谈业务,应立即站起迎接,微笑问候致意。安排座位,递送饮料、茶水。
- 如果一时无法分身,则请客户先行待坐或自由参观展柜。
- 客户初次来厂,应该递送名片,报示自己身份,客户的名片一定要认真阅视,并妥善、慎重地保管好,切不可随意丢放,以免给人以不尊重的嫌疑。
- 与客户交谈,首先让座,待客户坐下后才能自己坐下。然后请教姓名(有名片者和老客户不必再问),问明来意。
- 坐姿要自然端正,不翘“二郎腿”。客户不抽烟,洽谈时也不要抽烟。与客户交谈时要注视客户,贫富贵贱一视同仁,不可以貌待人。不可在客户面前对他人品头论足。
- 与客户交谈应认真听取,切不可漫不经心、敷衍了事,必要时应作记录,以示认真。了解客户的真正意向和关注的问题。
- 当客户咨询、询问问题时,要实事求是地答复,必要时可带客户参观展厅、车间、料库等处,也可拿出各种配件作比较,进行实地、实物介绍,更见效果。

交谈中的赞美。

真诚地赞美客户,欣赏客户,能迅速缩短相互间的距离,造成良好的谈话氛围。赞美的内容主要是他们成功的事例、高尚品德、奋斗精神、新潮创意。

- 赞美要恰当、适度,否则往往弄巧成拙。
- 选准赞美的话题,避免冒犯。
- 真诚赞美,避免虚情假义。
- 巧妙幽默赞美,切忌阿谀奉承。
- 赞美要尊重人格个性,否则适得其反。
- 赞美应满足客户的“求荣”心理,激发客户的热情、兴趣。

5.妥善处理客户投诉

对待投诉应持何态度？有些企业害怕投诉。既然投诉不可避免，那么不妨面对现实，妥善处理，说不定坏事能变成好事。国外研究机构发现，客户的回头率与投诉的处理有着十分微妙的关系，当投诉获到圆满解决，回头率在82%以上，即使投诉未能获得圆满解决，回头率尚有19%~54%，但投诉得不到回应时，回头率则降到0~9%。

“一分为二”看投诉

● 客户投诉的目的。

客户投诉的目的无非想受到企业的重视，希望企业立即改进，获得相应的补偿或重新把车修好。当其要求得到满足，或犯错人受到惩罚，或澄清了问题，或客户无责任时，大多会表示满足。

● 客户投诉的处理。

■ 稳定客户情绪。

◆ 向客户表达出愿意解决问题、服务到底的意愿。

◆ 体谅客户的心情。

◆ 向客户表示承担责任。

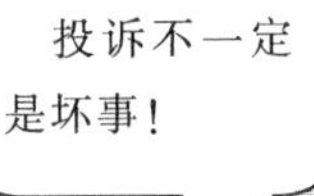

■ 倾听、检查客户投诉。

◆ 不厌其烦地详细倾听客户投诉，作好记录。

按“5W”与“2H”规范做好记录：

5W——Who（谁？）、What（什么？）、Why（为什么？）、When（什么时间？）、Where（在哪里？）。

2H——How（怎么样？）、How much（多少费用？）。

检查车辆现状，做出初步判断，查阅维修记录，找出质量问题的根源，明确质量事故责任。

■ 处理客户投诉。

◆ 对客户不合理要求，要有原则、有依据、有礼貌地以事实为根据婉转拒绝，或承诺今后给予老客户适当优惠的待遇，竭力使客户心服，起码也要使其口头不服而心服，知难而退，平息风波。

◆ 对客户合理的要求，一定要设身处地为客户着想，达成双方都能接受的方案，立即行动，及时妥当处理，不留后遗症。

“合二为一”理投诉

■ 评估投诉事项的责任，重大投诉应及时上报，必要时由主管经理亲自处理。

■ 投诉处理结束，不论责任如何，都应热情送客户出门，表示歉意。

● 投诉跟踪随访。

采用电话或信函跟踪随访投诉客户，征求对处理的结果是否满意，若不满意则应退回到适当步骤，重新处理。最后将投诉记入档案。

课题四 汽车维修企业质量检验和质量经济性分析

一、汽车维修企业质量检验

汽车维修质量检验 是指借助检查、诊断、测试手段，对维修的整车、总成、零部件、工序等进行质量特性的测定，并将测定结果与相应的质量标准做比较，判断其是否合格的活动及其过程。

> 汽车维修质量管理是企业生存发展的生命线。而维修质量检验又是维修质量管理的中心内容。
>
> 汽车维修质量检验部门应在厂长(经理)的直接领导下，代表厂长(经理)行使质量检验职能，以最终对客户负责。

1.汽车维修质量检验的分类

- 进厂检验。

  进厂检验 是指对客户送修车辆的装备和技术状况的检查、鉴定。
- 零件分类检验。

  零件分类检验 是指对清洗后的解体零件进行可用、可修和报废分类的检查、鉴定。
- 过程检验。

  过程检验(工序检验) 是指在维修过程中对每个环节、每个工序由工人和专职检验员进行的自检、互检、专检活动。
- 出厂竣工检验。

  出厂竣工检验 是指经过维修、装配、竣工，对报修项目或者整车进行的静态和动态的检查验收。

- 自检。

  自检 是指维修工人对自己承修的作业项目进行的自我检查。
- 互检。

  互检 是指维修工人相互间(如上、下工序间)对所承担的作业项目进行互相检查。
- 专检。

  专检 是指专职检验员对维修质量、入库材料配件等的专门检查验收。

2.汽车维修质量检验标准

- GB / T 3798—1983《汽车大修竣工出厂技术条件》。
- GB / T 3799—1983《汽车发动机大修竣工技术条件》。
- GB / T 5336—1985《大客车车身修理技术条件》。
- GB 3800—1983《汽车车架修理技术条件》(调号 JT / T 103—1991)。
- GB / T 5624—1985《汽车维修术语》。
- GB 7258—1997《机动车运行安全技术条件》。
- GB 7458—1987《机动车前照灯使用和光束调整技术规定》。
- GB / T 12536—1990《汽车滑行试验方法》。
- GB / T 12543—1990《汽车加速性能试验方法》。
- GB / T 12545—1990《汽车燃料消耗量试验方法》。
- GB / T 15746.1—1995《汽车修理质量检查评定标准　整车大修》。
- GB / T 15746.2—1995《汽车修理质量检查评定标准　发动机大修》。
- GB / T 15746.3—1995《汽车修理质量检查评定标准　车身大修》。
- GB 3801—1983《汽车发动机气缸体与气缸盖修理技术条件》(调号 JT / T 104—1991)。
- GB 3802—1983《汽车发动机曲轴修理技术条件》(调号 JT / T 105—1991)。
- GB 3803—1983《汽车发动机凸轮轴修理技术条件》(调号 JT / T 106—1991)。
- GB 5372—1985《汽车变速器修理技术条件》(调号 JT / T 108—1991)。
- GB 8823—1988《汽车前桥及转向系修理技术条件》(调号 JT / T 110—1993)。
- GB 8824—1988《汽车传动轴修理技术条件》(调号 JT / T 111—1993)。
- GB 8825—1988《汽车驱动桥修理技术条件》(调号 JT / T 112—1993)。
- GB 18563—2001《营运车辆综合性能要求和检验方法》。
- GB / T 5909—1995《载货汽车车轮性能要求和实验方法》。
- GB / T 6326—1994《轮胎术语》。
- GB / T 9768—2000《轮胎使用与保养规程》。
- GB / T 11561—1989《汽车加速器控制系统的技术要求》。
- GB / T 18274—2000《汽车鼓式制动器修理技术条件》。
- GB / T 18343—2001《汽车盘式制动器修理技术条件》。
- GB / T 18275.1—2000《汽车制动传动装置修理技术条件》　气压制动。

▲

汽车维修主要国家标准。(二)

- GB / T 18275.2—2000《汽车制动传动装置修理技术条件》 液压制动。
- GB / T 18344—2001《汽车维护、检测、诊断技术规范》。
- GB 9656—1996《汽车用安全玻璃》(可供认证用)。
- GB 11552—1999《轿车内部凸出物》。
- GB 11567.1—2001《汽车和挂车侧面防护要求》。
- GB 11567.2—2001《汽车和挂车后下部防护要求》。
- GB 13594—1992《汽车防抱死制动系统性能要求和试验方法》。
- GB 14167—1993《汽车安全带安装固定点》。
- GB 4785—1994《汽车及挂车外部照明和信号装置的安装规定》。
- GB 15742—2001《机动车用喇叭的性能要求及试验方法》。
- GB 1743—1979《漆膜光泽度测定法》。
- GB / T 3181—1995《漆膜颜色标准》。
- GB / T 8028—1994《汽油机油换油指标》。
- GB 1958—2004《产品几何量技术规范(GPS) 形状和位置公差》。

汽车维修行业标准。

- JB / Z 111—1986《汽车油漆涂层》。
- JT / 198—1995《汽车技术等级评定标准》。
- JT / T 199—1995《汽车技术等级评定的检测方法》。
- JT / T 201—1995《汽车维护工艺规范》。
- JT 101—1980《汽车修理技术标准》。
- JT 3119—1985《BJ212 轻型越野汽车修理技术条件》。
- JT 3120—1986《公路客车车身涂层技术条件》。
- JT / T 425—2000《汽车维修业质量检验人员技术水平要求》。
- JB 4020—1985《汽车驻车制动试验方法》。

3.汽车维修计量器具、检测诊断设备的检定

国家计量管理规定条件。

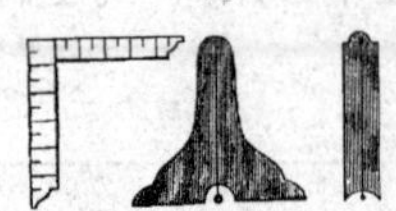

- 经计量检定合格,发给国家统一的检定证书(合格证或在计量器具上加盖检定合格印);不合格者发给检定结果通知书或者注销原检定合格印、证。未经检定或检定不合格的计量器具不得使用。
- 具有正常工作所需要的环境条件。
- 具有称职的保存、维护和人员。
- 具有完善的管理制度。
- 强制检定的计量器具应登记造册,报当地县(市)级计量行政部门指定的检定机构申请,周期检定。其检定周期根据规程确定。

二、汽车维修质量的经济分析

质量经济分析　是指通过对维修车辆(作业、服务)的质量、成本、利润之间的关系分析,研究在不同的经营条件下,用尽可能少的劳动消耗,满足客户修车的需要(作业、服务),以获得尽可能多的收益的经济活动及其过程。

质量经济分析的实质——是对质量、成本、利润的分析,它是以质量为基础,以效益为目的,进行最优化作业、服务决策的一种方法。

质量经济分析的基本任务——是使维修作业、服务在质量上可靠、安全、适用,在经济上合理、合法、合算。

质量经济分析的基本方法——是通过建立质量、成本、利润关系模型,找出相互间相应变化的规律,从而确定最佳的质量、成本、利润所处的位置。

1.质、本、利的关系

质量与成本的关系。

- 维修作业、服务的成本会随着质量水平的提高而增加。
- 维修作业、服务的质量等级要提高,势必要求技术、工艺、材质和管理水平、力度相应提高。
- 维修作业、服务的质量等级要提高,必然使计划、调度、加工、装配、调试、检验和工艺精度等相应提高档次。
- 鉴于上述缘故,意味着总成本肯定随之提高。
- 当维修作业、服务的质量达到一定程度后,如果再要提高质量,必须付出比原来增加的成本比率大得多,也许是得不偿失的。

质量与利润的关系。

价格不能无限上升

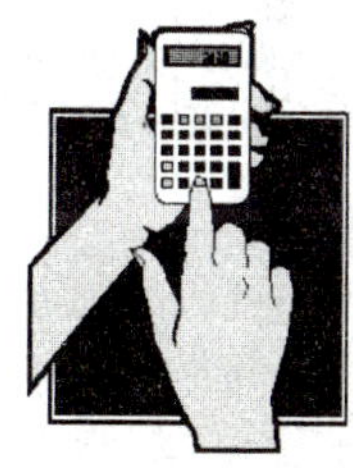

- 维修作业、服务的质量提高,可以提升价格。
- 如果维持价格稳定,又要提高维修作业、服务的质量,那么,利润就会下降。
- 鉴于上述规律,为了不致使利润下降,只能挖掘老工艺、老材料、老办法或提高生产率的潜力,否则质量的提高只能采取新材料替代或做技术性改革等措施来实现。
- 当维修作业、服务的质量达到一定程度,价格也已经提升到一定高位,不能再无限度地依靠提升价格的方法来提高质量,否则会由于价格的上升反而使营业额减少,从而影响企业利润。

质量、成本、利润三者的关系图(见图 4-13)。

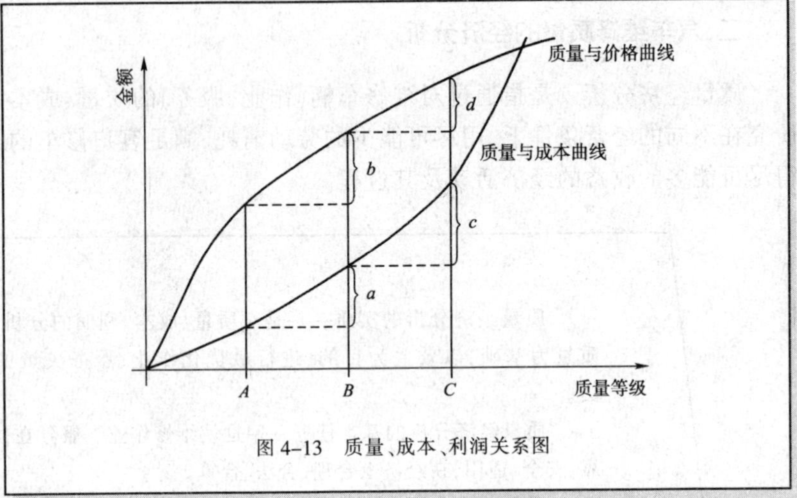

图 4-13 质量、成本、利润关系图

质量、成本、利润分析是企业开展质量成本管理工作的重要信息，是企业领导层进行经营管理决策的重要依据之一。

质量、成本、利润关系分析。

从图 4-13 质量、成本、利润关系图可知：

- 当质量由 A 级提高到 B 级时。

  成本增加了 a，利润增加了 b，这时可以看到 $b>a$。也即利润的增加大于成本的增加，所以，质量从 A 级提高到 B 级是有益的。
- 当质量由 B 级提高到 C 级时。

  成本增加了 c，利润增加了 d，这时可以看到 $d<c$。也即利润的增加小于成本的增加，所以，质量从 B 级提高到 C 级是不可取的。
- 由上而知，B 级质量水平是企业当前最佳的经济等级。
- 以上仅是纯粹从理论上进行质量分析，实际决策中还需考虑行业的竞争、客户的消费层次和消费心理、环境的变化、企业的实力和形象以及社会效益、环境效益等因素来权衡、决策质量等级。

2.质量成本

质量成本 是指将维修作业、服务的质量保持在规定的水平上，所需的费用。质量成本的构成见图 4-14。

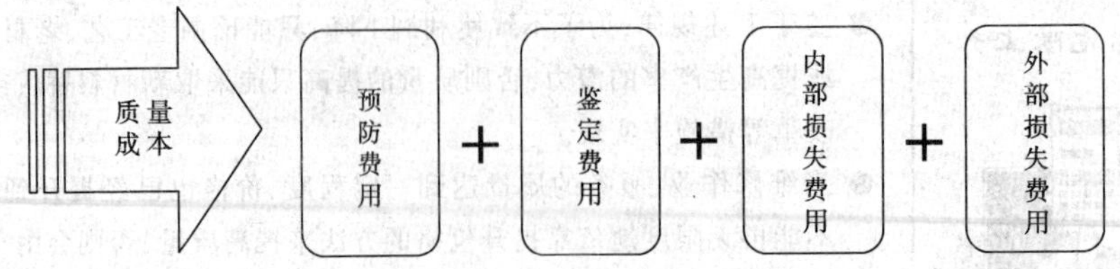

图 4-14 质量成本构成示意图

◎ 规定的质量水平——是指由原本规定的质量水平或质量等级，当然应该是个合格的质量水平，而决非不合格的质量水平。

◎ 质量成本——通常发生在维修过程和修后服务过程中，包括质量检验费用和返修费用等。

◎ 为了提高一个维修质量等级而投入的费用，不是质量成本研究的范畴。

- 预防成本　是指为了预防返工、返修或排除故障等所需费用。
- 鉴定成本　是指评定维修作业、服务是否合格所需费用。
- 内部损失成本　是指出现返工、返修或报废蒙受的损失费用。
- 外部损失成本　是指修竣车辆出厂后由于质量问题而遭受的损失费用。

3.质量成本分析

维修质量成本中的诸成本与维修作业合格质量水平间存在的关系称为质量成本曲线，见图 4-15。

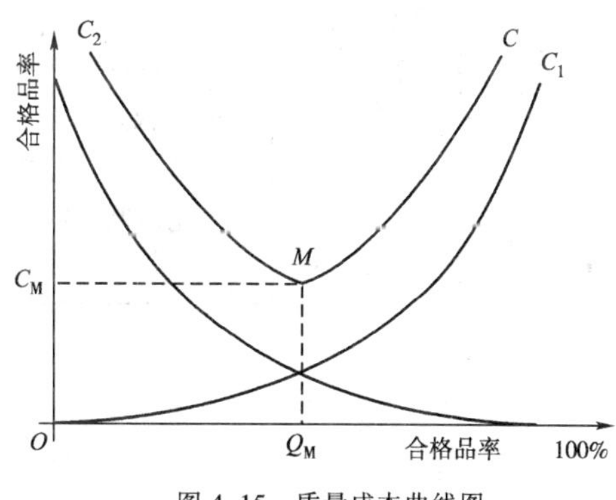

图 4-15　质量成本曲线图

质量成本曲线分析。

由图 4-15 质量成本曲线图可知：

- C_1 曲线表示控制成本曲线，控制成本=预防成本+鉴定成本，它随着合格率的提高而增加。
- C_2 曲线表示损失成本曲线，损失成本=内部损失成本+外部损失成本。它随着合格率的提高而减少。
- C 曲线就是质量成本曲线，质量成本=控制成本+损失成本。
- 质量成本曲线 C 有 1 个最低点 M，M 点所对应的合格率为 Q_M，Q_M 就是企业应当控制的经济质量水平，而其所对应的质量成本 C_M 应该是适宜经济质量水平的质量成本支出。

质量成本管理活动的基本出发点就是探求 Q_M 是多少。

质量成本曲线分析必须注意。

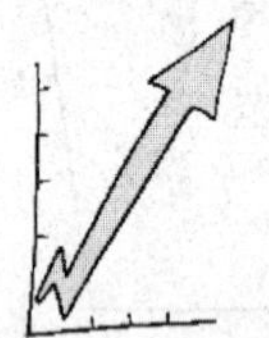

- Q_M 即使最低,未必就符合客户所希望的质量水平。
- 或者说这样的质量水平是否能实现好的营业(业务量)效果,是否能使企业实现最佳的经济效益。
- 所以,这里研究的质量成本只是单纯从质量与质量成本的关系这一角度出发,似乎太理论化了。
- 为了力求达到企业效益(经济、社会、环境)最大化,最佳质量成本的确定还应尊重、适应客户和市场的需求,将其作为重要依据。

不要小看质量成本分析的作用。

- 据很多汽车维修企业的统计资料表明:虽然在不同维修企业之间,或不同维修业务之间,或不同的地域之间,它们的质量成本项目间的关系有所差异,但构成质量成本的上述四项费用之间存在的比例大体还是基本一致的(见表 4-4)。

质量成本比例表 表 4-4

质量成本项目	占质量成本(%)	质量成本项目	占质量成本(%)
预防成本	0.5~5	内部损失成本	25~40
鉴定成本	10~30	外部损失成本	20~40

- 据很多汽车维修企业的实践经验证明:虽然预防成本占的比例最小,但却是质量分析的重点,若稍微增加,却可使质量成本明显下降,起到"画龙点睛"的作用。

质量是企业立身之本

单元五　汽车维修企业生产技术管理

课题一　汽车维修企业的生产技术管理

一、汽车维修企业的生产管理

生产管理　是指对汽车维修企业生产活动的计划、组织和控制所进行的管理。

广义的内容。

广义内容　广义的生产管理是针对汽车维修企业生产活动的全过程进行综合性的、系统的管理。其中包括：维修计划、生产调度、维修进度、维修统计、维修物料管理、维修安全及劳动管理等。

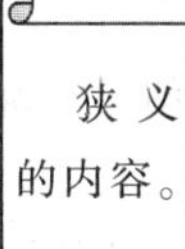

狭义的内容。

狭义内容　狭义的生产管理侧重于以维修作业(产品)的生产过程为对象进行管理。也就是对企业的维修生产技术准备、原材料投入、工艺加工直至修竣交车的具体活动过程的管理。

生产管理的任务及基本要求。

- 为了提高企业的经济效益，必须搞好生产管理，主要任务有：
  - 按送修车辆的故障及客户要求完成车辆维修任务。
  - 按规定的计划成本完成维修任务。
  - 按规定的交车期限完成维修任务。
- 对维修生产过程管理的基本要求。
  - 保持和提高维修生产过程的连续性。
  - 维持维修生产过程的协调性。
  - 保持维修生产过程的均衡性。
  - 提高维修生产过程的适应性。

- 维修计划的作用。

计划　是指现在对达成未来目标的详细规则，是一种创新的思维活动。汽车维修企业的生产计划是企业管理的首要职能，是汽车维修企业中各项维修生产活动的行动计划。它牵涉到了企业的所有部门和所有的职能。科学合理的计划，有利于把企业从上到下每个员工的责、权、利对等起来，从而有利于企业管理其他职能的实现。

- 维修计划的编制。

编制维修计划应研究企业的内外环境，科学预测外部环境，从企业的实际出发，不仅要求计划尽量具体，而且要综合平衡各职能部门及维修生产部门的能力，并按照维修生产任务做好必要的维修工艺准备，从而保证维修作业各环节的协调有序。

- 维修计划的实施。

在维修作业实施过程中应通过各种方法、手段，分析计划的执行情况，要加强派工调度、维修统计、维修分析、进度检查，发现计划实施中存在的问题，以便及时更正计划的偏差，使它继续指导生产。

- 预约维修。

多数汽车维修企业由于预约维修做得差，几乎处于无计划的状态，造成维修生产不均衡。所以在日常维修生产中应逐步培养客户的预约维修习惯。

- 生产调度的基本任务。

根据客户报修情况，通过对待修车辆的实际检测与诊断，确定该车辆的实际维修项目，调度维修人员实施车辆修理。

- 《派工单》就是生产调度人员使用的维修作业调度令，如表 5-1 所示。

派　　工　　单　　　　表 5-1

车型____ 车号____ 维修类别____ 承修车间____ 班组____ 派工单号_____

序号	主要作业项目	作业要求	定额工时	完工时间	主修人签字	检验员签字
备注						

派工员______ 派工日期_______

生产调度会。

● 生产调度会的作用。

协调各部门的工作，部署和指挥生产的各项活动。通常由指挥生产的部门负责人主持。

● 生产调度会的内容。

■ 按维修生产作业计划要求逐项检查计划执行情况，着重解决维修计划执行过程中的困难和问题。

■ 纠正并下发新维修生产作业计划，督促并帮助各相关部门做好各项维修生产技术准备工作。

生产调度方式。

● 生产调度人员通过《派工单》的方式，将维修项目及要求下达给承修车间及班组，承修班组根据《派工单》要求的内容及作业要求进行维修，专职检验人员也以此为凭证进行检验。

■《派工单》传票制度。

《派工单》明示了作业项目、进度、质量要求等内容，便于各工序交接，起到了生产指令作用，而且便于生产的现场管理。

■《派工单》公示制度。

维修车间将接到的《派工单》所列作业内容与作业要求集中公示于维修车间内的公示牌上，以公布当前所有在厂维修车辆的汽车编号、维修类别、主要作业项目 、要求完工日期、主修人以及当前存在的问题等。

维修进度的检查与统计。

● 维修进度的检查。

■ 根据维修生产作业计划，完成好竣工车辆的收尾工作。

■ 抓好短线原材料或配件的供应。

■ 及时指导并解决生产过程中明显影响维修生产的关键问题。

■ 抓好先进生产劳动组织和计划管理方法的试点及应用。

● 维修进度的统计。

■ 目的——掌握维修情况，发现存在的问题，统计劳动成果。

■ 基本要求——及时、准确、系统、全面。

维修物资管理。

● **维修物资**　是指维修过程中所消耗的原材料、零配件、通用件、标准件、燃润料、辅助材料和工具等。

● **维修物资管理**　是指对企业维修经营活动所需的各种物资进行有计划的采购、验收、供应、保管、发放、合理使用等一系列管理工作的总称。

● 汽车维修企业的维修物资管理，由维修生产管理部门根据维修生产进度统一调度企业的维修物资，充分体现供应为生产服务的原则。

维修生产安全管理:安全就是效益。

操作人和机器设备安全是现代企业生产得以顺利进行的基本保证，维修生产安全应靠企业各方面的共同努力,从技术上采取有效的措施,制定和贯彻安全技术操作规程来保证。

● 安全教育——安全生产是汽车维修企业中每个职工应具备的职业道德，企业应在保证生产的同时对职工进行安全思想教育和安全技术教育,并将遵章守纪作为企业职工的职业纪律。

● 建立安全责任制:在企业各级生产管理中,应强调生产安全措施的检查落实,建立安全生产责任制。如:

■ 主管维修生产的各级生产行政负责人应负责企业的各级生产安全。

■ 在各维修班组设置业务安全员,设置岗位责任人负责岗位的安全例检和安全责任。

■ 责任到人,分层负责,在企业内部形成安全教育网和例行检查网,做到在布置生产的同时实施安全教育,在检查生产的同时检查安全设施。

● 维修生产现场管理:主要是管好维修车辆的厂内停放。

● 停车场管理:维修车间只能停放在修车辆,在修车辆的钥匙统一由生产调度人员保管。

■ 场地平整、地面坚实,场内应设禁令标志及停放指示标志,夜间应有照明。

■ 车辆停放地点不准堆放易燃、易爆物品和火种,凡装有易燃、易爆的车辆应单独停放,并由专人看管。场内应备有消防器材。

■ 进出车辆应接受门卫的清点和检查。

■ 排放整齐并保持不少于 0.6m 的车距,企业对场内停放车辆负有安全保管的职责。

● 车间的安全纪律。

■ 维修人员必须遵守作息制度、劳动纪律,上班时间不得窜岗、离岗。上班时间必须佩带工作证,穿工作服,严禁吸烟,并保持现场整洁。

■ 不得随便动用承修车辆或擅自将客户车辆开出厂外,不准在场内试车和无证驾车。

■ 严格遵守安全技术操作规程,各维修企业必须制订并实施各工种、各工序、各机具设备的安全技术操作规程,对特殊的工种还要经过专门培训,经严格考核合格后方可进行操作,严禁违章野蛮操作。

● 机器设备的安全防护装置。

■ 在机器的外露传动部位应加装防护罩;对起重运输设备要规定其活动范围。

■ 在危险地段和事故多发地段加装信号警告装置；在冲压设备的操作区域应加装联锁保护装置。

■ 经常检查电器设备的绝缘状况并加装触电防护装置;在电力电路 、压力容器、驱动设备上应加装过负荷保护装置;同时抓好车间的防火 防爆工作。

■ 要保证机器设备的正确安装,保持间距,加强机器设备的使用维修管理。

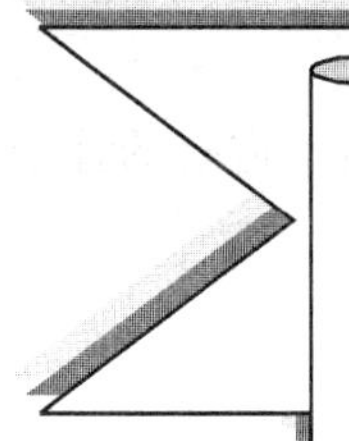

为了提升企业形象,创造良好的企业文化,保障安全生产,现代维修企业车间管理应积极推行5S管理。即整理(Seiri)、整顿(Seiton)、清扫(Seiso)、维护(Seiketsu)、素养(Shitshke)(见图5-1,表5-2)。

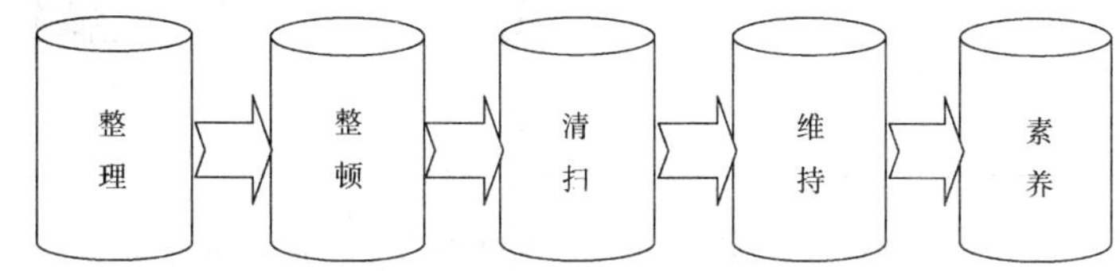

图5-1　维修车间、配件仓库、办公场所5S管理示意图

车间5S规范表　　表5-2

序号	项目	规范内容
1	整理	○把永远不用及不能用的物品清理掉 ○把1个月以上不用的物品放置到指定位置 ○把1周内要用的物品放置到工位附近,摆放好 ○把3日内要用的物品放到容易取到的位置
2	整顿	○对工作区、物品放置区、通道位置进行规划并作明显标识 ○物品放置有合理规划 ○物品应分类、整齐摆放,并进行标识 ○通道畅通,无物品占住通道 ○生产线工序号、设备、工模夹具等要进行标识 ○仪器设备、工模夹具、工作台面摆放整齐
3	清扫	○地面、墙上、天花板、门窗打扫干净,无灰尘杂乱物 ○工作台面清扫干净,无灰尘 ○仪器设备、工模夹具清理干净 ○一些污染源、噪音设备要进行阻隔防护
4	维持	○每天上、下班花3min做5S工作 ○随时自我检查,互相检查,定期或不定期进行检查 ○对不符合要求的情况,及时纠正 ○整理、整顿、清扫保持得非常好
5	素养	○员工戴标识卡,穿厂服,且整洁得体,仪容整齐大方 ○员工言谈举止文明有礼,对人热情大方 ○员工工作精神饱满 ○员工有团队精神,互相帮助,积极参加5S活动 ○员工时间观念强

二、汽车维修企业的技术管理

技术管理 是指依据科学技术工作规律,对汽车维修企业的全部技术活动进行的计划、协调、控制和激励等方面的管理工作。

技术管理的基本任务。

维修企业技术管理的主要任务是推动技术进步,不断提高劳动生产力及经济效益。

- 正确执行国家的相关技术政策。
  - 技术政策是国家根据现代企业的发展,依据科学技术原理制定的,是指导企业技术工作的方针政策。
  - 我国现代企业的技术政策主要包括:工艺规程、技术操作规程、产品质量标准及检验制度等。
- 搞好汽车维修机具设备的管理。

  通过技术管理,使各种维修机具设备、汽车检测诊断设备经常保持良好的技术状况,采用先进合理的汽车维修技术工艺,为客户提供技术状况最优的维修服务。
- 保证安全生产。

  员工人身和设备的安全是保证企业维修生产正常进行的重要内容,维修企业生产安全应从技术上采取有力措施,制定并实施各种安全纪律,保证安全生产,提高企业的经济效益和社会效益。
- 提高维修企业的总体技术水平。
  - 利用各种方法和手段,搞好员工的维修技术、业务素质培训,全面提高维修人员及技术人员的技术素质。
  - 积极开展修旧利废与技术革新工作,改进维修技术和维修工艺,推广行之有效的生产技术经验,提高车辆维修质量,减轻工人的劳动强度。
  - 促进企业技术进步,努力降低修理成本。
  - 促进汽车维修企业的现代化管理。
- 搞好技术管理的基础工作。
  - 建立健全各级技术责任制度,建立健全生产技术管理过程中的各种原始记录,建立健全生产技术管理过程中的各种技术文件,如生产用图纸资料、各工种各设备的技术安全操作规程、汽车维修工艺规范、各类企业技术标准。
  - 制定与考核企业各项技术经济定额。
  - 员工参与技术责任事故处理及搞好技术资料与技术档案管理。
- 坚持技术为维修生产服务的原则。
  - 汽车维修企业技术管理的基本原则——要以提高汽车维修质量为中心,技术应为维修生产服务、为维修生产现场服务。
  - 其内容包括:分析汽车维修的生产过程和质量情况,抓好汽车维修过程中的技术管理。结合企业实际情况,做好零件分类检验、维修过程检验、总成验收,开展 QC 小组全面质量管理活动。同时解决汽车维修过程中所发生的重要技术问题。

汽车维修企业应建立以总工程师或技术负责人为首的技术工作指挥机构,并根据维修企业实际情况,设置必要的技术管理职能机构,配备必要的技术人员。

- 根据企业维修规模和工作特点,建立相应的技术管理组织机构。
  - 年大修能力在500辆以上的汽车维修企业设总工程师。
  - 年大修能力在300辆以上的汽车维修企业设主任工程师。
  - 年大修能力在300辆以下的汽车维修企业设技术负责人。
- 配备精干技术人员,并明确各自的技术岗位职责,深入生产第一线,进行汽车维修过程中的技术领导,履行技术管理的职能。

总工程师、主任工程师、技术负责人应在厂长/经理的直接领导下,具体负责本企业的技术管理工作,对厂长/经理负责,其岗位职责是:

- 执行国家或上级颁布的技术管理制度,进行产品质量的监督检验,制定本企业各级技术管理部门及技术人员的技术责任制度。
- 制定并实施企业的科技发展规划,编制年度技术措施计划,如企业新材料、新设备购置计划,搞好企业的技术改造、技术引进和设备的更新,推广新技术、新工艺,开发新装备、新工具。
- 严格执行维修生产技术责任制和质量检验制度,及时解决本企业维修生产经营管理中的疑难技术问题和质量问题,努力提高产品质量,降低维修成本。
- 切实做好企业技术管理的各项基础工作,参与制定并实施本企业技术经济定额。
- 领导并组织企业职工的技术培训工作,进行科学技术预测,制定技术革新和科研项目的规划并组织实施,推动企业的科技进步,做好企业技术职务的评定和聘任工作。

三、汽车维修企业的科技管理

科学技术——是企业获得竞争力的有力手段。

汽车维修企业科技管理的宗旨——要有计划地、合理地利用企业内外的科技力量与资源,建立适合本企业特点的科技发展规划内容,提出实施方案及预期效果,尽快的将最新的科技成果应用于维修生产实践,从而提高企业的技术素质和经济效益,实现企业的科学技术现代化。

1.汽车维修企业的科技活动

科技发展规划的内容。

- 确立企业科技活动的发展方向、奋斗目标及技术措施。
- 编制维修技工及技术人员的业务素质的培训计划。
- 编制汽车检测设备的购置及维修机具设备的更新计划。
- 制定技术改造及技术引进计划。
- 编制科技经费计划等。

科技小组与科技活动。

科技小组 是企业的新鲜成分,应参加当地汽车工程学会的科技活动。主要任务有:

- 及时了解汽车维修行业的科技发展动态,交流科技情报和资料,确定适合本企业科技活动的具体项目,提出实施方案。
- 研究当前企业生产经营管理活动中存在的问题,提出改进措施。
- 科学论证企业中机具设备的技术改造, 保证技术改造的经济性和可靠性。
- 组织好职工的技术教育和技术培训。

技术改进。

技术改进包括技术改造、技术革新、技术推广和技术改装。应围绕汽车维修企业生产经营管理活动的实际项目开展。

- **技术改造** 是指改变维修设备性能结构,改进原有工具设备,开发新工具设备,从而改善劳动条件,减轻劳动强度,提高工效。
- **技术革新** 是指改革汽车维修机具与维修工艺。
- **技术推广** 是指推广应用新的维修机具、维修工艺及先进的操作方法。
- **技术改装** 是指在不改变维修设备性能结构的前提下改变维修设备的用途。

技术创新。

- 设备和工具的创新——主要包括:改造原有的机械设备,根据维修生产的不同要求改装设备结构、增加附件,扩大设备的使用范围;开发简易设备,革新生产工具;将手工操作半机械化、机械化操作,不断提高机械化、自动化水平等。
- 维修工艺和操作技术的创新——对维修工艺和操作技术的开发, 可以提高维修效率和经济效益。主要包括:改革旧的工艺,缩短维修过程,创新的加工操作方法。
- 维修企业的生产经营管理方式的创新。
- 检验、检测手段的创新。
- 改善维修生产的劳动条件,实现文明生产及生产安全,实现环保、节能、消除公害。

2.科技资料与技术档案

科技资料 是指外购的各类科技图书和技术资料手册、订阅的各类科技杂志及交流的各类科技情报等。

科技档案 是指企业生产经营管理活动中形成的经过整理归档以备查考的技术文件材料。

汽车维修企业应根据具体情况设置技术档案工作的专门机构,配备专职或兼职的管理人员做好管理工作。其主要内容有:

- 技术资料应由技术部门指定专人分门别类统一管理，做好技术档案的利用工作。
- 科学的管理技术档案,尽可能利用计算机保管技术资料。
- 印刷品应注意防火、防霉、防水、防虫、防盗。
- 电子品技术资料应注意防磁化。
- 制订并实施完善的企业技术资料借阅、查阅制度。

- 生产类——企业营业执照及批文、生产经营合同、维修合同、各种技术经济定额和生产记录、工艺方面的技术文件材料、技术经济报表等。
- 设备类——车辆、机具设备的技术资料、说明书、使用维修情况记录等。
- 技术类——科技发展规划、技术管理制度、技术操作规程、技术规范、技术标准等。
- 科技类——技术改进的实测记录、鉴定结论,技术教育培训及技术考核、科技活动记载等。
- 基建类——基建工程项目、房地产文件及其他。

- 准确、完整——档案中记载的资料应真实可靠、全面。
- 系统、方便——各类文件资料在归档时应明确系统和归属，分类编号,建立索引目录。除原始资料外,归档的原始资料应由专人按规定格式重新复制整理以保证归档材料字迹工整、图样清晰、查找方便。
- 安全、保密——对重要档案应使用复印件而保存原件,对机密科技档案应采取保密措施。

- 归档制度。

  应把档案材料的形成、积累、整理、归档纳入企业各职能部门的日常工作程序中,并作为各职能部门的职责范围和考核内容。

- 阅档纪律。

  借阅技术档案时应履行审批、签收手续,借出的档案材料不得任意转借、涂改、变动。需要对其中的内容更改或补充时,应作为附页附在档案中,并有附加人和批准人签字。

课题二　汽车维修企业的工艺管理

一、汽车维修工艺

汽车维修工艺　是指在一定的人员素质、工艺装备条件下，汽车维修过程中所必须遵守的工艺纪律、工艺规范（包括工艺规程、技术标准、质量验收标准等）。

工艺纪律　是指为了达到规定工艺规范和质量验收标准而必须遵守的制度和纪律。

工艺规范（工艺过程）　是指为了达到规定的技术标准而规范化了的工艺方法。

工艺规程（工艺路线或工艺流程）　是指从原材料（维修车辆开始）到制成成品（维修车辆竣工）各项工序安排的程序。

技术标准　是指衡量竣工车辆及其维修作业的技术准则。

质量验收标准　是指验收竣工车辆（作业）的要求、条件范围。

汽车维修工艺的组成。

- 汽车维护工艺——包括汽车维护作业、汽车维护工艺规范、汽车维护工艺规程。
- 汽车修理工艺——包括汽车修理作业、汽车修理工艺装备、汽车修理工艺过程（汽车进厂检验、零件分类检验、汽车修理过程及其自检、互检、总成的磨合验收、汽车的总装调试、汽车修竣出厂检验）、汽车修理工艺规程、汽车修理技术标准。
- 汽车故障诊断工艺——包括故障诊断规程、故障诊断规范（故障现象、故障原因及部位、故障诊断与排除）、故障诊断仪具、故障诊断评判标准等。

汽车维修工艺的内容。

- 汽车零件的修复——通过分析零件损坏的原因，提出最佳的工艺修复方案，从而保证修复质量，降低成本，提高生产效率。
- 汽车或总成的装配——它是根据汽车制造厂原定的装配要求或根据各部件间的间隙标准，制定最佳装配工艺方案，从而保证汽车或总成的装配质量，降低成本，提高生产效率。

二、汽车维修工艺流程

汽车维修工艺流程　是指经规范化的汽车维修业务流程或工艺路线。

快修部工艺流程。

- 由前台业务人员直接派工调度，由维修工通过自检合格竣工交车，由前台业务人员根据格式合同进行结算。
- 该流程突出快修的服务特色，极大地提高了用户的满意度。
- 但目前大多数汽车维修企业的前台业务人员并不具备故障诊断和质量检验的能力，需亟待提高其业务素质方能适应该种流程。

汽车维护的工艺流程。

- 客户进厂报修，前台业务人员做车辆进厂交接。
- 根据客户《报修单》做汽车进厂检验并进行故障的诊断与检测，确定具体的维修项目、预算费用。
- 向车间下达《派工单》，明确作业项目、定额工时。
- 由车间安排维修班组及主修人，按照《派工单》实施故障排除、修复、调校。
- 在汽车维修过程中，由主修人或主修班组进行自检、互检。
- 修竣后由专职检验员进行竣工检验。
- 维修质量检验合格后，交前台业务人员并向客户交车，并汇总汽车维修工时消耗及材料消耗，结算维修费用。

汽车维修的工艺流程。

- 待修车辆经过前台业务人员车辆接收和进厂检验后，向承修车间、承修班组或主修人逐级下达《派工单》。
- 由主修班组将汽车拆解为总成，由总成拆解为零部件，再由专职检验人员或主修人做零件分类检验。
- 主修人修整可用零件、修复可修件、更换可换件。
- 主修班组进行组装、调试。
- 专职检验人员做竣工出厂验收，并由前台业务人员汇总汽车维修工时消耗和材料消耗，结算维修费用，向用户交车。

汽车修理工艺组织　是指汽车修理过程中的修理基本方法、作业方式和劳动组织形式等 3 个方面的组合结构组织，如图 5-2 所示。

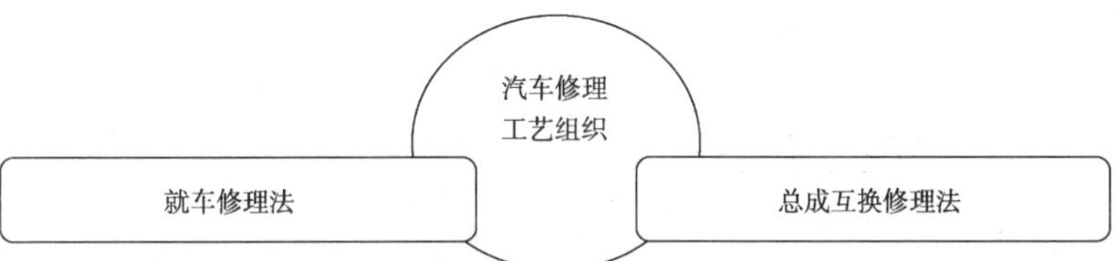

图 5-2　汽车修理工艺组织分类示意图

汽车修理工艺组织。

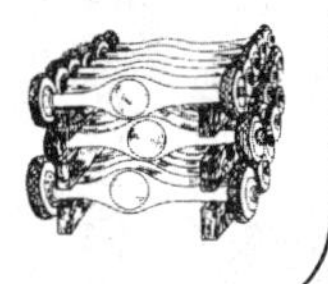

- 汽车修理工艺组织的优劣，直接影响修理质量、修理成本、生产效率的高低和修理停厂车日的长短等。
- 汽车维修企业应根据生产规模、设备条件、技术水平、修理车型及零配件供应等具体情况，进行合理的工艺组织。
- 由于各汽车维修企业的情况各不相同，所以其汽车修理工艺组织也是各不相同的。
- 随着客户性质的改变，现在私家车的逐步增多，就车修理法逐渐增多而总成互换法有逐渐减少的趋向。

就车修理法。

就车修理法 是指汽车在修理中,从车上拆下的总成、组合件及零件等,凡能修复的,仍全部装还原车,不进行互换的修理方法(见图 5-3)。

- 该法适用于生产规模较小,承修车型种类较多的汽车维修企业。
- 该法适用于客户私有汽车及不同单位汽车的修理。
- 该法由于各个总成、组合件和零件的修理装配所需的时间不同,经常影响汽车装配的连续性,使之不能及时完成总装工作,延滞汽车出厂时间。

总成互换法。

总成互换修理法 是指汽车在修理过程中, 除车架和车身外,其他总成、组合件、零件都可以换装备用库已经修好的备用品,或换用从配件库内领取的新总成,然后进行汽车总装(见图 5-4)。

- 该法适用于专业性运输企业(如公交公司、出租公司、汽车租赁公司、国有运输公司或大中型运输单位等)。
- 该法适用于拥有较多同型号车辆的运输部门(如工程施工部门、矿产运输部门、林业运输部门、化工产品运输部门、危险品运输部门等)。
- 该法由于利用备用的总成、组合件及零件,采用换装、调整、检查等流水作业,可大大缩短汽车停厂修理时间。
- 该法由于维修分工较细,利于提高修理质量和数量。

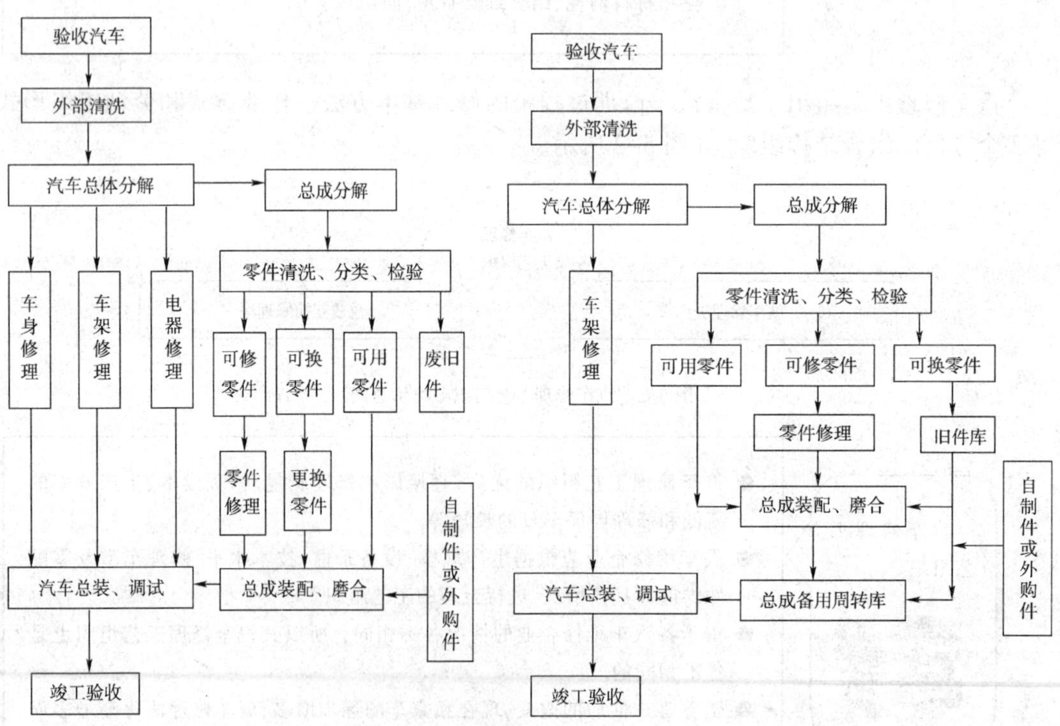

图 5-3 就车修理工艺示意图

图 5-4 总成互换修理工艺示意图

课题三　汽车维修企业的设备管理

汽车维修设备　是指在汽车维修生产过程中，可供长期使用并能保持其物质形态的仪器和机械。

汽车维修设备管理　是通过一系列的技术、经济及组织措施，对维修设备的设计、制造、选择、评价、购置、安装、调试、使用、维护、润滑、修理直到报废的全过程进行管理。

维修设备管理的目的及作用。

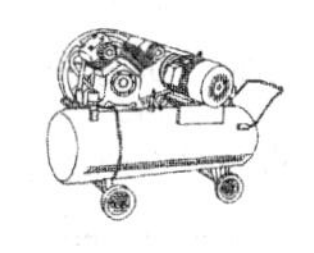

- 维修设备管理的目的。

  设备管理的目的是以最小的消耗，取得最佳的投资效果，最大限度发挥设备的效能，为提高企业的经济效益和社会效益服务。

- 维修设备管理的作用。
  - 保证设备的良好技术状况，保证汽车维修生产的正常进行。
  - 为企业维修生产的顺利进行提供必要条件，为企业维修生产创造条件。
  - 改善劳动条件，促进安全生产，适应维修企业生产发展的需要。

一、汽车维修设备的分类

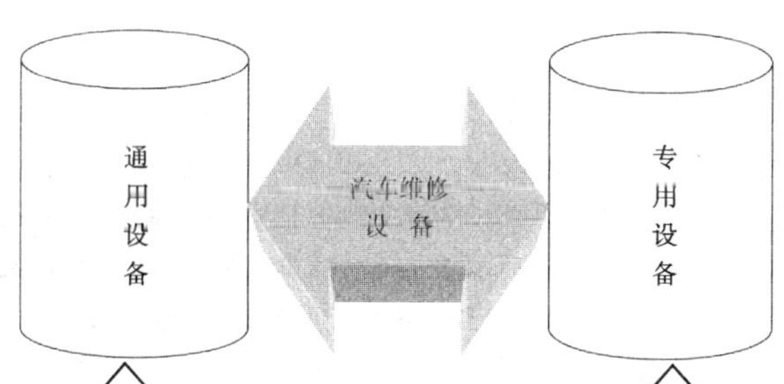

通用设备

该设备适用于各行各业，且性能基本相同，主要有适用于行业的切削机床、锻压设备、空气压缩机、起重设备等。

- 机械冷加工设备：车床、铣床、刨床、磨床、镗床、钻床、冲床、折弯机、剪板机等。
- 机械热加工设备：锻锤、压机、焊接设备、铸造设备、电镀设备、喷镀设备、热处理设备等。
- 行车、龙门吊机等。
- 空压机、鼓风机等。
- 探伤仪。
- 电气设备、照明设备等。

专用设备

该设备的结构、性能只适用于汽车维修、维护行业。

- 汽车清洗设备。
- 汽车补给设备。
- 汽车拆装、校正、整形设备。
- 汽车维修专用加工设备。
- 汽车举升或搬运设备。
- 汽车检测、诊断设备。
- 汽车除锈、涂装设备。
- 机件平衡设备。
- 轮胎拆装、修补设备。
- 汽车电气试验台。
- 汽车供油系调试设备。

二、汽车维修设备的管理

汽车维修设备管理 是指对维修设备物质运动形态和价值运行形态全过程的管理活动。

内涵 ①汽车维修设备的物质运动形态管理——即是对设备的选购、验收、安装调试、使用维护、修理、更新与报废等的管理。该种管理大多归属技术部门负责。②汽车维修设备的价值运行形态管理——即是对设备的初始投资、维修费用支出、折旧、更新改造资金的筹措、积累、支出等的管理。该种管理大多归属财务部门负责。

维修设备管理的意义。

- 加强维修设备管理、合理使用、精心维修,可以保持设备技术状况良好,这是汽车维修生产正常进行的重要保证。
- 加强维修设备管理,确保维修设备的安全运行,可以保证车辆维修质量及生产安全,减少工伤事故,降低返工、返修率,提高企业经济效益。
- 加强维修设备管理,可以提高汽车维修机械化程度,加快维修速度,减轻工人劳动强度,提高劳动效率,促进汽车维修企业的现代化。

维修设备管理的任务。

- 以促进维修企业技术进步,提高维修企业经济效益为目标。
- 根据技术上先进、经济上合理的原则,正确选购设备,为维修企业提供优良的技术装备。
- 坚持以预防为主的方针,技术与经济相结合,专业管理与群众管理相结合,依靠技术进步,促进生产发展。
- 不断改善和提高维修企业的技术装备素质,保证机器设备始终处于最佳技术状态,不带病运转,减少故障停工,及时修复损坏的设备,保持设备的技术状况完好,并充分发挥设备效能,使维修企业取得良好的投资效益。
- 做好设备的挖潜、革新、改造,提高新的生产能力。
- 学习、研究、消化从国外引进设备的结构、原理及使用方法,深入掌握引进设备的维护修理技术,及时解决、畅通备品配件供应渠道。

设备的合理选择与购置原则。

- 选购设备应与维修的主要车型以及企业的规模、发展、使用维修能力及动力、原材料供应等相适应,并具有较高生产率和利用率。
- 选购的设备,其基本性能应满足提高工效和保证质量的基本要求。
- 选购的设备,应确保售价低,性价比高。
- 选购的设备,应具有较高的安全性、可靠性,维修方便,符合环保要求以及较长的使用寿命。
- 选购设备尽可能就近购置,优先选购国产或本地设备,并选择有良好的售后服务的供应商。

维修设备的验收和启用。

● 外购维修设备在选型购置后,应由设备(技术)管理部门负责运输、保管,开箱检查,安装调试。
● 自制装备应参照外购设备管理办法,经鉴定验收试验合格后移交设备管理部门实行统一管理。
● 所有设备在交付使用并投产后,均应由设备管理部门负责立卷归档,建立台账卡片,统一登记编号,并制定该设备的安全操作规程、使用纪律、维修制度,确定该设备的使用年限、折旧费等。
● 设备在使用维修过程中所需的附件与备件,应由设备管理部门编制计划,供应部门采购,使用部门验收和保管。
● 设备所需工具、刃具、模具、计量器具和机具,应由使用单位申请,生产部门编制计划,经企业主管审批后由供应部门采购,工具室或计量室负责管理。

维修设备的强制维护。

汽车维修设备强制维护通常采用日常维护、一级维护(季度维护)和二级维护(年度维护)3级。其维护周期视设备的分类及使用频率而定。

● 日常维护。
  ■ 汽车维修设备的日常维护应做到经常化和制度化,由主操作人负责,分每班例行维护和每周例行维护两级。
  ■ 作业项目——包括:①运行前机况检查,并清洁、润滑、试运转,以确保设备状况良好;②运行中严格按照安全技术操作规程使用设备,发现故障及时排除;③运行后认真清洁、润滑、紧固、调试、试运转检查及排故等,并记录日常运行记录。
● 一级维护。
  ■ 当设备运行累计450~500h(单班制3个月),应以设备主操作人为主,机修工为辅,对设备进行一级维护。
  ■ 定额维护时间为1~4h。
  ■ 作业内容除包括日常维护作业内容外,还要对设备按维修计划进行局部拆卸检查,并做好维护记录。

人体需锻炼
设备要维护

● 二级维护。
  ■ 当设备累计运行2400~2500h(单班制12个月),应以机修工为主,操作者配合,结合年度性机况鉴定及年度性检修,对设备进行二级维护。
  ■ 定额维护时间为2~6h。
  ■ 维修设备二级维护作业内容除包括一级维护作业内容外,还要对设备进行局部解体和检修,以更换易损件,修复磨损件,并调整恢复其性能和精度,并做好维护记录。

视情修理的前提是检测

视情修理:分为小修、项修、大中修以及事故性检修4类。

- 小修。
  - 设备在日常使用过程中,由于自然原因而损坏,必须进行故障排除性小修。
  - 小修的目的是恢复其使用性能。
  - 小修的作业,原则上由主操作人负责完成,主修人有困难时可由机修工协助完成。
  - 小修记录由主修人填报,并归档存查。
- 项修。
  - 对重要设备和精密设备要进行针对性的、预防性检查调整和修理,以恢复设备的精度和性能。
  - 对于与使用安全密切相关的重要设备、仪表也要进行季节性的重点检修。
- 大、中修。
  - 设备在大、中修之前,应做好机况技术鉴定和技术措施准备(包括实施方案和费用预算等)。
  - 设备大、中修计划和材料准备应由设备管理部门负责编报,主管领导审批后,由机修班负责修理或送外大、中修。
  - 设备大、中修后应由设备管理部门与使用单位共同鉴定验收。
  - 设备大、中修的作业内容。
    - 全部或局部解体,并进行分类检验。
    - 修复可修件,更换可换件,清洗、调整可用件。
    - 修复基础件,修整基准面(如床身、导轨、中心孔等),调整基准坐标及配合间隙。
    - 整理、检修或更换电器线路。
    - 维护、检修电机。
    - 总装配后进行试运转及磨合试验。
    - 配齐必要附件和全部安全防护装置。
    - 修饰外表。
    - 进行必要的防锈处理。
  - 经过大修作业使设备尽量接近原出厂技术标准,达到规定的形位公差及公差配合要求(如精度、性能和效能等),全面或基本恢复机况。
- 事故性检验。
  - 机具设备因使用或操作的技术责任原因,发生异常损坏,必须及时进行事故性检验,并予修复。
  - 一旦发生事故性损坏,应组织有关技术力量进行事故性检验,分析原因,确定损坏程度,追查原因,分清责任,并按《技术责任事故处理规定》进行处理。

年度性机况的鉴定与检修。

设备管理部门应在每年底对企业所有设备进行年度性机况鉴定，以年度清查设备，评定在用机具设备的机况等级。对其中需要检修的，可安排年度性检修。主要内容有：

- 拆检机况不良的零部件，修复或更换易损件，调整各部配合间隙，保证一定的工作精度。
- 检修传动系统、润滑系统、液压系统，维护电机，检修、消除渗漏，保证可靠使用。
- 年度性检修由机电修理组负责。
- 结合年度性检修，设备管理部门负责对设备进行年度性机况鉴定。

设备的台账、卡片和档案。

台账卡片一目了然

汽车维修企业必须建立设备台账、卡片和技术档案，以利清点、保管、统计和核对，它是汽车维修企业设备管理的重要手段。

- 设备台账。

  设备台帐用于记录设备资产及其增减情况。其记录形式有：

  - 按设备类别逐台登记。
  - 按车间或班组逐台登记，以便掌握全厂或各车间、各班组的设备装备及其分布情况。

- 设备卡片。

  - 设备卡片是指企业设备管理人员用来登记设备资产的活页卡片，一台一卡，方便查阅。
  - 设备卡片上记载有设备的简要档案资料，并按设备分类和编号，统一按类别顺序装夹。
  - 为了更好的掌握设备动态情况，在设备上也悬挂着设备卡片，可用不同材质、形状表示设备的类别、可用不同颜色表示设备的技术状况、技术等级。设备上的卡片内容应与活页卡片内容相符。

- 设备的技术档案。

  设备的技术档案反映了设备的技术性能和基本状况，主要包括：

  - 设备编号(原出厂编号与本企业编号)。
  - 设备名称、厂牌、型号、规格、生产时间、购买时间、始用时间以及原有附件、配件、随机工具、量具、刃具、模具的名称和数量。
  - 设备主要技术性能和参数。
  - 使用部门和使用人、保管人姓名。
  - 每次维修情况及换件记录。
  - 每次检查鉴定结论。
  - 所发生过的技术责任事故或重大故障的次数、原因、责任人及处理结果等记录。

设备改造。

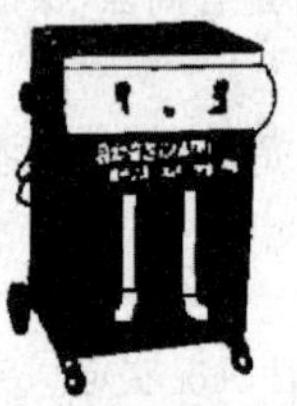

设备改造的目的是通过改变设备的局部结构，提高设备的使用性能。改造目的是：

- 为了降低生产成本，如节约能源、节省材料、降低消耗。
- 为了提高劳动生产效率，减少加工（维修作业）时间。
- 为了改进维修作业结构、提高维修作业质量，如提高维修作业质量和使用性能等。
- 为了保证安全生产和环境保护。
- 为了合理利用资源。

设备报废。

为促进企业技术进步，应对那些状况不良、效益不佳又无使用价值和改造价值的设备及时报废更新。

- 设备的报废须经设备管理部门做技术鉴定，并由主管领导签字批准。
- 设备的报废条件。
  - ■ 已超过使用年限，型号陈旧，技术性能落后，效率低下者。
  - ■ 主要结构部件已严重损伤无法修复、或虽能修复或技术改造但得不偿失，经济上不合算者。
  - ■ 受灾害或意外事故造成主要机件严重损坏而无法使用、无法修复或无技术改造可能者。
  - ■ 自制非标准汽车维修设备，经维修生产验证和技术鉴定已不能使用、无法修复、无法改造和无出售可能者。
  - ■ 严重污染环境而无法治理者。
  - ■不符合国家技术政策和技术标准者。

设备更新。

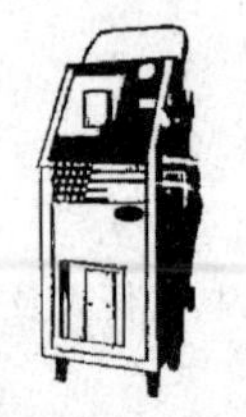

机具设备的更新是指用新设备更换旧设备。其更新的条件是：

- 损耗严重超限、经大修后，性能和精度仍不能达到维修工艺要求者。
- 型号老旧、经济效益差，满足报废条件而再次修复得不偿失者。
- 严重污染环境，危害人身安全与健康者。
- 不符合国家技术政策和技术标准者。
- 有性能更好、效能更高、功能更多的新设备可以替代者。

三、设备的经济评价

设备的经济评价　是指对维修设备选购、改造、更新方案进行对比、分析，挑选技术经济性最佳方案的活动过程和方法(见图 5-5)。

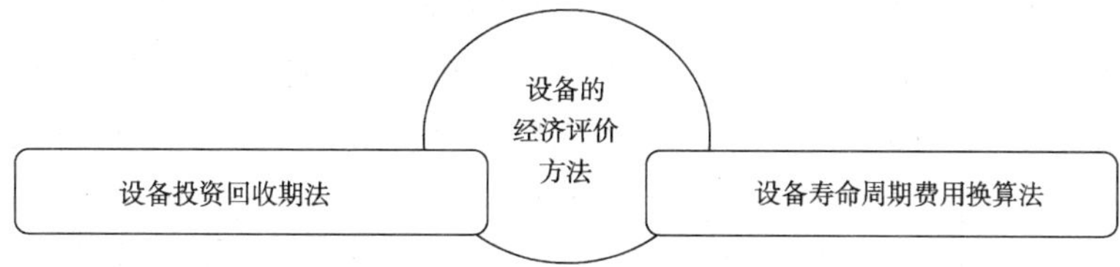

图 5-5　设备经济评价分析方法

维修设备投资回收期法。

- 运用投资回收期法选择评价设备，应进行 3 个步骤的考核评价。
  - ■ 首先，计算不同设备的投资额，其中最主要部分是设备的价格。同时考虑到由于采用设备所带来的提高劳动生产率，节约能源消耗，保证被加工件质量等方面的节约额。
  - ■ 其次，依据设备投资额与节约额，分别计算不同设备的投资回收期。
  - ■ 最后，比较各个设备的投资回收期，在其他条件相同的情况下，选择投资回收期最短的设备为最优方案。
- 投资回收期的计算公式如下：

$$投资回收期(年)=\frac{设备投资额(元)}{采用新设备后的节约额(元/年)}$$

- 由上式中可以看出，投资回收期越短，设备投资效果越好。
- 由于科学技术的迅速发展，机器、仪表、仪器设备的更新速度加快，对投资回收期也要求相应缩短。

费用换算法。

- 费用换算法全称为设备寿命周期费用换算法，寿命周期费用由两部分费用组成。
  - ■ 投资费用(或称原始费、设置费)，它的特点是一次性支出或集中在短期内支出的费用。自制设备包括研究、设计、制造费用，外购设备包括购价、运输费、安装调试费。
  - ■ 使用费(或称维修费)，它是指在设备的整个寿命周期内，为了保证设备正常运行而定期支付的费用，包括能源消耗、维修费、保险费等。
- 运用费用换算法进行经济评价，要经过 3 个步骤。
  - ■ 首先，要了解不同设备在购买时支付的最初投资费。
  - ■ 然后，计算各种设备的寿命周期费用。
  - ■ 最后，对上述结果进行分析、比较，选择寿命周期费用最低的设备为最优设备。
- 由于换算方法不同，可分为年费法和现值法两种。

四、设备的大修理

设备大修理 是指对维修设备进行彻底的更换和修复它的主要基础件或重要总成，以恢复其使用价值的修理形式。

大修理费用 是指为设备进行大修理所支付的费用。

大修理基金 是指为了减少大修理费用一次性支出对当期成本费用的过大冲击，而在平时按一定提存率预提一部分费用，以在设备大修理时使用的专用累积财务科目。

设备大修理。

要了解设备大修理是否合算合理！

- 当设备的基准失准，或主要总成耗损、精度下降，或能源消耗超限，将不能满足车辆维修作业的技术要求，增加运行成本，则应实施大修理，这是汽车维修企业对设备管理的一项重要工作。
- 一般而言，大修理的范围越大，大修理的次数越多，每次大修理的时间越长，则其大修理的费用越多。如若将这么大的费用一次性直接计入当期成本，势必造成成本的大幅增加，而当期不发生大修理，则又导致成本大幅下降，结果使成本大幅波动，不利于成本的控制管理。针对此种现象，多数汽车维修企业采用预提大修理基金的办法，积少成多累积起来，以后凡大修理费用在该基金项内支出，从而可以避免成本的波动。
- 大修理基金的预提是根据固定资产（这里主要针对设备）的大修理提存率计提。其计算公式为：

$$\text{大修理基金提存率}=\frac{\text{预计使用年限内大修理费用总额}}{\text{设备预计使用年限}\times\text{设备原值}}\times100\%$$

$$\text{大修理基金月提存额}=\text{设备原值}\times\text{大修理基金月提存率}$$

- 对设备的原值可以是单项设备，也可以是全部设备原值的总和。
- 按现行制度规定，属于设备大修理基金开支的使用范围为：
  - ■ 设备的大修理费用。
  - ■ 结合大修理进行的小型技术改造费用（如是较大的技术改造费用则应在更新改造基金中列支）。
  - ■ 若一些设备涉及建筑构筑物，需进行的翻建费用和场地改铺费用（不包括重建和扩建费用，重建的应在更新改造基金中列支，扩建的应在基本建设投资中解决，）。
- 设备大修理基金的使用应编制计划，履行审批手续，从严控制。
- 设备大修理项目计划应力求切合实际，尽可能缩短大修理时间，减少大修理时间，提高大修理质量。

五、动力能源设备管理与能源管理

动力 是指使机器设备作功的各种力。如电力、气压（风）力、水力等。

能源 是指能产生能量的物质。如燃料、水力、风力等。

动力能源设备 是指汽车维修企业中的能源转换、传输设备。如配电房、变电站、空压站、水泵房、锅炉房等。

动力能源设备的管理。

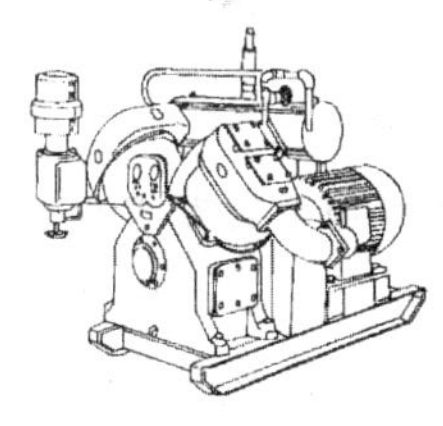

- 动力能源设备及其管理，应统一由设备管理部门管理，其日常运行和使用维修由生产部门或生产车间统一管理。
- 各动力能源站的运行操作工，必须进行应知应会的岗位考核，考核合格后方可上岗，执行定机、定人、定岗的三定操作制度，并严格执行安全技术操作规程及持证上岗制度。
- 各动力能源站的运行操作工，应实行值班作业制度。在值班期间不仅应负责为配合生产所必须的日常运行和日常使用，填报动力能源站的运行值班记录及能源消耗记录，而且还应负责所管辖范围内各种机具设备的日常维护，确保动力能源站机具设备的完好率和出勤率。
- 当动力能源站中的机具设备发生故障或损坏，而当班运行操作工又无法检修排故时，应报请设备管理部门安排检修。若发生技术责任性事故，则按技术责任事故处理规定处理，保护现场，救死扶伤，即时上报，听候处理。

动力能源管理的组织机构和工作职责。

减少能耗
提高效益

◎ 节能管理机构

- 企业要搞好动力能源管理，可以成立节能领导小组，以负责动力能源的日常管理工作，
- 节能领导小组的工作职责。
  - 学习贯彻国家能源政策法规，制订本企业能源管理制度及实施细则。
  - 制定节能技术措施，布置和检查全企业的节能工作。审定全企业能耗定额、能耗计划和统计。
  - 研究和推广节能新技术和能源计量新技术。

◎ 节能管理人员

- 企业要搞好动力能源管理，设备管理部门也可成立由企业专职节能员及各部门、各车间的兼职节能员组成的节能管理网。
- 节能员的职责。
  - 学习贯彻本企业能源管理制度及实施细则，并检查监督本企业能源管理制度的实施情况，提出奖惩、考核办法。
  - 编制全企业能耗计划和能耗定额，执行能耗统计，推行能源计量，并通过企业能量平衡分析，提出节能整改措施，负责能源的日常管理及节能工作的总结规划。
  - 研究、推广节能新技术和能源计量新技术。

用电管理。

用电管理可由专职节能员直接负责。

● 生产用电和生活用电要严格分开计量考核，其中生产用电由生产管理部门管理；生活用电由行政管理部门管理。电耗的计算和考核由专职节能员负责。

● 生产用电应按车间分别计量和考核，50kW 以上的用电设备要单独计量考核。

● 负责用电计划申请，用电实耗统计，节电措施实施等。

● 用电设备的投产和供电线路的改造，需经过负责用电管理的专职节能员审核和主管领导批准；负责用电管理的专职节能员有权根据供电局限电情况和本企业用电情况，合理安排限电，调整本企业生产用电。

燃油管理。

燃油管理是对汽车维修企业的车辆耗油的管理，可根据国家营运车辆油耗标准和企业油耗标准实行定额发油和考核。

● 企业公务车用油由企业行政管理部门管理。

● 生产运输车辆用油由材料供应部门管理，实际行车公里由派车人核定，凡节油部分可按节油奖励办法实行奖励。

● 洗件用油及试车用油由生产管理部门管理，按企业核定的油耗标准实行定额发油和考核。凡节油部分可按企业核定的节油奖励办法实行奖励。

● 竣工出厂的大修车及新车所用燃油由业务经营部门管理。本地车辆定额发放 10L，外地车辆定额发放 20L。超出部分可按议价计算。

其他能源管理。

水煤气

其他能源包括对水、蒸汽、煤、焦碳、乙炔及压缩气体的管理。

● 生产能源由生产管理部门管理。

● 生活能源由行政后勤管理部门管理。

● 能源的计量和考核由专职节能员负责。

■ 生产耗能与生活耗能应严格分别计量考核。

■ 生产耗能应按车间分别计量考核。其中对耗能大的设备和区域应单独进行计量考核。

■ 能源计量器具的配备和检定由计量部门负责。

课题四 汽车维修企业的物资管理

汽车维修物资 是指汽车维修用配件、维修辅助材料、原材料以及汽车维修工具、夹具、量具或备件等生产资料。

汽车维修物资管理 是指对汽车维修企业维修经营活动所需各种物资进行有计划的采购、运输、验收、供应、保管、发放、合理使用和综合利用等一系列管理工作的总称。

一、汽车维修物资的分类及管理

汽车配件 是指能直接装于汽车的零部件成品。

汽车维修用辅助材料 是指汽车维修过程中使用的辅助性材料。如通用件、标准件、燃润料、辅杂料、涂料等。

汽车维修物资的消耗定额 是指汽车维修企业在一定的维修技术组织条件下，为维修每辆次汽车(同一车型、同一维修范围)所必需消耗的各种物资的数量标准。

汽车维修物资需要量的确定。

- 汽车维修物资的需要量应按车型类别、汽车维修作业计划中的维修类别、次数及维修物资消耗的费用定额进行计算，得出汽车维修物资消耗的费用总额。
- 再根据各级维修类别中汽车维修配件与汽车维修辅助材料的比例，计算出主要汽车配件和汽车维修辅助材料的需要量。

汽车维修物资储备量的确定。

- 汽车维修物资的储备量——汽车维修物资的储备量是根据其物资特征、供应渠道及对日常汽车维修任务的影响程度，制定其合理数量的物资储备量。
- 合理数量的物资储备定额不仅是组织物资供应、保证合理库存、节约采购费用、减少库存资金积压的有力工具，也是编制物资供应计划的重要依据。它分为经常储备定额和保险储备定额两种。
  - **经常储备定额** 是指某类物资在两次采购之间为保证汽车维修业务正常展开的平均储备定额。

    经常储备定额=(最大储备量+最小储备量)/2。
  - **保险储备定额** 指某类物资为保证不致影响汽车维修业务正常进行的应急储备定额，也是库存物资的最小储备量。

    保险储备定额=保险天数×该类物资平均日消耗量
  - 上式中的保险天数由该类物资供应的准时性及对汽车维修的影响程度来确定。如对那些随时随地都可以采购到的物资，其保险天数可以为零。

二、汽车配件的采购与库房管理

汽车维修物资的采购管理。

- 采购计划管理——除了零星材料可由生产部门直接通知采购外，其余材料均应按零件分类检验或清仓查库后所编报的采购计划实施采购，而且要求买到即用，库房积压期或周转期不得超过半年，不得多买与错买。
- 采购方式管理——企业要选派素质较高的人员负责采购，而且要加强汽车维修物资的入库验收，以堵塞漏洞，保证维修生产的正常进行。
- 采购点管理——依照采购五原则（适价、适质、适量、适时、适地）随时掌握配件供应商情，搞好市场预测，保证采购物资的质量，货比三家。在选择配件供应商时，应尽量选择距离较近、交通便利、供货速度最快的配件供应商，并与之建立良好而长久的合作关系，以选择最好的配件供货方式。

物资库房保管的管理办法。

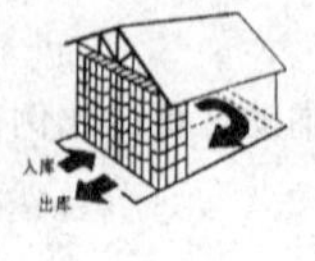

- 分类管理法——将品种繁多的物料，根据物资类别，重要程度，进出仓率等情况进行分类，合理规划物资的固定存放区域，做到重点管理，兼顾一般。
- 六号定位法——按"库号、仓号、架号、层号、位号、物料编号"统一对物料进行归类叠放，并标记在物资账卡上。
- 挂牌建卡法——对存放定位并以编号的各种物资建立料牌、卡片，写明物资名称、编号及记录物资进出数量和结存数量等，便于库管员掌握该物资的进、出、存情况。
- 五五摆放法——按照各类物资的形状，以五为基数，五五成行，五五成方，五五成串，五五成层，使库存物资便于盘点和取送。
- ABC 管理法——将库存的每种物资按其单位价值、消耗数量、重要程度进行分类。

仓库物料的发放。

发料审核制

- 凡属于维修作业中规定应换的配件或材料，可经核料后由主修人报领，由配件库房按《核料单》限额发放。
- 凡在维修作业中不应更换或超出规定作业范围和材料消耗的定额，应作为附加材料处理。此时应按企业的领料审核制度，经审核签证后才能凭证限额发放。
- 在需要换新的汽车维修物资中，凡具有回收利用价值的，均应实行交旧领新制度。
- 发料时应贯彻先进先出的原则，以免库存物资存放太久。
- 仓库应对发出的维修物料实行质量三包，发料时应避免出错。在维修过程结束时，库房应将该车全部领料记录交核料员或主修人审核，最后送交财务结账，核算成本。

清仓盘点。

- 检查账、卡、物是否相符，物资收发是否有差错，纠正账物不一致现象。
- 检查各类物资是否超储积压，认定呆料，有否材料报废，经过盘点加以改善。
- 进行物料的保管与维护。
- 检查库房安全设施有无损坏，及时处理。

物资回收利用。

废物利用

- 维修更换下来的所有废旧零配件均为企业所有，由生产部门统一处理。维修企业配件库房应附设旧件库，将旧件集中管理，搞好废旧物资的回收利用，降低企业生产成本。为此首先要明确各种废旧物资的回收范围和标准，建立交旧领新和奖惩制度，有计划地开展修旧利废工作。
  - ■ 把回收的废旧物资修复后直接用于汽车维修。
  - ■ 把废旧的原材料和边角料进行拼修或制成小件。
  - ■ 本单位无法利用的废料可按规定出售给其他单位再利用。
- 在汽车维修过程中凡有修复价值，应该修复而未修复，而领用新件的，在结算材料费时应扣除其旧件修复费用的20%。
- 在修旧利废中修复的旧件，经技术检验合格后由旧件库统一保管，在汽车维修核料和领料时应优先发放修复件，修复件的质量由修复人负责，实行三包。
- 修复人创造的价值，可按修复旧件的10%计提成奖励。

单元六 汽车维修企业人力资源管理

员工是企业生存与发展中起决定性作用的因素。现代汽车维修企业之间的竞争,很大程度上是人力资源的竞争。因此,人力资源管理是现代企业管理的核心管理。

课题一 人力资源管理基础知识

现代工业企业的人力资源管理虽然起源于传统工业企业中的劳动人事管理,但又不同于传统工业企业中的劳动人事管理。因为传统工业企业中的劳动人事管理侧重于管理;而现代工业企业中的人力资源管理更重于开发、养成。

一、人力资源管理的基本概念

人力资源 是指在一定时间、空间条件下,现实的和潜在的劳动力的数量和素质的总称。

人力资源的内涵。

- 人力资源从时间的概念上包括现有的和潜在的(转业、再从业、新生年龄劳动力等)两种劳动力。
- 从空间概念上可以区分为某个国家、某个区域、某个产业或某个企业的劳动力。人力资源的总体概念,既包括劳动力的数量,还包括其素质,更包含着它的结构。
- 由此可知,人力资源体现在它的体质、知识、智力、经验和技能等诸方面。

人力资源管理 是指企业为了实现其既定目标,运用现代管理措施和手段,对人力资源的取得、开发、培训、使用和激励等方面进行规划、组织、控制、协调的一系列活动的综合过程。

人力资源管理的内涵。

- 人力资源管理是从系统的观点出发,通过其组织体系,应用科学管理方法,对企业中的人力资源进行有效的开发(招聘、选拔、培训)、合理的利用(组织、调配、激励与考核)的综合性管理。
- 现代企业管理学家认为:处于劳动年龄、具有劳动能力的人力也是一种生产资源,而且是具有能动作用的生产资源。
- 人力资源管理就是为了使企业的人力与物力、财力保持最佳的配合;并恰当地引导、控制和协调人的理想、心理和行为,充分发挥人的主观能动性,人尽其才、人尽其用、人事相宜,实现企业最终的企业目标。

人力资源的特性。

人力资源是一种特殊的资源，不同于企业的其他资源，具有自身的固有特性。

- 自有性——人力资源属于人类自身所有，具有不可剥夺性。
- 生物性——人力资源存在于人体之中，是一种有生命的“活化”资源，与人的自然生理特征密不可分。
- 时效性——人力资源的形成、培训、开发、配置和使用都与人的生命周期紧密地相连着。
- 创造性——人力资源相对于其他资源的显著特征就是它具有“意识”性。通过智力活动，创造出比本身更具价值的财富。
- 能动性——人力资源具有思维功能，具有主观能动性。
- 连续性——普通的资源大多只能开发利用一两次，而人力资源可以连续开发，并不断拓展和升华，可利用价值越发可观。

人力资源管理的主要内容。

- 人力资源管理的基本内容是为了实现一定的企业目标，实现企业效益最大化(经济效益、社会效益、环保效益)。
- 人力资源管理通过充分有效地运用计划、组织、领导、控制、激励等现代管理手段，达到人力资源管理的目标。
- 人力资源管理主要研究人与人关系的利益配置、个人的利益取舍、人与事的结合、人力资源潜力的开发、工作效率的提高、效果的显现以及实现人力资源管理效果的相关理论、方法、途径、工具和技术。
- 人力资源管理涉及绩能、绩效考核以及由此延伸出来的奖惩、晋升、降职、流动等项内容。
- 人力资源的规划、计划、招聘、培训等项内容。

人力资源管理的特点。

- 综合性。人力资源管理是一门相当繁复的综合性学科，涉及政治、经济、技术、文化、教育、艺术、民族、风俗、民情、家庭、婚姻、心理、生理、卫生、医学、环保、安全等诸多因素。
- 实践性。人力资源管理理论源自生产、生活实践，它是管理经验的总结和概括，反过来指导实践，并接受实践的检验。
- 发展性。人力资源管理的发展演变是人类不断实践、不断总结的结果。即不能一步完成，到此止步，而总是在发展、进步着。
- 社会性。人力资源管理总是离不开人生活的社会、地域、民族的影响。

- 能位匹配原理。

  能位匹配原理 是指根据人的才能和特长，把人安排到相应的职位上，尽量保证岗位要求与人的实际能力相适应、相一致，做到人尽其才，才尽其用，用其所长，扬长避短。

- 互补优化原理。

  互补优化原理 是指充分发挥每个员工的特长，助长抑短，采用协调优化的组合，形成整体优势，顺利有效地发挥强大的合力功能。

- 动态适应原理。

  动态适应原理 是指在动态中使人的才能与其岗位相适应，以达到充分开发利用人力资源潜能，提高组织效能目标。

- 激励强化原理。

  激励强化原理 是指通过奖励和惩罚，使员工明辨是非，教育、激发、鼓励人的内在动力、自觉精神和良好动机，朝着期望的目标迈进。

- 公平竞争原理。

  公平竞争原理 是指竞争各方从同一起点，进行公平、公正、公开考核、录用和奖惩的竞争方式。

- 最大限度地满足企业人力资源的需求，保证企业的正常运转。
- 最大限度地开发与管理企业内外的人力资源，促进企业的持续发展。
- 最大限度地维护与激励企业内部人力资源，充分发挥员工潜能，使人力资源得到应有的补充和提升。
- 最大限度地利用人力资源的规律和方法，正确处理和协调生产经营过程中人与人的关系、人与事的关系、人与物的关系，维持人、事、物在时间和空间上的协调，实现最优结合。
- 最大限度地保障人力资源的环境条件，确保劳动安全，避免生产事故。
- 最大限度地提高劳动生产效率，尽力以最小、最合理的投入获取最佳的经济效益。
- 最大限度地遵循价值杠杆原理，发掘人才，使用人才，培养人才，留住人才。
- 最大限度地研究、分析企业生产纲领和规模效益的配比关系，精心进行岗位设计，达到职数、职位的科学、合理配置。
- 最大限度地从战略高度前瞻企业的发展前景，准确预测人力资源的目标，制定人力资源规划。
- 最大限度地创造和培育企业人际氛围，塑造良好的企业文化，以利于员工工作、学习和生活。

都要达到“最大限度地”

人力资源管理的具体任务。

- 规划。
  - 人力资源部门要认真分析与研究企业的发展战略与发展规划，主动提出相应的人力资源发展规划的建议，积极制定落实。
  - 人力资源部门要积极配合有关部门做好分析、组织、设计工作，指导基层做好岗位设置、设计工作。
- 分析。

  人力资源部门要对企业的工作进行分析，全面、正确地把握企业内每个岗位的各项要求与人员素质匹配的情况，及时、准确向有关部门与人员提供相关信息。
- 配置。

  人力资源部门应该全面掌握企业工作要求与员工素质状况，及时对那些不适应岗位要求的员工进行适当的调整，使人适其岗，能尽其用，用显其效。
- 招聘。
  - 招聘包括吸引与录用两部分工作。对于那些一时缺乏合适人选的空缺岗位，人力资源部门要认真分析岗位工作说明书，选择合适的广告媒体积极宣传，吸引那些符合岗位要求的人前来应聘，给每个应聘的人提供均等的就业机会。
  - 人力资源管理部门在招聘过程中应充分理解招聘和应骋工作是一个双方权衡的过程，决非单方面对应聘人条件的衡量。录用时，除考虑人员的应聘条件外，还应考虑企业的承受能力与特点。
- 维护。
  - 在全部岗位人员到位，形成优化配置后，如何维护与维持配置初始的优化状态，是人力资源管理的核心任务。
  - 这里所指的维护，包括积极性的维护、能力的维护、健康的维护、工作条件与安全的维护等。这些任务主要通过激励机制、制约机制与保障机制的建立与发挥来完成，包括薪酬、福利、奖惩、绩效考评和培训等。

人力资源管理是现代企业管理中最重要的环节

- 开发。
  - 人力资源的潜能巨大。有关研究表明，当员工经过一定的努力并适合目前的岗位工作要求后，只要发挥40%左右的能量，就足以保证完成日常任务。换言之，人力资源在维持状态下一般只发挥出40%的作用，尚有60%的潜力有待开发、挖掘。
  - 由上可知，利用了的人力资源只是已发现的和能发挥的一部分，其实还存在着许多可以涌现和开发的新资源。可见，维护现状远远不够。维护总是有限的，而开发才是无限的。维护是保证企业人力资源需要的基础，而开发才是促进企业持续发展的根本。因此开发人力资源是企业人力资源管理永恒的主题。

选人之道
育人之道
用人之道
酬人之道

- 选择人。
  - 招聘　是指通过各种信息渠道，把可能成为和希望成为本企业员工的人选，吸引到企业来应聘的活动过程。
  - 选拔　是指根据企业的用人标准和用人条件，运用恰当的选聘方法和手段，对应聘者进行审查、选择和聘用的活动过程。
  - 定岗　是指把招聘、选拔的员工安排到适当的工作岗位上，担任一定职务的活动过程。
- 培育人。
  - 对新招聘的员工进行上岗培训(内容包括企业传统教育、企业发展现状和远景介绍、企业宗旨和企业价值观教育等)，从而使新员工尽快地熟悉本企业的环境，尽快地建立和加强对本企业的认同感和责任感。
  - 坚持不懈地对在岗职工进行业务培训，以不断提高员工的业务素质和业务技能。
  - 在做好企业人力资源规划的基础上，指导和帮助员工规划自己的未来发展，并根据企业的发展前景，确立自己的发展方向和发展道路。
- 使用人。
  - 量才适用，扬长避短、人尽其才。
  - 疑人不用、用人不疑，充分发挥其优势。
  - 监督检查，奖惩分明。
- 激励人。
  - 坚持在员工的素质评估和绩效考评中，客观公正地评价员工的德、智、技、能。
  - 提供与其事业成功度相匹配的工资和奖酬。
  - 奖励和升迁素质较高且绩效显著的员工。
  - 降格使用、惩罚或解雇那些素质低和绩效较差的员工。

激励人要做到奖惩分明，增加其满意感，以充分发挥工资和奖酬的激励功能。

二、人力资源管理与传统劳动人事管理的比较

传统的劳动人事管理仅是劳动力管理，而现代企业的人力资源管理却包括了人力管理与人力开发两个方面。

现代企业所设立的人力资源开发部与传统的劳动人事管理部门相比，并不是一个简单的名词置换。虽然其管理对象同样是人，但其管理思想、管理理论、管理性质和管理方法都有根本的区别。

人力资源管理与传统劳动人事管理的比较。

人力资源管理是传统劳动人事管理的延续和发展。

“经济人”——“社会人”理念转变

- 对人的看法不同。
  - ■ 传统的劳动人事管理把人看作为“经济人”，认为干活就是单纯为了挣钱，对人的管理大多立足于控制与奖惩上。
  - ■ 现代的人力资源管理把人看作为“社会人”，认为人力资源是企业生存和发展的最基本资源；且认为人除了有基本的物质要求外，还会有社会的、感情的、复杂而较高层次的多种要求（如友谊、尊重和信任等）。因此人力资源管理侧重于提高士气，使其自觉地提高劳动生产效率，为企业利益努力效劳。
  - ■ 企业管理者应该平等对待下属，尽力安排好员工的生活与工作条件，处理好人际关系，体现为员工服务的理念。
- 管理对象和管理方法不同。
  - ■ 传统的劳动人事管理虽然表面上是管人的，但实际上却是管事的，其日常工作只是按照领导指示，执行招收员工和安排工作。
  - ■ 现代的人力资源管理才是真正管人的，它以人为本。
    - ◆ 不仅要为企业的今天——既要有利于人才使用，也要有利于企业发展，开发利用现有的人力资源（例如根据其特长、兴趣、特点和能力，灵活地量才使用，并尽可能提高其素质，开发其潜能，激发其活力，调动其积极性等）。
    - ◆ 而且要为企业的明天——搞好人力资源储备，并积极主动地根据企业的发展规划，善于识别人才和善于使用人才，做好人的政治思想工作。正因为此，现代企业的人力资源管理人员不仅要有人事管理知识，而且还要有相当的专业技术和领导艺术。
- 所处地位不同。
  - ■ 传统的劳动人事管理仅是被动型、战术型、静态型、管事型的管理，它仅属于非生产或非效益的中间执行层级。
  - ■ 现代的人力资源管理却是主动型、战略型、动态型、领导型的管理，它在现代企业中处于生产性和效益性的上层领导层级。

人力资源管理机构。

- 小型汽车维修企业——设置专职或兼职的人力资源管理人员。
- 中、大型汽车维修企业——设置人力资源部，配备若干专职人员。
- 人力资源管理是一项重要工作，因而大多由企业高层管理者主抓，归属于厂长/经理办公室或由厂长/经理直接领导。
- 人力资源管理部门的称谓并不重要，重要的是该部门所起的作用与价值。

课题二 人力资源的规划、招聘与选拔

一、汽车维修企业的人力资源规划

汽车维修企业人力资源规划 是指根据汽车维修企业的战略规划，通过对企业未来的人力资源的需求和供给状况的分析和预测,制定维修企业人力资源发展计划的活动和过程。

内涵 人力资源规划是维修企业发展战略和年度计划的重要组成部分，是维修企业人力资源管理各项工作的基本依据。

人力资源管理部门必须对维修企业未来的人力资源供给和需求做出科学预测，保证维修企业在需要时就能及时获得所需要的各种人才,进而保证实现企业的战略目标。所以人力资源规划在各种管理职能中起着桥梁和纽带的作用。

目的 使维修企业在适当的时间、适当的岗位获得适当的人员,使人力资源得以有效配置。

- 通过人力资源供给和需求的科学分析,制定合理的人力资源规划,有助于一个维修企业的战略目标、任务及规划的制定和实施。
- 导致技术和其他工作流程的变革。
- 增强竞争优势,如最大限度削减经费,降低成本,创造最佳效益。
- 改变劳动力队伍结构,如数量,素质、年龄、知识等结构。
- 辅之以其他人力资源政策的制定和实施,如招聘、培训、职业生涯设计和发展等。
- 按计划检查人力资源规划与方案的效果，进而帮助管理者进行科学和有效的管理决策。
- 适应并贯彻实施国家的有关法律和政策,如劳动法,职业教育法和社会保障条例等。

- 人力资源规划的种类。
  - 按时间划分。
    - 长期规划。
    - 中期规划。
    - 短期规划。
  - 按性质划分。
    - 战略规划。
    - 战术规划。
    - 管理规划。
  - 按范围划分。
    - 整体规划。
    - 部门规划。
    - 项目规划。

- 人力资源规划的范围。
  - 总体规划。

    总体规划 是指在规划期内人力资源管理的总目标、总策略、实施分期和总预算的安排。
  - 各项业务工作计划。

    各项业务工作计划 包括人力补充计划、晋升计划、培训计划、配置计划和职业计划等。

- 收集、分析信息。
- 对照历史资料，进行人力资源需求和供给的预测。
- 确定人力资源规划的目标及策略。
- 编制人力资源的规划草案。
- 广泛听取各方意见，吸取有益的建议。
- 修改人力资源的规划草案，最后定稿。
- 报上一层次审核批准。
- 拟制人力资源的规划实施项目细则。
- 实施人力资源的规划。
- 对人力资源规划实施后的总结和评价。

◎ 现状预测法。

- 以当前企业人力资源与岗位配置为基础。以发展期需求为条件。
- 预算哪些人将晋升、降职、调整、退休、离职。
- 增加或减少多少岗位和职数，要求何种条件。

该种方法适用于小型维修企业预测短期人力资源规划。

◎ 经验预测法（定性分析法）。

- 根据以往经验进行预测。
- 该种预测法受预测人的经验不同影响，可能误差较大，为了避免过大的误差，首先要求历史档案齐全完整，再则采用多人集合预测，可以减少误差。

该种方法适用于较稳定的维修企业的中、短期人力资源预测。

◎ 德尔菲法（专家征询法）。

德尔菲法原本是美国著名的兰德公司专门用来听取专家们关于重大技术问题意见的一种方法，也常被用来由于技术变革带来的人才需求预测。

预测务求详细准确

- 选择若干名专家，对预测课题逐一进行匿名解答（每个专家依次编号，只知道自己的编号，答题时依该编号书写，不写姓名）。
- 专家填好预测答卷后，反馈企业，由专人统计、整理、归纳，汇总成新表，再分给专家进行第二轮调查。
- 专家根据新的数据材料，进行修改或陈述理由，再反馈企业。
- 如此反复4个轮回的结果，可以基本统一，作为最终预测结论。
- 该法集思广益，互相启发，结论比较客观。
- 专家越多，预测越是客观。
- 专家越多则预测费用越大。
- 通常聘请专家在10~20名之间。

▼

人力资源的需求预测方法。(二)

◎ 趋势分析法(定量分析)

● 将历史资料列表如下(见表 6-1):

趋势平均预测资料表 表 6-1

年份	人力需求量	三期平均数	变动趋势	三期趋势平均值
1999	10			
2000	20	14.6		
2001	14	20.3	+5.7	
2002	27	20.0	−0.3	3.56
2003	19	25.3	+5.3	
2004	30	2期		
2005	32			

● 根据数值(年份)的多少,决定按三期或四、五期为周期,逐一顺序移动,求出平均数(第 3 栏中的数值)。

注 本例采用三期为周期,因为只有 6 年的历史数据,无法采用四、五期来计算。如若历史数据在 10 年以上,也可勉强采用四、五期来计算。

● 第 3 栏中: 14.6 是 10、20、14 的平均数;

20.3 是 20、14、27 的平均数;

20.0 是 14、27、19 的平均数;

25.3 是 27、19、30 的平均数。

● 再以 3 个平均数求取变动趋势(第 4 栏中的数值):

$$+5.7=20.3-14.6$$

$$-0.3=20.0-20.3$$

● 再以 3 个变动趋势值,求取三期趋势平均值(第 5 栏中的数值):

$$3.56=(5.7-0.3+5.3)/3$$

方法要科学贴切

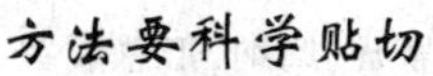

● 最后用公式 $Y=X'+t\cdot X''$ 进行计算,求得预测值。

式中:Y——预测值;

X'——最后一个移动平均数,本例为 5 月份的 25.3;

t——最后一个移动平均数距离预测月份的期数,本例为 2 期;

X''——最后一个趋向平均数,本例只有 1 个,就是 3.56。

〔计算〕 $Y_7=25.3+2\times3.56\approx32$(人)

〔答案〕 用趋势平均法预测的 2005 年人力需求为 32 人。

该法可依据历史资料凭经验预测,也可依据历史资料按上述方法推算,也可编制计算机程序软件,输入计算机进行预测。

人力资源供给的预测。

无形变有形

维修企业人力资源供给预测主要包括内部人员拥有量预测和外部供应量预测两个部分。

- 内部人员拥有量预测。

依据维修企业现有人力资源及其未来变动情况,预测出计划期内各时间段内的人员拥有量。

- 外部供应量预测。
  - 一般情况下,外部供应量具有很大的不确定性,误差较大,也是难以避免的,所以预测时务求详尽,多考虑一些可能出现的问题,如人口数量、结构状况、年龄段分布、专业设置、毕业生数量、就业理念、外地人口流入趋向、行业竞争、经济景气指数、政策变动、户籍制度改革力度等。
  - 外部供应量预测的重点应侧重于关键人员。如经理、专业管理人员和高级技术人员等。

二、汽车维修企业员工招聘

1.员工聘用的基本条件

维修技工招聘的基本条件。

- 符合国家规定的人员招聘基本条件,年龄适当、身体健康。
- 具有良好的职业道德和政治思想素质。
- 适当的从业年限和本工种工作年限。
- 必要的学历与技术培训状况。
- 持有相应的汽车维修技工等级证书,或者实际维修能力达到相应的技术等级。
- 其他特长。

管理人员招聘的基本条件。

- 符合国家规定的人员招聘基本条件,年龄适当、身体健康。
- 具有良好职业道德和政治思想素质。
- 适当的从业年限和本岗位工作年限。
- 持有相应技术职称,熟悉汽车维修技术和业务,并具有一定年限相应岗位实际经历。
- 相应的学历与继续教育状况。
- 具有较高的个人素质和较强的组织管理能力。
- 其他特长。

2.员工聘用的基本原则

许多汽车维修企业在招聘人才时,通常先多招聘一些,然后通过试工、实践和考察进行逐步淘汰,以逐步形成精英的队伍。在选聘各类管理人员时,要掌握好以下原则。

员工招聘的基本原则。

招聘要求实公正

● 细化目标。

首先要细化维修企业的管理目标，根据精兵简政和满负荷工作原则，明确需要设置的岗位，并明确其岗位责任制和经济责任制，因事设职、因职授权、权责相当。

● 因事择人。

维修企业应依据人力资源规划进行招聘。无论是多招、少招还是招错，都会造成很大负面影响，除了增加人员工资的有形损失外，还会由于“人浮于事”、“办事不力”、“效率低下”、“质量下降”、“待料停工”、“贻误工期”等无形损害，削弱企业文化氛围。

● 双向选择。

招聘与应聘双方应处于平等的法律地位，企业应尊重应聘者的人格和志向，做到双向选择。

● 公开公正。

■ 招聘信息(招聘要求、招聘方式、招聘方法、招聘条件、招聘时间等)应提前公之于众，公开进行。

■ 对应聘者一视同仁，不歧视，不内定，公开竞争。

● 用人所长。

■ 选聘的人员应该具有良好的职业道德和政治思想素质，并具有较好的人际关系和较强的工作能力。

■ 所选聘的管理人员必须具有较强的组织纪律性，下级对上级负责。严格遵守企业规章制度。

● 内部竞聘。

企业可以在内部实行逐级选拔和岗位竞聘。

3.员工招聘的基本程序和方法

大张旗鼓地招聘！(一)

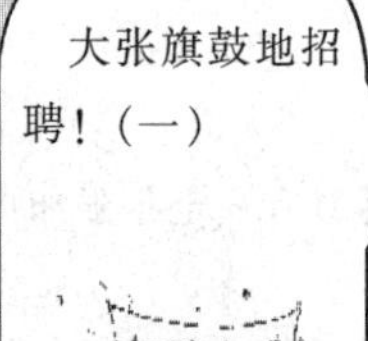

● 审核简历材料。

■ 从个人简历和求职申请可以粗略、大体了解应聘者的受教育程度、所修专业、年龄、籍贯、特长、社会工作经历等基本情况。

■ 人力资源管理部门可以据此作初步筛选。

● 笔试。

■ 通过笔试可以测验应聘者在基本知识、专业知识、管理知识及相关知识的掌握程度。

■ 通过笔试还可以了解应聘者的分析、归纳及应用能力。

■ 通过笔试还可以了解应聘者的文字表达功底。

■ 笔试不失为一种简单可靠的测试方法，但在口才表达、操作技能以及思想品德、精神面貌、工作态度等考察方面，却显得“无能为力”。

招聘人才是选人第一环

- 面试。
  - 面试的分类。
    - 单独面试——招聘方与应聘方一对一的面试。
    - 综合面试——人力资源部与用人部门联合进行面试。
    - 合议制面试——多名专家合议面试。
  - 面试是一种双向性考试,不仅是企业了解应聘者,也是应聘者了解企业的过程。
  - 面试提问内容。
    - 标准化面试——固定的提纲和试题,统一的模式,封闭式标准答案。大多为情景、工作知识、工作样本模拟、工作要求等类问题。
    - 非标准化面试——无固定的提纲、模式和标准答案。大多为服务意识、交际方式、创新意识、分析判断、组织设想、优化方案、进取心等类问题。属于开放式的答案。
    - 半标准化面试——是标准化与非标准化面试的结合、兼试。
- 样本测试。
  - 以实地操作某一作业或某一部分,检验应聘者的实际技能(如驾驶技能、检验检测技能、故障诊断技能、调试技能、设备操作水平、装配熟练程度、作业规程、安全操作、设计水平等)。
  - 招聘人以操作过程和作业结果评判其能力和水平。
- 核实材料。

  从侧面了解应聘者提供的资料是否属实(如学历证明、职称职务、工作经历、奖惩记录、工作业绩、为人品德、婚姻状况等)。
- 心理测试。
  - 通过一系列科学方法测量应聘者的心智、个性等方面的差异特征,衡量其心理健康程度。
  - 国外比较普遍,我国尚在起步阶段。对于汽车维修企业来说,一些涉及安全、投诉、接待等岗位确有进行心理测试的必要。
  - 国外的心理测试方法多达几百种。主要有:自陈量标法、投射法、情景法、评定量表法等。
  - 国外的心理测试多由取得执业资质的专业机构实施，招聘企业可以委托其进行测试,然后出具具有法律效力的测试报告。心理测试师必须持有职业资格鉴定合格证书者才能执业。定期审验,审验不合格者不能执业。
- 体检。
  - 体检通常委托医院进行。
  - 体检的目的主要判断其是否适合该岗位的工作要求，特别是能否满足岗位的特殊要求,并非单纯的健康与否的概念。

4.招聘人员的文凭、水平与忠诚度

文凭与水平。

不唯文凭

众所周知,文凭并不等于水平。注重文凭,更要注重实践能力。随着现代汽车的高新技术含量日益提高,要求汽车维修人才(管理人才与技术人才)的文凭与水平也要随之提高。

- 大型汽车维修企业不仅需要有一批具有较高专业程度、高素质的汽车维修技术队伍,而且更需要有一批具有丰富企业管理实践经验的汽车维修高级专家作为支撑。
- 中小型汽车维修企业则由于企业管理较为简单,主要侧重于培养一专多能型技术骨干。

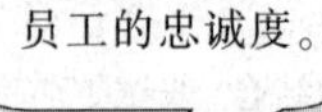
员工的忠诚度。

忠诚意味可靠

- 无论是文凭还是水平,与员工对企业的忠诚度相比,忠诚度应该是第一位的。
- 只要忠诚于企业,爱岗敬业,团结奋进,文凭或水平虽低则可培养,倘若忠诚度欠缺,再高的文凭或水平也等于零,甚至适得其反。
- 汽车维修企业所聘人才的档次,既不能过低而小材大用,有碍于企业的发展;也不能过高而大材小用,造成人才的浪费。
  - 既不能沿用过去那种单纯招收学徒工的办法。
  - 也不能沿用过去那种挖别人墙脚的做法(因为你能挖人家的墙脚,别人也同样能挖你的墙脚;况且挖墙脚来的人不仅要价高,而且极不稳定)。
  - 而要根据企业的自身需要,把握好各类人才的数量和质量,注意各类人才结构的优化组合。

建设一支高素质的员工队伍。

- 建设一支高素质的员工队伍。

  汽车维修企业要造就一支相对稳定、受过良好教育又富有实践经验的高素质维修精英队伍,从而为汽车维修企业的发展做出最大贡献。那么,企业的人力资源管理部门必须相应建立一套合理优化的人才结构管理机制和激励体制,配备好企业人才。
- 从汽车专业毕业生中选拔人才。

  当前汽车维修企业招聘人才的最好办法,不外乎从大中专汽车维修专业和汽车类技工学校和职业学校毕业生中选拔管理人才或技术专业人才。尽管这些学生目前技术业务能力尚差,仍需较长时间的实践锻炼,但由于其文化素质和心理素质较高,倘若企业能注重锻炼和培养,不仅极易成才,而且不易流失。

人是生产资料中最可宝贵的因素

5.招聘员工的注意事项

- 聘任员工必须注意的是，尽可能保持职工队伍的相对稳定，以创造一个相对宽松的环境，不仅有利于人才的使用和提高，而且也有利于企业的稳定和发展。
- 下列人员一般不宜聘用。
  - 综合素质较低或综合能力较差的。
  - 有犯罪前科或有不良习癖，且未悔过自新的。
  - 私心较重而无团队精神的。
  - 经常跳槽或者属于兼职的。

三、汽车维修企业员工选拔

1.人才的管理

所谓“尊重知识、尊重人才”，首先应该弄清究竟什么是人才？

人才　是指用人单位需要的有用之人。

选拔人才，既要有识才的慧眼，也要有用才的气魄、爱才的情感、聚才的方法。

用人的原则应该是：讲台阶而不拘泥于台阶；讲资历而不唯资历。

- 我国历史悠久，文化沉淀很深，中庸之道乃处事待人的根本，选拔人才如果照搬照抄外国的模式，显然是不可取的。
- 人力资源管理应从中国的文化背景着手，根据中国人习惯的所思、所感和所为去发现人才、培养人才和使用人才。
- 只有采用适于中国人能接受的、能激发创造精神和奋斗热情的方法和技巧才是最可靠、最有效的办法。
- 事实证明不讲自身特点，一味崇洋媚外，是一种不尊重事实的态度，失败的先例不在少数。

“感情投资”

- 中国是传统的礼仪之邦，人情在中国社会的人际关系中尤为突出。
- 现代企业管理讲究的是以人为本，处理好人际关系。若能充分利用人情，能够最大限度地激发员工的工作热情和团队精神，也不失为是一件好事。
- 提倡企业文化，就是通过企业文化去统一“人情”意识。通过人情的和谐相处可以控制、调节人际关系，也就达到控制整个企业各项生产经营管理活动的目的。
- 在运用“人情”的同时，应尊重原则，滥用人情却违背了组织原则，背离了管理要求，显然是不足取的。

- 沟通　是指双方通过信息交流、感情交流、工作交流达到相互了解、融合的过程。
- 现代的汽车维修企业管理者应该实施民主管理，经常性地把企业的现状和发展如实地告诉员工。不仅能征求员工意见(这是浅层次的沟通)，而且还能够把员工当作朋友，与员工交心谈心、同甘共苦(这是深层次的沟通)，企业就能因此而兴旺。
- 沟通是人才资源管理中的重要方法。尽管沟通运用范围极广，却也是现代汽车维修企业管理者成功管理维修企业的有效秘诀，虽然要真正做好相当不易，却很重要。

2.人才的使用与选拔

- 企业的竞争归根结底是人才的竞争，如何留住人，困扰着企业。对企业而言，不培养人才不行，培养了又会流失，不免为之挠头。
- 在市场经济条件下，企业不仅无力阻止员工流动，也没有必要阻止。人才的流动对企业也并非都是坏事。少量的人才流动不仅是合理的(即合理配置人才)，而且也是必要的(由此营造竞争氛围，以组建企业精英维修队伍)。
- 人才的造就既有企业的培养，也有个人的努力，不正常的人才流失才会使企业蒙受损失。正常的流动恰恰会使企业增添新的活力。
- 企业究竟怎样才能留住人才？关键是要弄清什么是人才以及为何会造成人才流失。造成人才流失的原因是复杂的，其中既有企业的原因(例如企业不能容人，或者企业前景不佳等)，也有人才本身的原因(例如另有高就，或者无法适应等)。
- 留住人才关键要做到：正确地使用，合理的薪酬，诚挚的关怀。
  - 给予诱人的企业前景感觉，才能留人。
  - 给予合理的报酬，才能留人。
  - 给予学习、锻炼、成长的机会，才能留人。
  - 给予肯定、赞美的评价，才能留人。
  - 给予项目承包，才能留人。
  - 给予红利，才能留人。
  - 给予在职分红，才能留人。
  - 给予关心、关怀，特别是对员工亲人的关怀，才能留人。
- 倘若流失的的确是人才，企业大可不必埋怨，埋怨又有何用，难道因噎废食吗?倒应反思为何会流失，恐怕责任在企业，只要吸收教训，纠正不足，才是正道。
- 为了避免关键部门或重要岗位的人才流失带来的窘境，应做好人才后继计划，通过送出去、请进来的办法培养后继人才，培养一定的人才储备，做到有备无患。

人才流动是
社会进步

四、现代汽车维修企业的职业经理人

职业经理人　是指受企业所有者(股东)委托,担任企业的最高行政领导,以经理为职业的专门人才。

1.职业经理人的必然趋向

职业经理人是现代企业的产物

职业经理人是现代企业的必然

- 20世纪 50~60 年代,职业经理人制度在国外盛极一时。他们几乎一直在一个公司谋职,缓慢但平稳地逐步晋升为高层主管。这样的职业生涯表明忠诚和稳定的绩效水平对企业、对职业经理人无疑都是求之不得的。
  - 对个人而言,可以享受优厚的待遇和职业安全感。
  - 对企业而言,利于企业的管理和发展。
    - 时代的进步和科技的发展,企业所有者已不适应充当直接管理人,聘用职业经理人来管理是必然趋向。
    - 随着大企业集团的多元化经营,企业所属门类众多,企业所有者无暇顾及也不懂得所有行业的独特经营之道,聘用职业经理人来管理是必然趋向。
    - 随着股份制企业的发展,股东人数众多、分散,难以由某个股东来充当经理人选,聘用职业经理人来管理是必然趋向。
- 企业股东们都希望找到高素质的职业经理人,从而使他们的投资能获得高额回报。现代企业管理的高层管理已经步入“职业经理人”时代。
- 我国不少大型私企几乎都实行职业经理人制度。不少的大型国有企业也正在进行招聘、竞聘职业经理人的试点。
- 针对汽车维修企业的现状,为数众多的企业所有者的素质和能力难以直接管好企业,特别是一些私有小厂的老板,本身对先进的汽车及其维修以及现代经营理念了解甚少,难以胜任直接管理的重任,聘用职业经理人来管理也是必然趋向。

  实践证明:企业规模越大,经理就更应该是个具有较强经营管理能力的“经营软专家”,而不是个精通某一专业技术的技术人员。企业规模越小,经理就更应该是个既懂经营,也懂技术,还能组织生产的“软、硬兼具的杂家”,而不是只精于某个方面的人员。

职业经理人的品格。

- 职业经理人必须具备的最重要、最起码的基本品格就是忠诚于股东、忠诚于企业、忠诚于事业,能以人格控制自身。
- 爱岗敬业,谦虚谨慎,不惧艰难,勇挑重担。
- 廉洁守法,不计私利,正直公正,自我反省,不断进步。
- 团结员工,以身作则,高瞻远瞩,推陈出新,求取企业更大发展。

2.现代维修企业职业经理人应具备的经营管理意识

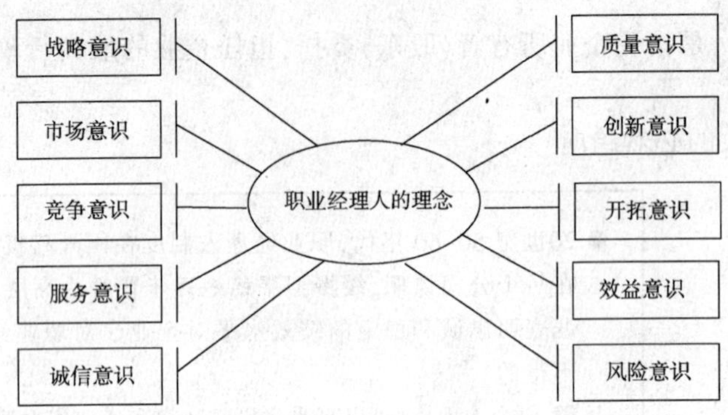

3.现代维修企业职业经理人应具备的知识和能力

职业经理人的知识和经验。

素质好
能力强
效率高

- 职业经理人应具备的知识。
  - 与汽车维修相匹配的文化知识。
  - 与汽车维修相匹配的管理理论知识。
  - 与汽车维修相匹配的汽车专业技术知识。
  - 与汽车维修相匹配的政策法规知识。
  - 与汽车维修相匹配的企业财务、统计、审计知识。
- 职业经理人应具备的能力。
  - 经营管理能力。
    - 汽车维修市场调研、预测能力。
    - 洞察能力。
    - 逻辑分析能力。
    - 决策能力。
    - 组织、领导、控制、监督能力。
    - 开拓、创新能力。
    - 信息捕捉、应用能力。
    - 人际交往能力。
    - 知人善任能力。
    - 工作总结能力。
  - 事务处理能力。
    - 经营业务能力。
    - 工作计划、时间安排能力。
    - 文字写作、文档处理能力。
    - 处事灵活、应急能力。
    - 客户投诉处理能力。
    - 口才表达能力。
- 汽车维修行业的从业资历、经验体会。

课题三　员工培训与开发

员工培训　是指企业为了提高员工的素质和能力，获得或改进与工作有关的知识、技能、动机、态度和行为，所做的有计划、有系统的各种教育和训练。

一、员工培训的意义和原则

员工培训的意义。

- 使员工适应环境变化的需要。
  - 汽车维修企业的发展和调整呈快节奏趋向，环境变化令人咋舌。
  - 汽车的发展速度加快，原有的维修知识和技能也随之老化。
  - 很多员工几年之后，可能已经不能适应，只有再培训才能适应，这是企业发展的必然，也是员工的最大“福利”。
- 市场经济对汽车维修企业的要求。
  - 市场经济的剧烈竞争主要是人才的竞争。
  - 经营理念迅速改变需要转换机制。
  - 市场变化要求员工很快适应，最有效的办法就是重新培训员工。
- 提高企业效益的需要。
  - 要认清培训的投入产出关系，培训虽然需要花线，通常情况下可以使企业总体效果更增。
  - 员工培训不但可以在短期内见效，尚且对企业长期发展更能带来不可估量的价值。

员工培训的原则。

干啥学啥
缺啥补啥
适用为度
学以致用

- 战略原则。

  企业的员工培训要服从于整体发展战略，要为实现企业发展目标服务。要避免为培训而培训的短期行为。
- 投入产出原则。

  员工培训也是一种投资行为，因此应慎重考虑培训的会计成本和产生经济效益的机会成本。只有当机会成本大于会计成本的培训才是合理的、必要的培训。
- 培训方式方法多样性原则。

  不同的层次、不同的岗位培训内容和培训要求是不相同的，当然方式方法也就不同。对此，方式方法要针对具体情况采用灵活多样的培训方式方法。
- 全员培训和重点培训相结合原则。

  全员培训是有计划、有步骤地针对企业所有员工进行培训，可以提高员工的整体素质，但这也并不意味着平均分摊培训费用，或是相同培训内容和培训时间，而是应有侧重，有所区别，分层次、分岗位、分时段按不同内容进行培训。

二、员工培训的类型和内容

1.上岗前培训

- 本企业基本状况。
  - 本企业的历史。
  - 本企业的现状。
  - 本企业的发展前景和目标。
  - 本企业的组织结构及其职能。
  - 本企业的文化及品牌。
- 本企业的规章制度和要求。
- 岗位基本知识和基本技能。
- 汽车维修技术要求和技术标准。
- 汽车维修质量自检方法和要求。
- 汽车维修工艺规范和安全操作规程。
- 有关业务和作业的常规情况介绍。
- 生活起居的具体情况。
- 作息时间。

2.思想素质教育

- 思想素质教育的作用在于提高其道德品质，培养其遵纪守法、积极上进的工作责任感和事业心。
- 思想素质培训的目的是为了弘扬正气、爱岗敬业、发扬企业团队精神、树立优秀企业文化。
- 思想素质培训的主要内容包括政策法规教育、职业道德教育和职业纪律教育等。
- 思想素质教育的主要方法就是要树立企业文化，用企业文化来教育员工。反之，又用员工教育来培育企业文化。
- 思想素质教育绝不能采用说教的方式，而应晓之以理、动之以情，采用疏引劝导、以理服人的方式谆谆教导。

3.潜能培训

潜能培训包括：思维训练、观念训练和心理训练等方面。

- 思维训练——主要是为了改变受训者固有的、陈腐的、僵化的思维方法，培养其从新的角度、立场考虑问题，具有创新意识。
- 观念训练——主要是为了改变受训者原有的、传统的、守旧的观念，接受新知识、新思想、新观点，适应新环境、新潮流。
- 心理训练——是为了消除受训者的心理障碍，开发、磨练、提高其心理承受能力，锻炼感悟的敏感性和多方位性，进一步挖掘人的固有潜能。

4.技术业务素质培训

汽车维修技工的培训内容,主要包括:技术等级所对应的应知应会两个方面。培训的主要内容有:

- 汽车维修必需掌握的基本知识和基本技能。
- 汽车维修职业等级鉴定或晋级的理论知识和操作技能。
- 汽车新技术、新工艺、新材料、新设备、新工具的原理、作用、结构以及鉴别、运用、维护、修理等知识和实际操作技能。
- 汽车新装备的结构、原理、功能特点以及安装、维修要求。
- 汽车维修有关的安全、环保、消防知识和要求。
- 汽车维修有关的危险物品(危险货物运输车)处置的知识和要求。
- 汽车救援知识和要求。
- 汽车维修技工培训的具体内容包括《汽车构造》、《汽车电器》、《汽车使用技术》、《汽车维修技术》、《现代汽车电控技术》、《汽车检测诊断技术》、《汽车维修企业管理》、《汽车及配件营销》与《汽车专业英语》等。

在操作培训时要根据不同的年龄、文化层次、岗位技术等级和实际工作需要等采取不同的培训方法。

汽车维修技术人员的培训内容,主要包括:汽车维修生产的专业技术知识和技能、汽车维修过程中所存在的疑难技术等两个方面。培训的主要内容有:

- 汽车维修生产的专门技术知识。
- 汽车维修过程中所存在的疑难杂症诊断、修复方案及其维修技术。
- 汽车维修技术管理知识和能力。
- 汽车维修技术定额的制定和考核知识及管理能力。
- 汽车维修设备、仪器、工量具的结构、原理、功能及其使用、维护、检定、保管等知识和技能。
- 汽车技术检测知识及其运用技术。
- 汽车配件、材料的检验、储运知识。
- 汽车维修辅助材料的功能、选择知识及技能。
- 汽车维修技术标准。
- 汽车及汽车维修技术的最新动态和情报。
- 汽车维修有关的安全、环保、消防知识和要求。
- 员工技术培训授课计划编制的技巧和要求(教学计划、教学大纲、课程表、教案、教育学、教学心理学等)。
- 员工技术培训器材的配备、使用和管理知识。
- 汽车相关学科知识等。

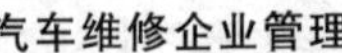

汽车维修管理人员的培训。

汽车维修管理人员的培训内容，主要包括：汽车及汽车维修知识及汽车维修企业各专项管理知识两个方面。培训的主要内容有：

- 汽车及汽车维修的一般性知识。
- 企业管理的一般性知识及汽车维修企业的特点。
- 管理目标、规划、计划的编制知识与技能。
- 市场细分和目标市场的确立知识。
- 经营知识和实施技巧。
- 管理素质的养成。
- 管理决策的程序和方法。
- 效果考核和评估的知识及方法。
- 管理过程的监督知识及要求。
- 人际关系和公共关系的知识和要求，与员工接触与交谈的技巧。
- 竞争策略的确立和实施。
- 市场调研和预测程序、方法及评估。
- 信息的收集、整理、分析、归纳、运用知识及要求。
- 档案的建立、保存、运用及管理知识及要求。
- 办公自动化(无纸化管理)知识和技能。
- 企业经营效益和经济、财务分析知识及要求。
- 资本运作的知识和技巧。
- 国家政策、法律、法规、条例、标准等知识。
- 其他相关知识等。

上述内容依部门性质和职能范围不同而有所侧重。

三、员工培训的方法

汽车维修企业的专业化程度较高，技术含量较高，服务特性较强，部门较多，分工较细，员工文化程度与技术业务水平参差不齐。职工培训应注重培训方法，注重实效。

培训方法可以灵活多样。

- 学徒培训——虽然这是一种古老传统的方法，针对汽车维修企业现状，仍不失为是一种可靠、有效的方法。
- 讲授培训——这是一种最为普遍、最为简单的方法。成本低，效果好。
- 角色扮演法(游戏法)培训——这是在欧美国家广为推行的一种情景培训模式，通过学员在模拟环境中体会实践，印象深刻，效果很好，尤其适于管理人员的培训开发。
- 案例研究培训。
- 网络培训，视听培训，进修等。

四、员工培训项目的开发与考核

1.员工培训项目的开发

着眼于企业整体发展目标。

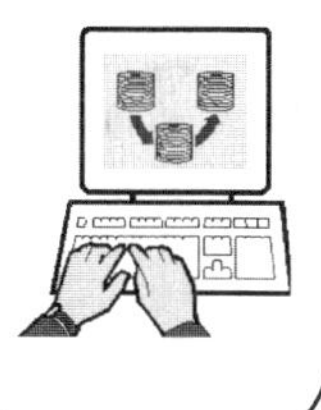

- 确定企业人力资源总体目标，以此作为员工培训的方向和定位。
- 从员工工作和企业结合的整体着眼。
- 培训立足于长远，但也要顾及当前。
- 分析维修企业的各机构人力资源需求，决定培训重点以及先后顺序计划。
- 分析维修企业全盘工作轻重繁忙程度以及缓急要求，决定培训时段计划。
- 分析员工的现状结构，本着“干什么，培什么”，“缺什么，培什么”的原则安排培训项目。

2.员工培训的考核

任何一种培训，目的都在于通过培训增长员工的知识和技能，改变思想面貌和精神状态，改进思维方式和转换观点理念，挖掘其潜能。

为了确保培训效果质量，最后总得通过考核检查，鉴别成效到底如何，同时，通过考核还可以了解培训学员的进步和递增的快慢，而且，还能从中发现脱颖而出的拔尖人才。

员工培训的考核方法。

- 考试法。
  - 闭卷法。
  - 开卷法。
  - 电脑组卷法。
- 答辩法。
- 演讲法。
- 论文法或项目方案法。
- 学员个人总结法。
- 专家评议法。
- 实件操作法(多用于技能培训)。
- 技术比赛法。

员工培训——最大的“福利”

课题四 员工激励、绩效考评与报酬

一、人性需求和动机的类别假设

人类众生相的区别。

人类的进步
改变人类自身

- "经济人"假设认为。
  - "经济人"又称"理性经济人",也称实利人。
  - 这种观点认为人的一切行为都是为了最大限度地满足私利。之所以要工作,无非是为了获取报酬。
- "社会人"假设认为。
  - 社会性需求的满足往往比经济上的报酬更能激励人。
  - 人是由社会需求而引起工作动机的,并与同事之间获得认同。
  - 员工由于企业能满足他们的社会需求而努力工作,从而提高工作效率。
  - 这是一种民主式的管理,它不是注重于指挥和监督,而注重于员工之间的关系,注重群体的集体成就感和共同的价值观,注重培养员工的归属感。
- "自我实现人"假设认为。
  - 每个人都有发挥自己潜力、表现自己才能的愿望。当他们实现了这些愿望后,就会感到莫大的满足。
  - 企业管理者就是基于上述观点,去为人们发挥才智创造条件,尽力消除员工实现自我表现的障碍。
- "复杂人"假设认为。
  - 上述3种人的假设虽各有合理之处,但不能适用于一切人,因为人的性别、年龄、个性、文化、时间、地点、环境、条件、观念等都各不相同,其内心世界所思所为肯定不会一致。即使是同一个人,由于空间、时间、环境条件的变化也会有所变动。
  - 人的需求会随条件的变化而变化,人与人以及人与企业的关系也都会随之变化。
  - 基于上述观点,管理学家提出了Y理论(参阅单元一 课题三的X、Y理论的阐述),其基本观点如下:
    - 人的需求是多种多样的,层次也不尽相同,况且这些需求和层次都在变化着。
    - 人在工作中和生活中会碰到很多新的情况,会产生新的需求。
    - 人即使在同一环境、同一时段内也会有各种需求和动机,它们又会相互作用,结合为一个统一而复杂的需求和动机。
    - 人在不同企业、不同部门工作,会产生不同的需求和动机。
    - 针对不同需求,管理者就要采用不同的办法来对待。也即因人而为、因事而异,不可千篇一律,这也是权变理论的体现。

二、激励过程

说服劝导——心服口服　感恩戴德

发号施令——反感反抗　众叛亲离

- **激励**　是指利用各种手段激发人的工作动机，发挥内在动力，引发和促进人们去进行所期望的目标的一种心理过程。
- 人的激励过程如图6–1所示：

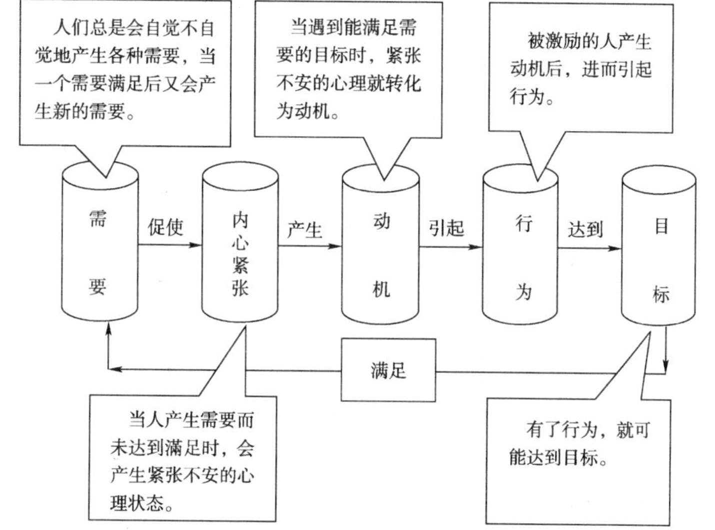

图6–1　激励过程示意图

- 人总是需要激励的，激励的形式多种多样。
  - ■ 奖惩激励。
    - ◆ 荣誉奖励。
    - ◆ 物质奖励。
    - ◆ 精神处罚（处罚也是教育，教育可起促进、激励作用）。
    - ◆ 物质处罚。
  - ■ 特种激励。
    - ◆ 参与奖励。
    - ◆ 晋升奖励。
    - ◆ 情感奖励。
    - ◆ 信任奖励。

【关注点】

- 表彰维修企业中有突出贡献者或典型模范人物，以树立榜样，弘扬正气，激励先进，鞭策后进，鼓励勤奋，爱岗敬业。
- 激励不仅要恰到好处，而且还要实施有效激励，否则会适得其反。现代维修企业的激励应该以精神激励为主，物资激励为辅。倘若只有精神激励而无物资激励，就会因滥发荣誉而使激励贬值，倘若只用物资激励而无精神激励，将误导员工唯利是图。
- 中国员工爱面子重荣誉，特别是那些有知识、有成就欲望的年青员工，更是如此，他们特别希望得到领导的尊重和欣赏。
- 多用说服劝导代替发号施令，或许更能唤起员工的觉悟和合作。
- 惩罚必须坚持公正、适度。做到惩微、沟通，使之心服口服。

三、激励的作用

- 有助于激发和调动员工的积极性。

激发和调动员工自觉的心理和行为状态，可以使员工的智力和体力充分地释放，产生积极的力量去完成任务。如提高劳动效率、超额完成任务、良好的服务态度等。

- 有助于将员工的个人目标与企业目标统一起来。

个人目标及个人利益是员工行为的基本动力，它与企业的目标时离时合，若即若离。激励可以在满足个人利益和需要的基础上，诱导员工把个人目标统一于企业的整体目标上，激励和推动员工完成工作任务。

- 有助于增强企业的凝聚力。

任何企业都由很多个体、部门群体及各种非正式群体组成。为保证企业整体能有效、协调地运转，除了必须具备良好的组织结构和严格的规章制度外，还需运用激励的方法，分别满足他们的物质、精神、尊重、社交等多方面的需要，以鼓舞员工士气、协调人际关系，进而增强企业的凝聚力和向心力，促进各个部门之间的密切协作。

四、激励理论

成就需要理论由美国心理学家麦克莱兰提出。他认为人的基本需要分为权力需要、社交需要、成就需要三种。

- 权力需要。

权力需要 是指影响他人或控制他人且不受他人控制的欲望。

- 社交需要。

社交需要 是指希望跟他人建立亲近和谐的睦邻交往关系的愿望。

- 成就需要。

成就需要 是指达到规定的或人们公认的标准和层次地步，争取成功的渴望。

麦克莱兰认为这种理论常可运用于管理人员的激励。

期望需要理论由美国心理学家弗鲁姆提出。他认为人们的行为如果有助于达到某个目标，就会被激励出奋力去实现目标的动力。

- 激励力度的关系式：

$$激励力=期望值\times效价$$

- **激励力** 是指激励水平的高低程度，也表明动机的强烈程度。
- **期望值** 是指人对自己主观上估计达到目标的可能概率。
- **效价** 是指人对某一目标的重视程度与评价的高低。

企业应提高员工对某些目标的偏好（效价）和助其实现期望。

"强化需要"理论。

强化需要理论由美国心理学家斯金纳提出。他认为人为了达到某个目标，都会采取一定的行动，而这种行动在所处的环境中能否顺利实施有两种可能：

- 当他的行动与环境条件适合时，这种行动就会强化，重复出现。
- 当他的行动与环境条件不利时，这种行动就会弱化，甚至消失。
- 针对上述理论，可将激励的强化分为正强化和负强化两种类型。

■ 正强化。

正强化 是指鼓励、奖励那些符合企业目标的行动，以使这些行动得到进一步强化，从而利于个人目标和企业目标的实现。

■ **负强化** 是指抵制、惩罚那些不符合企业目标的行动，以使这些行动削弱直至消失，从而保证企业目标的实现不受干扰。

正强化的形式多为：奖金、表扬、提升、改善工作条件等。

负强化的形式多为：批评、警告、扣奖金、罚款、降级、处分等。

"公平需要"理论。

绝对满意——难实现

相对满意——可达到

公平需要理论由美国心理学家亚当斯提出。他认为人的工作动机不仅受其所得报酬的绝对值影响，而且还会受相对值的影响。

- 一个人得到报酬后，会有3个比较：

■ 与自己的付出相比较，是满意还是失望？

■ 与自己的以往相比较，是满意还是失意？

■ 与他人情况作横向比较，是满意还是失落？

- 公平理论的表达式为：

$$\frac{\text{本人所得}(A)}{\text{本人投入}(B)}(?)=\frac{\text{他人所得}(C)}{\text{他人投入}(D)}$$

所得——指薪酬、晋升、人际改善、被人赏识赞美、心理满足等。

投入——指教育、能力、努力、时间、精力、费用等。

■ 当 $A/B=C/D$ 时，感到报酬公平，心态平衡，尽管他人多了也平稳。

■ 当 $A/B<C/D$ 时，感到报酬少了不公平，心态不平衡，则会要求加薪，或今后消极少投入，或另选他人比较，比上不足，比下有余，求得心理平衡，或选择离去。

■ 当 $A/B>C/D$ 时，感到报酬多了却自感不公平，有人不以为然，有人自感内疚，则可能减少投入，降低报酬，以求同事间的平衡，或更勤奋努力，以在同事间树立更好形象。

- 当前 $A/B=$ 以往 A/B，则认为基本合理。
- 当前 $A/B<$ 以往 A/B，则认为不合理，工作积极性受到挫伤。
- 当前 $A/B>$ 以往 A/B，则认为自己有了进步，被上司赏识而高兴，激励出更高的积极性。

公平理论是一种基本量化的激励衡量方式，但受到员工主观的影响，如确有不公，应及时纠正，若属员工误解，应做好解释工作。

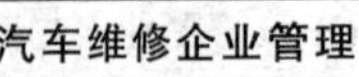

五、激励手段

1.奖惩激励

奖励及其技巧。

- 奖励包括物质奖励和精神奖励 2 个方面。
- 对人取得的成绩给予奖励,会给人们的动机起到强化作用。
- 物质奖励的形式,主要有:奖金、津贴、晋升工资、实物、提供生活条件(住房、车辆、通讯、上网)、带薪休假、公费旅行等。
- 精神奖励的形式,主要有:表扬、表彰、记功、评模、授予称号、提级升职、公费进修培训、特辟车辆泊位、特准某些特殊待遇等。
- 奖励要有针对性和目的性,不是所有员工所做的一切成果都需要奖励,奖励要扩大影响范围,要选择好奖励时机,奖励要有层次,奖励的方式方法要不断创新变化。
- 金钱虽不是惟一能激励人的力量,但金钱作为一种很重要的激励因素是不可忽视的。
- 精神激励与物质激励往往是密不可分的,二者结合得当,将发挥更大的效果。

惩罚及其技巧。

惩罚——切忌不实、冷酷、报复、蛮理、过头。

- 惩罚也分为物质惩罚和精神惩罚两个方面。
- 企业管理者应充分认识到惩罚是一种抑制性的措施,同时也是一种激励的手段,只不过是负强化惩戒罢了。
- 物质惩罚的形式,主要有:罚款、降低或取消奖金、扣发工资、降低或取消福利待遇、赔偿经济损失、追缴非法所得等。
- 精神惩罚的形式,主要有:批评、通报批评、检查错误(公开或不公开)、停职检查、警告、严重警告、记过、降职、免职、留厂察看、劝退、辞退、开除、移交司法部门追究刑事责任等。
- 合理的惩罚才能取得良好效果,惩罚应公平、适度、冷态。首先,管理者不能感情用情,不能冲动,失去理智,做出有失公允的决定;同时,还要坚持实事求是,以事实为根据,以理服人的原则;还要有惩前毖后、治病救人的态度。
- 惩罚的过程应该是沟通的过程,切忌贸然处置、突然袭击,事前事后都要与被惩罚的人沟通交流,表明惩罚对事不对人,改正就好。惩罚应该及时,不宜久拖,否则时过境迁,失去惩罚意义。
- 对被惩罚者应一分为二的对待,切忌把被惩罚者看得一无是处,一棍子打死。
- 惩罚不光是惩罚、教育、挽救被惩罚者一个人的事,更是教育一大批人的事。
- 惩罚虽有制度和先例可依,但其方式方法却可多样化,讲究实效。
- 惩罚应视认错程度和认错态度而定,主动交待及认识诚恳者可以从轻惩罚。

2.特殊激励

◎ 参与激励

参与激励　是指让员工或下级参与决策层的某些决策和管理活动，以此增强其荣誉感和责任感的激励方式。

- 通过参与可以使员工或下级感到上级的信任和赏识，产生归属感，体验到自己的利益同企业的利益及发展密切相关，增强责任感。
- 通过参与还可以征询员工意见，发挥他们的聪明才智，提出有益的建议和独特的观点，对企业的发展极有好处，既可激励又得献计献策，真可谓一箭双雕，何乐不为。
- 通过参与还能融洽上下级关系，联络感情，协调人际关系。

特殊的激励产生特殊的功效。

◎ 授权激励

授权激励　是指上级委授下级一定的权力，使之在一定的监督下有相当的处事权，以增强其荣誉感和责任感的激励方式。

- 授权便于员工或下级放开手脚，释放出更大热情，激励、鞭策自己努力工作，不负期望。
- 授权要明确范围、内容，提出要求、准则，不可越级授权，授权要适度，要有监督、控制。

◎ 情感激励

情感激励　是指企业管理者以诚挚的情感对待员工和下级，增进和沟通相互间的情感和友谊，形成和谐氛围，以唤起其信任感、能动性、奋发性的激励方式。

特殊的激励特点的方式

- 情感激励是企业文化的重要组成部分。因此可以认为，情感激励是一种文化激励。
- 情感激励是一项和谐工程，符合我国的政策要求，应加以大力弘扬。
- 情感激励注重的是员工的内心世界，使其感到一种受人尊重的荣耀和自身价值体现的满足。
- 情感激励的核心是为了消除员工自卑、消极的心理，激发自觉向上奋发的情感。

◎ 工作丰富化

工作丰富化　是指通过在更高、更难、更具挑战性、更富成熟感的工作中激励人的方式。

- 首先应明确工作丰富化并不是单纯增加工作量或扩大工作范围，如果仅此而已，可能反而会引起员工反感，根本无激励可言。
- 工作丰富化的关键是带有信任性，以及工作刺激带来的兴奋和责任。
- 工作丰富化对员工而言，也是一种锻炼、提高和事业有成的体现。
- 丰富的工作激励员工废寝忘食、埋头苦干，真所谓“越忙越起劲”。

六、绩效考评

德 能 勤 绩

德 能 勤 绩

◎ 业绩考核

业绩考核 是指针对企业中每个员工所担负的工作,应用各种科学有效的定性、定量方法,对他们的行为、价值、实际效果及其贡献进行核实和评价的活动和过程,是企业人力资源管理的重要环节。

- 业绩考核的作用。
  - ◆ 分析员工的优缺点,了解其在企业中的地位及份量。
  - ◆ 让员工本人总结、了解自身表现的优缺点,作为自己的标杆。
  - ◆ 作为员工薪酬、晋升、调职、辞退的依据。
- 业绩考核的内容主要包括德、能、勤、绩4个方面。
  - ◆ 德——指政治素质、思想品德、工作作风、职业道德等。
  - ◆ 能——指工作能力等。
  - ◆ 勤——指勤奋精神、工作态度等。
  - ◆ 绩——指工作成绩、工作效果、效率、效能等。
- 业绩考核的方式方法。
  - ◆ 全面考核法——全方位、多角度考核。
  - ◆ 目标对照法——依据年初制定的工作目标、劳动定额进行考核。
  - ◆ 等级考核法——依照实际业绩等级确定等级进行考核。
  - ◆ 排序考核法——按员工业绩相比较,排出次序,进行考核。
  - ◆ 分类打分法——按工作类别、层次、项目逐项考评打分,汇总得出总分予以考核。
  - ◆ 关键事件法——针对员工的突出事件进行考核。

- 考核反馈及面谈。
  - ◆ 业绩考核的结论都应公开或个别面谈,使每人都能了解考核的结果。
  - ◆ 面谈应事先作充分准备。面谈以肯定为主,表扬为主,诚恳提出缺点和不足。

◎ 岗位竞争

岗位竞争 是指员工把自身的能力、目标、设想、措施加以详细阐述,作为岗位标的参与公开竞争的过程。

竞争——毛遂自荐

- 岗位竞争的实质。

  岗位竞争的实质就是"谁有本事就上、谁无本事就下"。相对而言,体现了公平合理的原则。
- 岗位竞争的作用。

  岗位竞争的结果,使维修企业的员工不断地吐故纳新,保持旺盛的活力,增强企业的市场竞争能力。
- 岗位竞争的方法。
  - ◆ 社会公开竞争法、企业全员竞争法、部门员工内部竞争法、招标投标法、演说评议法。

七、薪酬管理

薪酬　是指企业对员工劳动而给以的酬劳。

薪酬管理　是指对薪酬的计划、实施、评估等一系列活动的过程。

薪酬管理的目标　其目标在于吸引人才、留住人才、激励人才,实现企业目标。

> 狭义的薪酬只指以现金方式支付给员工的酬劳。传统的形式包括工资、奖金和福利。
>
> 现代的薪酬的含义要丰富得多,除了工资、奖金和福利之外,还包括股票、股权、期权、股份,还包括员工的荣誉、晋升、发展机会和改善其工作生活条件等。

1.薪酬的主要构成形式

薪酬的主要形式是工资。

有的企业还实行:利润分享、分红、股票期权等薪酬形式。

我国《劳动法》规定:员工福利可分为社会保险福利和单位集体福利两大类。

- 工资。

  工资　是指根据员工所提供的劳动数量和质量,按照事先约定的标准所付的报酬,也即劳动力的价格。

  - 工资的主要形式是货币。
  - 工资计算的类型有:计时工资和计件工资两种。
  - 工资制度包括:职务工资制、职能工资制和结构工资制3类。
    - 职务工资制——是根据员工的职务等级来确定工资等级。
    - 职能工资制——是根据员工的知识、技能、体力、智力等来确定工资等级。
    - 结构工资制——是职务工资制和职能工资制的结合。它主要由基础工资、工龄工资、技能工资和岗位工资等4部分构成。

- 奖金。

  奖金　是指由于员工超额完成任务或做出优异成绩而付给的报酬。

  汽车维修企业常见的奖金形式有:全勤奖、生产奖、质量奖、先进奖、安全奖、节约奖、创造发明奖、效益奖、年终奖等。

- 津贴。

  津贴　是指对员工在特殊劳动条件、工作环境中的额外劳动消耗和额外生活而付出费用给予的补偿。

  汽车维修企业常见的津贴形式有:地区津贴、野外津贴、高温津贴、漆工津贴、铅蓄电池工津贴、喷砂除锈津贴、油库工津贴等。

- 福利。

  福利　是指企业在改善劳动条件外,又从生活侧面给予员工及其家属一定照顾而开展的活动和补贴。

  汽车维修企业常见的福利有:养老、失业、医疗、工伤保险以及工作午餐、健康体检、住房补贴、交通费、疗养旅游、休假等。

2.薪酬管理的原则

薪酬管理的基本原则。

- 公平性。

  员工们对于薪酬非常敏感，公平与否对发挥员工积极性至关重要。他们除了跟过去相比较(纵向比较)外,还会与其他员工甚至会与其他企业相比较(横向比较),自己是否得到合理的薪酬。人力资源部门应十分重视其公平性。

- 竞争性。
  - 企业与企业的竞争除了产品、品牌、经营、服务等方面外,薪酬也是竞争的重要方面,不管企业效益如何好,前景如何诱人,如果薪酬水平过低,照样会人才流失。
  - 企业内部员工之间,对于薪酬的竞争也是相当激烈的。人力资源部门正可以利用、引导这种竞争性开展招聘、竞岗等活动。
- 激励性。

  人力资源部门应充分认识到薪酬的激励作用,将薪酬管理紧紧地与激励机制相结合,才能真正地体现薪酬管理的重要作用。

3.薪酬管理的意义

薪酬高低决定劳资双方利益。

薪酬
关系劳资双方

- 薪酬是劳动者赖以生活的主要来源。
  - 劳动者薪酬收入的高低将直接决定他们的生活水平。
  - 在市场经济条件中,劳动者的薪酬收入的高低,还关系到他们劳动力价值的实现程度和劳动力再生产的规模。
- 薪酬的多少影响经营的好坏。
  - 薪酬是企业产品定价的组成部分(薪酬计入成本,将影响修车价格)。
  - 薪酬增长超过劳动生产率的增长,就会导致利润的下降,同时企业竞争状况也将下降,企业将面临严重危机。
- 薪酬关系到劳资双方利益的结合点。
  - 员工的出发点是争取最大薪酬利益。
  - 资方的出发点是争取最大的企业利润。
  - 薪酬是维修作业的直接成本,而且是主要成本之一。它的高低将直接影响利润,二者的统一决不能忽视,它们的合理统一将使劳资双方得以长期生存和发展。
- 薪酬是决定劳动力资源合理配置的基础和关键。
  - 劳动者最直观的要求就是哪里薪酬高,就往哪里去。这就是基本的价值规律。
  - 企业用人以满足维修生产要求为目标,为了招到人,就应付出社会上相当的薪酬。
  - 上述二者的统一,形成了劳动力的合理配置。
- 薪酬关系到劳动者的热情、智力的发挥,这正是企业活力的源泉。

4.薪酬管理的新趋向

薪酬管理走向国际化。

- 计点薪酬制。

计点薪酬制　是指根据一系列因素量化的计点尺度来评价职位，凭此给付薪酬的一种方法。

- 将工作的构成要素进行分解，按照事先规定好的结构化量表对每种工作或每个项目要素进行估值，依此确定对应的报酬。
- 实施分为4个程序：①工作(项目)分析；②编制工作说明书；③选择决定报酬的因素(如知识、技能、工作条件、积极程度等，通常选10项左右)；④把报酬因素量化，将每项的差异列出等级。
- 根据上述列表一一对照员工的表现和成效来决定其薪酬。

- 宽带薪酬制。

宽带薪酬制　是指将薪酬划分为若干区段，以员工的表现和业绩决定其区段的一种弹性薪酬制度。

- 宽带薪酬制的最大特点是破除了岗位、级别的束缚，而与员工的绩效更紧密地挂钩，更富弹性。
- 只要表现和绩效好，员工的薪酬水平可以、可能高于部门领导甚至高于企业领导。

- 谈判工资制。

谈判工资制　是指企业与员工之间采用商量、谈判的办法来决定薪酬多少的一种方法。

- 年薪制。

年薪制　是指以年度为单位决定薪酬的一种制度。

- 年薪制的核心是薪酬与经营业绩挂钩。
- 年薪制由薪水、激励工资、成就工资、福利、津贴5个部分组成。具体的年薪制有多种模式。
- 目前我国已有部分企业对高层管理者实施年薪制。

薪酬改革
国际化

企业人才的富有
企业真正的富有

单元七　汽车维修企业财务管理

课题一　企业财务管理基础知识

财务管理　是指对资金运动的管理活动及其过程。

实质　财务管理的实质就是理财。既要理顺资金的流转，确保单位一切活动的正常运转,又要正确处理各种财务关系,确保各方利益要求的实现。

企业财务管理　是指以企业再生产过程中客观存在的财务活动以及处理财务关系的一系列经济工作的总称。

财务活动　是指对资金的筹集、投放、使用、回收和分配等一系列的管理活动。简单地说,就是企业资金收支活动的总称。

财务关系　是指与资金投入、经营过程、利润分配有关的各方参与者之间的经济利害关系。

一、财务管理的要求、原则、环节、任务和环境

1.企业财务管理的基本要求

财务管理的基本要求

连接

财务状况——是指一个企业资产、负债、股东权益及其相互关系。

- 真实性。

  财务会计的根本要求是“不做假账”。财务往来绝对反映真实情况。
- 时效性。

  财务状况虽允许作局部调整,还是应尽力做到随发生随记账为好。
- 核心性。

  财务管理必须围绕生产经营为核心。
- 效益性。

  财务管理的最终目标是尽可能获得最佳经济效益。
- 健壮性。

  财务管理应做到合理运作资金,保持充足的资金流量,预防、杜绝“入不敷出”,同时还要具备强健的偿债能力。
- 增收节支性。

  财务管理在资金的运动中,应该以最小的投入,获取最大的收益。
- 分配合理性。

  企业的分配应避免“吃光、用光、分光”的短期行为,应认识到扩大再生产的重要性和必要性。分配前应按生产经营目标,合理留存“保持和发展”资金。
- 回报性。

  企业也不能做“铁公鸡”,不重视投资者的回报。

2.企业财务管理的基本原则

财务管理的基本原则。

以往——记账算账
现今——资本运作

- 投资者利益最大化原则。

  现代企业最显著的特点就是所有权与经营权的分离，所有者将经营决策权授予专职的管理者，那么，财务管理的目标就应做到企业经营活动的稳定和高效，确保投资者权益最大化。

- 利益关系兼顾、协调原则。

  财务管理涉及投资者、债权人、供货商、客户、职工、国家之间的利益关系，对此，财务管理部门应该着眼企业长期稳定发展，全面、合理地兼顾、协调、权衡彼此之间的利益关系。

- 风险与获益权衡原则。
  - 任何筹资方案由于数量、渠道、方式、偿还期限等的不同，都存在一定风险，获益与否也就不同，需要认真权衡。
  - 任何投资决策由于项目所处时机、环境及其他条件的不同，都存在着不同程度的风险，能否获利，获多大的利，均须作认真的权衡。
- 资源配置合理原则。
  - 企业资源存在着现实需要与未来需要的矛盾，短期目标需要与长期目标需要的矛盾，这些都需要合理配置。
  - 企业的资源总是有限的，财务管理部门应该将有限的资源做最优化配置，才能发挥有限资源的最大化效益。
- 成本—效益原则。
  - 企业财务工作讲求的就是经济效益，每项财务决策都应进行经济分析。
  - 企业财务工作追求的就是以最小的资金投入，获取最大的产出，这是企业财务管理的根本原则。
  - 实际运作时，要做到获取效益最大化是有一定难度的，因此，在运用成本—效益原则评价财务管理成效时，一般把重点放在成本控制这方面，尤其是要把成本的节约放在首位考虑。

3.企业财务管理的基本环节

财务管理的基本环节。

- 财务预测——是指依据历史资料，结合企业现状，针对发展条件和要求，对未来的财务活动及可能的情况作科学的测定的过程。
- 财务决策——是指对财务方案论证分析后选择最佳方案的过程。
- 财务计划——是指对财务目标进行综合平衡，并制定、调整各项计划指标的活动及其过程。
- 财务控制——是指以计划和定额为依据，对资金的收支、占用、耗费进行日常性、控制性的计算和审核的活动。
- 财务分析——是指对财务核算资料及财务活动进行调查研究，并分析其原因，提出改进措施，挖掘企业潜力的活动及其过程。

4.企业财务管理的任务和内容

管理出效益

- 资金筹集管理——分析、研究通过何种渠道,采取何种方法,在一定期限内顺利地筹集到足够的资金,并尽可能降低筹资的成本和风险,又如何用好这些资金,提高资金利用率,产生良好的潜在效益,保征投资者的合法利益不受侵犯。
- 资金投放管理——企业资金究竟投放到购置固定资产,还是增加流动资产,还是用来在资本市场购买股票、债券,财务管理部门应正确预测其方向、规模、结构,选择最佳投资方案。
- 资金营运管理——营运性资金(现金、应收账款、库存)在企业中占很大的比重。财务管理应力求合理配置并加速资金周转,发挥资金的更大效能。
- 成本费用管理——成本费用(制造成本和期间费用)管理是企业管理的核心内容。财务管理应全力做好成本费用的目标管理、计划管理和费用的控制。
- 利润及分配管理——利润及分配管理主要是决策分配原则、分配比重以及选择分配方案。其主要内容包括:营业(销售)收入管理、利润管理、纳税管理和利润分配管理。

5.企业财务管理的环境

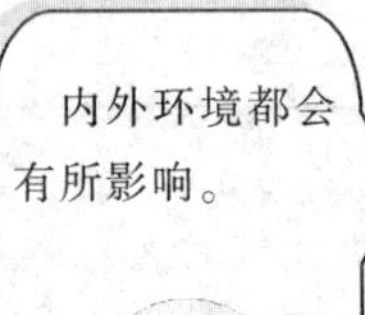

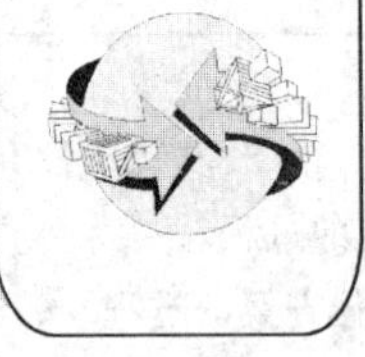

以往——坐坐办公室
现今——深入生产
——对外联络

- 外部环境。
  - 宏观经济环境。
    主要是指国家经济政策(财政、税收、物价、金融、资本市场)、经济发展水平(增长)、经济运行态势、经济体制等对财务管理的影响。
  - 金融环境。
    主要是指金融机构(银行与非银行)、金融市场(资本市场、外汇市场、黄金市场)和利率(单利、复利)等因素的影响。
  - 法律环境。
    主要是指国家法律、法规、标准对财务管理的影响。
  - 社会文化环境。
    主要是指文化、教育、媒体、新闻、出版、卫生、体育、民情、风俗、道德以及各种观念等对财务管理的影响。
- 内部环境
  - 企业财务管理内部环境  是指企业内部对财务管理有所影响的各种因素和事项。
  - 影响财务管理的内部环境因素主要有:管理体制、运作机制、经营模式、生产规模、技术水准、装备条件、作业流程、工艺规范、员工素质、产品品牌、企业文化和形象、重大事件等。

二、企业财务管理的机构、职责和制度

1.企业财务管理的机构

- 企业财务管理机构的设置,可视企业规模大小而定,差异较大。
- 多数企业将财务管理机构和会计机构合而为一,由企业正(副)职或总会计师直接领导,设财务总监(或财务科长)具体负责。
- 目前,有些较大的汽车维修企业开始实行财务管理机构与会计机构分设的体制。
  - 财务管理与会计工作是两个不同的概念。
  - 企业财务管理侧重在资金筹资、投资、营运以及利润分配方面,而会计工作侧重于建账立卡、登账计算、账务处理以及成本、收入、支出、利润的核算方面。
  - 随着市场经济的发展,企业财务管理活动明显增多,筹资和投资渠道、方式越来越多,财务监管日趋必要,利润分配更为严格、严肃,使得财务管理的独立地位更为突出、更为重要。与会计部门分设的必要性更加显现。也就是说,分设的目的在于强化财务管理。

财务机构与会计机构的性质和职责是不同的。

财会分设是形式
强化管理是关键

- 对于大多数中小型汽车维修企业,财务管理机构设置可以因地制宜,与会计部门合署办公也不失为一种可取的方式,但绝不应该仍按计划经济时代那样,重会计轻财务,而应加强和突出财务管理的份量,提高理财水平和理财效率。
- 改变企业领导与财务之间只是签字、批条那样的单向指令式关系。
  - 现有的不少汽车维修企业领导不理会财务管理、财务制度、财务报表的重要,认为财务只是收钱、付钱、催款、做账而已。
  - 更有不少私营汽车修理厂的老板,不懂得什么是财务管理,把钱交给老板娘觉得放心。
  - 这些低层次的财务管理理念,严重阻碍汽车维修企业的健康发展。
- 财务管理体制。
  - 小型汽车维修企业通常采用一级核算方式。
    - 财务管理权(资金、收支、核算、盈亏等)集中于厂部。
    - 车间与班组一般只负责所使用的财产、物资的登记和管理。
  - 大中型汽车维修企业通常采用二级核算方式。
    - 财务管理权(资金、收支、核算、盈亏等)集中于厂部。
    - 二级核算单位负责部分资金管理,进行成本核算,有时还进行盈亏计算。与厂部的财务往来要进行计价结算。对于资金、成本等按核定的计划指标,定期考核。
  - 对于股份制和有限责任公司的汽车维修企业,应按《公司法》的规定建立企业内部的财务管理体制。

2.企业财务管理的职责

财务总监的职责。

- 负责制定财务目标,编制财务管理计划、预算。
- 负责资金的筹集、调拨、监督、回报。
- 负责财务运行的执行、监督和考核、评估。
- 负责核定费用标准,监督、审核费用开支执行情况。
- 负责编制经济定额,开展成本核算,计算成本和利润。
- 负责财务经济分析,评价经济效益,发现存在问题和不足,提出改进措施,挖掘企业潜力。
- 负责对外联络,开展年检、审计工作。
- 负责按时、足额缴纳税费。
- 负责财务印鉴的保管与盖用。

会计人员的基本职责。

- 负责编制、设计会计凭证。
- 负责执行会计循环程序。
- 负责会计凭证的复核。
- 负责登记各类会计账簿。
- 负责会计核算、核查。
- 负责按时编制财务报表。
- 负责利润计算。
- 负责保管会计资料。
- 负责资产清点核查。
- 负责办理其他会计事项。

出纳人员的基本职责。

- 负责执行财务报销制度和标准。
- 负责登记现金日记账和银行存款日记账,做到账款相符无差错。
- 负责现金支票、转账支票、汇票等票证的保管和使用,做到正确无误,不出现“空头支票”。
- 负责执行现金的收支。
- 负责现金收支日清月结。
- 负责保证报销凭证的完整和齐全。
- 负责现金备用金的限额保管。
- 负责应收款的催讨。
- 负责向银行解交和领用现金。
- 负责与银行的存款进行对账。
- 负责领导交办的其他事项。

3.财务管理制度

● 汽车维修企业应遵守的财务管理制度。
  ■ 财政部颁布的《企业财务通则》是实施财务管理必须遵循的基本规范,也是其他财务规章制度的纲领性制度。
  ■《公司法》和《证券法》等法律法规也从不同的角度规范了企业的财务活动要求。
  ■ 财政部制定的《企业内部财务管理制度》、《运输企业财务制度》、《关于工交企业制定内部财务管理办法的指导意见》都是制定汽车维修企业财务管理制度的指导性制度。
● 汽车维修企业的内部财务管理制度。
  ■ 财务会计管理制度。
  ■ 财务会计岗位责任制度。
  ■ 财务会计稽核制度。
  ■ 财务会计报销规定。
  ■ 财务会计交收制度。
  ■ 财务会计现金管理制度。
  ■ 财务会计账簿登记、核算规定。
  ■ 财务会计档案管理制度。
  ■ 财务会计电算化的程序和要求。
  ■ 财务预算和结算的规定。
  ■ 筹资、投资、分配的原则要求。
  ■ 企业资本金管理制度。
  ■ 企业固定资产管理办法。
  ■ 企业流动资产管理办法。
  ■ 财务经济分析制度等。

严肃的财务管理制度是铁的纪律。

制度——企业的“法规”

三、资本金

1.资本金的涵义和类型

资本金 是指企业在工商行政管理部门登记的注册资金。即企业开办时的基本本钱。

资本金的类型。

按投资人的类别可分为:国有资本金、法人资本金、自然人资本金、外商资本金等。

按资本金性质可分为:法定资本金、注册资本金、实收资本金、资本公积、盈余公积等。

● **法定资本金** 是指开办企业时法定(《公司法》规定)应具备的最低限额资本金。
● **注册资本金** 是指企业在工商行政管理部门登记注册时的申报资本金。
● **实收资本金** 是指企业实际收到投资人已经注入的资本金。

2.资本金制度的若干规定和要求

关于资本金的若干规定。

资本金——企业的本钱

- 开办企业必须具备一定的资本(现金、实物、工业产权、非专利技术、土地使用权作价出资等),才能予以登记注册。
- 国家对资本金的筹集、运作和管理在《公司法》中都作了具体规定。
  - 资本金应按企业性质、规模不同决定其多少。
  - 资本金一次性筹集期限为6个月(签发营业执照之日起)。
  - 资本金按投资合同或企业章程规定分期筹集的，最长期限不得超过3年,其中第1次筹资额不得少于总投资的15%,并予营业执照签发之日起3个月内筹足。
  - 有限责任公司的货币资本金不得少于总注册资金的50%。
  - 吸收的工业产权投资或非专利技术投资不得超过总注册资金的20%。
  - 投资人应具备出资证明书,资本金经中国注册会计师验资,出具验资报告确认,方才有效。
  - 对未在筹集期限内足额出资的,可依法追究投资人的违约责任。
  - 资本金维持须遵循:资本确定、资本保值和资本增值3个原则。
  - 资本金必须是真实而又可以具体量化的资金,中途不允许随意抽调、冲减,但可以依法转让。
  - 当发生资产报废、盘亏和毁损等情况时,均不能冲减,只能作为管理费计入当期损益或从营业外支出。
- 投资人有权按照投入资本金的比例,或按合同约定,或按企业章程规定分享企业利润,同时承担相应的经营风险,分担亏损。

3.股份制企业资本金的筹集

以股票融资的基本概念。

- 股票。

  股票　是指股份公司发给股东凭以证明其在公司的入股并取得股利的一种有价证券。
  - 普通股融资。
    - 普通股拥有投票表决权、收益分配权、优先认购权、剩余资产占有权。
    - 普通股的资金不需归还,股利视公司有无盈利和经营管理需要而定。
  - 优先股筹资。
    - 优先股相对于普通股,有股利分配和剩余资产分配的优先权。
    - 优先股分为:转换优先股、累积优先股等。
- 其他形式的资本以可量化价值折合成股票入股。

四、资金筹集

资金筹集(负债筹资)　是指企业根据其生产经营、对外投资及调整资金结构等需要，通过一定渠道和适当的方式筹集资金的行为过程。负债筹资分长期筹资与短期筹资两种。

1.企业负债筹资的特点

负债筹资的特点。

- 当汽车维修企业自有资金不能满足车辆维修及其他经营需要时，可以以负债经营方式借入资金弥补。
- 负债筹资与资本筹资的不同性质在于负债筹资必须到期偿还，还需支付利息。资本筹资却不需偿还。
- 债权人无权参与企业的经营决策，企业控制权不会因债权的缘故而分散。
- 负债筹资的成本低于股票筹资。
- 负债筹资的偿还期限以企业需要和债权人的态度而定。

2.企业负债筹资的资金来源渠道

筹资渠道　是指筹措资金来源的方向与途径。

负债筹资的资金来源。

用别人的钱生钱
——借鸡生蛋

- 国家财政资金。
  - 国家以所有者身份向企业投入资金，拥有国家所有者权益。
  - 国家通过银行以贷款方式向企业投入资金。
- 银行信贷资金(银行贷款)。

  银行贷款主要是指以信用贷款形式投向企业的资金，形成企业对银行的负债。
- 非银行金融机构资金。

  非银行金融机构资金主要指：由信托投资公司、保险公司、证券公司、租赁公司、财务公司、企业集团提供的信贷资金或物资融通等。
- 其他企业的借贷资金。

  其他企业的借贷资金主要指：企业间相互借款，或向其他企业借入，或在相互购销业务中通过商业信用方式占有的短期信用资金。
- 外商资金。

  外商资金主要指：外国投资者以及我国香港、澳门特别行政区和台湾地区投资者投入的资金。
- 自然人资金。

  自然人资金主要是指银行、非银行金融机构之外的居民个人的闲散资金。
- 企业自留资金。

  企业自留资金主要是指企业计提折旧、公积金和未分配利润等形成的资金，可由企业所有者作为追加投资形式而投入的资金。

3.企业负债筹资的方式

筹资方式 是指企业筹集负债资金所采用的具体形式。

负债筹资的方式主要有 5 种方式。

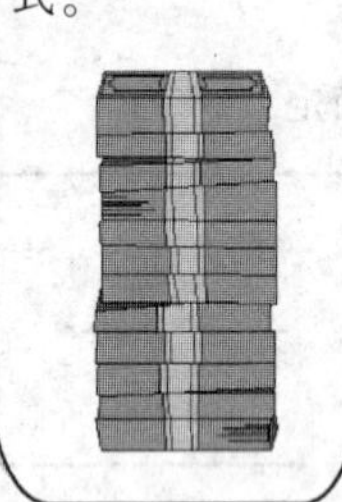

借钱渠道不少呢!

- 银行贷款。

  银行贷款 是指企业根据借款合同从银行或非银行金融机构借入款项的方式。最常见的是还本付息贷款,它是指按正常利率一次性或分期偿还本息的贷款方式。

- 商业信用。

  商业信用 是指利用商品交易中以延期付款或预收货款方式发生的直接信用关系,货款可以作为企业应付(应收)一方企业短期筹资使用的一种借贷方式。

- 租赁融资。

  租赁融资 是指出租人按租赁合同将固定资产租给承租人使用,承租人按约定分期支付租金。租赁期满,付清租金,则固定资产所有权归承租人的交易方式。租赁融资的实质相当于企业分期付款购买固定资产,是一种长期负债筹资的变通方式。

- 企业债券。

  企业债券 是指企业按照法定程序发行,约定在一定限期内还本付息的有价证券。企业债券可以在证券市场流通转让。企业发行债券的目的在于向社会筹集闲散资金,弥补企业中、长期资金的不足。

- 协议借款。

  协议借款 是指企业与企业或企业与个人通过协商,签订借款协议的筹资方式。

4.企业筹资的原则

不能违背这些筹资原则!

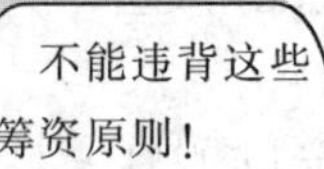

- 规模适量原则——企业筹资应事前认真分析、预测合理筹资规模,既要避免筹资不足而影响生产经营的需要,又要避免筹资过多造成浪费,负债过多,多付利息。
- 筹措适时原则——筹措资金应充分考虑资金的时间价值,不宜过早,造成资金闲置,也不宜过迟,坐失最佳投资时机。
- 渠道适当原则——在市场经济条件下,筹资渠道多种多样,应慎重选择经济、方便、可靠、信用的筹资渠道。
- 风险适度原则——任何筹资、投资都有一定程度的风险,企业应充分控制风险在一定程度,既不过分冒险,又不过分“保险”。
- 信用适合原则——不论何种筹资渠道,也不论何种筹资方式,都要讲求恪守信用,适合企业的筹资要求。

五、投资管理与投资风险

投资　是指将资金物化为资产，期望资金规避风险、获取收益，予以增值的经济活动的总称。

投资管理　是指预测投资方向、规模、结构，按最佳投资组合方案将资金投放到收效高、回报快、风险小的项目上，使有限资金发挥最大效益的管理活动及其过程。

投资风险　是指企业在一定条件下、一定时期内因投资具有可能发生的不确定性，导致各种结果的变动程度。

- **短期投资**　是指可在1年之内收回投入的投资方式。通常指企业的流动资产。
- **长期投资**　是指1年之后才能收回投入的投资方式。通常指固定资产、无形资产、其他资产以及对外的长期投资等。
- **内部投资**　是指对企业生产经营所需要的各种资产的投入。通常包括对流动资产、固定资产、无形资产及其他资产的投资。
- **外部投资**　是指将企业的资产投放到其他企业或购买各种证券的投资

1.投资管理

投资管理活动贯串于整个经营活动的全过程。抓紧不放，落到实处。

投资就是钱生钱

- 投资的审批控制。

  企业应按职务分离制度，确立投资批准人级别，明确具体的上报和审批手续，确保投资活动在一开始就纳入严格控制体系。避免盲目性、失控性。
- 投资的合法保障。

  投资应符合政府颁布的投资法规、条例，按合法的程序进行，从而使投资活动得到有效的法律保护和保障，尽力规避、减少投资风险。
- 投资的档案保护。

  投资过程中形成的一切法律文书、资产权利档案和有价证券等代表投资的实际存在，应有专门部门和专人妥善保管。力求避免在保管过程中丢失、遗失、散失和被盗用、挪用、占用。
- 投资的账面反映。

  投资过程及资产经营过程是个动态过程，作为投资者应时刻关注投资项目的运转，具体就是要关注财务报告、会计信息的变动情况，保证投资资产的完整以及在账面上的合理反映。
- 投资的合理收益。

  投资收益应做到合理揭示和真实回收。

2.投资风险

投资风险的类别。

高风险的结果是高损失、高效益。

投资有风险
有的笑
有的哭

- 利率风险。

  利率风险　是指由于银行利率变动导致实际报酬发生变化而产生的风险。

- 外汇风险。

  外汇风险　是指由于本国货币和外币之间的汇率发生变动而引起的投资收益变动的风险。

- 市场风险(系统风险、不可分散风险)。

  市场风险　是指由非预期事件影响，引起金融市场中所有资产报酬变化的风险。如通货膨胀、经济衰退、战争等。所以又称系统风险、不可分散风险。这些引起风险的因素是系统性的,不可抗力的,而且不可能用分散投资的方式来降低风险。

- 证券市场风险。

  证券市场风险　是指由于证券市场价格上下变动而引起的投资报酬变动的风险。

- 购买力风险(消费力风险、通货膨胀风险)。

  购买力风险　是指物价(如维修收费)持续上涨对投资"实质"报酬产生不利影响(消费力下降)的风险。

- 经营风险。

  经营风险　是指由于被投资企业生产经营因素的变动，导致投资者收益的变动的风险。如生产成本因素、市场销售因素、生产技术因素、经营因素等。

- 财务(违约)风险。

  财务风险　是指被投资企业(或上市公司)借款过多,或已经出现或将出现无法按期支付利息、偿还本金而可能导致"倒闭"的风险。

- 流动性风险。

  流动性风险　是指在买入资产后，未来将出现无法顺利脱手的可能而导致的风险。

风险理论概述。

- 观点一认为:高风险伴随高收益。
- 观点二认为:在投资期望值上再减去一些所承担的风险值,变成"风险调整"论。
- 观点三的"相对"理论认为:
  - ■ 高风险未必高收益,即使再减去一部分风险值也未必有收益。
  - ■ 只要有承受风险的能力,也不必舍去那些期望值很高的项目。
  - ■ 风险很小,收益未必很小。

  尽可能选择平均收益率(或终值)较高的投资项目。

课题二　汽车维修企业的资产、负债与所有者权益

一、资产

资产　是指企业拥有（控制）的所有能以货币计量的经济资源（包括资产存量和资产流量）。

企业资产的类别

◎ 按存在方式分类。
- 财产。
- 债权。
- 其他权利。

◎ 按变现情况（或消耗时间）分类。
- 固定资产（房屋及构筑物、机械设备等）。
- 流动资产（货币、短期投资、应收款、应收票据、库存等）。
- 长期投资（股票、债券、实业投资、其他投资等）。
- 无形资产（专利和非专利技术、商标权和商誉、土地使用权等）。
- 递延资产（开办费、一年以上待摊费、租入固定资产改良费等）。
- 其他资产（冻结资产、房改基金、各项计提基金等）。

1.固定资产的管理

固定资产　是指使用期限在1年以上，或单位价值在一定标准以上，并且在使用过程中保持其原来物质形态，但其价值却逐渐减少的资产。

固定资产的特征。

- 《会计准则——固定资产》中规定：
  - ■ 该固定资产包含的经济利益很可能流入企业。
  - ■ 该固定资产的成本能够可靠地计量。
- 为生产经营、提供服务、出租或经营管理而持有的资产。
- 使用年限超过1年的资产。
- 单位价值较高的资产。
- 价值补偿与实物更新相分离——使用中能基本保持原有形态，但其价值却随着使用时间的增加而分次以折旧形式转移到产品中。
- 价值的双重性、转移性——使用中，其价值的一部分留在固定资产的实体中，另一部分价值却逐渐消耗、转移到流动资金中去。
- 一次性投资，分期性收回。

固定资产的计价。

依数量以货币计价

固定资产的计价既要按实物数计量单位计价，又要按货币计量单位计价。

- 以固定资产原值(原价)计价。
  - 外购固定资产原值包括：买价、增值税、关税、场地整理费、运输费、装卸费、安装费、专业人员服务费等。
  - 一次购入多项固定资产，但未单独标价的，按公允价分配。
  - 自建固定资产按发生的必要支出计价。
  - 在原有固定资产基础上改建、扩建、改造的，按账面价值加上发生的必要支出再减去发生的变价收入，以此计价。
  - 投资者投入的固定资产，按投资各方确认的价值计价。
  - 接受捐赠的固定资产，以有关凭证加上相关费用计价；无凭证的以市场同类(或相似)产品估价加上相关费用计价；市场无同类产品的，则以预期未来现金流量现值计价；若为旧固定资产则以新产品价，按新旧程度折扣计价。
  - 盘盈的固定资产，若市场有同类(或相似)产品的，则以新旧程度折价计价；若市场无同类(或相似)产品的，则以预期未来现金流量现值计价。
  - 融资租入的固定资产，按租赁开始日的原账面价值与最低租赁付款额二者中较低者计价。
  - 以抵债方式接受的固定资产，按应收债权账面价值加上相关税费计价；涉及补价的则分别减去收到的补价或加上支付出的补价，然后再加上相关税费计价。
  - 以非货币交易方式换入的固定资产，按换出资产的账面价值加上相关税费作价。涉及补价的则分别减去收到的补价或加上支付出的补价，然后再加上相关税费计价。
  - 无偿调入的固定资产，按调出单位的账面价值加上相关费用计价。已投入使用但尚未办理移交手续的固定资产，可先按估计价值记账，待确定价值后再进行调整。
- 以固定资产重置价值法计价。
  - 重置价值法　是指在当前条件下重新购建同样的固定资产所需要的全部支出。
  - 该法适用于：清产核资中盘盈固定资产的计价，或是在补充报表附注说明时的计价，或是对投资人投入的固定资产作价，或对接受捐赠的固定资产作价。
- 以固定资产净值(折余价值)计价。
  - 即以固定资产原值，或以重置价值法确定的价值，减去累计折旧后的差额作价。
  - 该法常用于计算盘盈、盘亏、毁损固定资产的溢余或损失。

连接

①盘盈、盘亏是指盘点物资时出现多于或少于账面数值的情况及其数量。

②毁损是指物资的毁灭或损坏。

③溢余是指在原有价值基础上溢出多余的价值。

固定资产管理的基本要求。

固定资产管理的根本在于保值增值

固定资产管理要根据固定资产的经济性质和周转特点而作相应要求，不能千篇一律。

- 做好固定资产实物管理，保证固定资产的完整无缺。

  固定资产是保障生产经营正常进行的重要基础条件，管理好固定资产是企业保障投资者权益应尽的职责。为此，必须做好固定资产的购、收、发、用、管等项工作，正确、客观、及时、全面地反映固定资产的增减变化，定期清查盘点，做到完整无缺。

- 合理配置固定资产，充分发挥固定资产作用。

  固定资产的配置应根据维修任务、维修规模、维修能力等因素，预测各类固定资产的配置，充分利用现有固定资产，科学决策固定资产投资量，以尽可能少的固定资产，产出尽可能多的效益。

- 正确确认固定资产折旧计价，计提固定资产折旧。

  首先确认固定资产原值、折旧年限、折旧方法，然后有计划地计提折旧，是保证固定资产再生顺利进行的前提。因此，编制固定资产折旧计划，保证固定资产更新改造资金来源，是十分重要的管理工作。

- 科学预测固定资产投资，将有利于企业健康发展。

  企业的健康发展，从某种角度讲，就是企业固定资产的不断增值、不断扩大，形成良好的规模条件和基础，所以说固定资产的科学投资、合理投资意味着企业的壮大和发展。为此，从管理角度则要研究固定资产的投资必要性，又要分析财力可行性和经济合理性，还要进行技术性能的选择。

固定资产的日常管理。

- 实行固定资产分级、归口管理。
  - 固定资产种类繁杂、数量众多，使用范围涉及各单位、各部门，实行分级、归口管理是必然要求。某些较大规模的企业可以将生产性固定资产集中到诸如设备科(处)统一归口管理，又如将房屋、土地集中到房产管理科(处)统一归口管理，但一些使用、保管一类的事项还得实行分级管理负责制。不管何种形式，从财务价值管理角度还是应该由企业财务部门统一管理。
  - 固定资产应实行定地点、定部门、定班组、定人员责任制，做到层层负责，物物有人管。
- 固定资产要建账立卡，做到资产有登记、变动有记载。
- 固定资产调拨要做到有决定、有根据、有手续、有交接、有落实。
- 建立、健全固定资产维护、修理制度。
  - 保证技术状况良好，延长使用寿命。
  - 维护、修理费用可直接计入相关费用，也可以实行待摊或预提办法(如大修理基金等方式)。实际费用盈亏可实行冲减差额。

固定资产折旧概念。

固定资产折旧 可持续发展的基础

● 固定资产折旧　是指固定资产因耗损而转移到产品上去的部分价值。

● 固定资产耗损有：有形耗损和无形耗损两种形式。

■ 有形耗损　是指固定资产由于使用或自然力的作用而逐渐丧失其物理性能的现象(主要是指磨损、腐蚀、变形、老化等)。

■ 无形耗损　是指由于劳动生产率的提高和技术进步引起的固定资产贬值现象，主要是指：①同样固定资产由于制造方式改进、劳动生产率提高、材料成本降低等原因，造成成本价和销售价的下降；②由于技术进步，效率更高、功能更多的新产品出现，使原有固定资产贬值。

● 固定资产折旧的范围。

■ 计提折旧的固定资产。

◆ 房屋和构筑物、机器设备、仪器仪表、运输工具、大型工具。

◆ 季节性停用、大修理停用的固定资产。

◆ 融资租入和租赁出去的固定资产。

◆ 达到预定可使用状态而又应当计提折旧的固定资产。

■ 不计提折旧的固定资产。

◆ 房屋和构筑物以外的未使用、不需用的固定资产。

◆ 以租赁方式租赁来的固定资产。

◆已提完折旧但仍在继续使用的固定资产。

◆按规定单独估价作为固定资产入账的土地。

固定资产折旧——平均年限法。

● 平均年限法

平均年限法　是指将固定资产的折旧均衡地分摊到各期的方法。

● 用平均年限法计算出来的各期折旧额都是相等的。

● 平均年限法的计算公式如下：

$$年折旧率=\frac{1-预计净残值率}{预计使用年限}\times100\%$$

$$月折旧率=年折旧率/12$$

$$月折旧额=固定资产原值\times月折旧率$$

式中：净残值率——固定资产净残值占固定资产原值的比率。

■ 净残值率一般按固定资产原值的3%~5%计。

■ 当净残值率低于3%或高于5%的，由企业自主确定，并报主管财政机关备案。

【注意】 以上所述的只是按个别固定资产折旧率的计算方法，另外还有分类折旧率和综合折旧率之分，我国规定按分类折旧率计算。

分类折旧率　是指某类固定资产折旧额之和占该类固定资产原值的比率(如汽车为同一类，房屋为同一类，机床为同一类)。

固定资产折旧——工作量法。

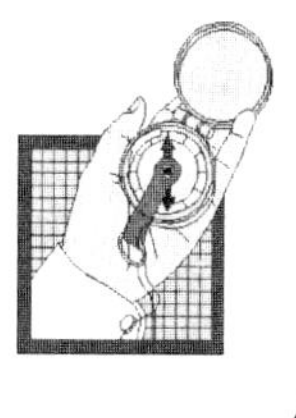

● 工作量法

工作量法　是指根据实际工作量计提固定资产折旧额的方法。

● 工作量法的计算公式如下：

$$单位工作量折旧额=\frac{固定资产原值\times(1-净残值率)}{预计总工作量}$$

某固定资产月折旧额=该固定资产当月工作量×单位工作量折旧额

● 单位工作量可以是：单位工时数、单位工件数、单位产量、单位里程数、单位运输量等。

2.流动资产的管理

流动资产　是指企业可以在1年或超过1年的1个经营周期内变现，或者运用，或者流通的资产。

流动资产的特点。

流动资产
企业生存的血液

● 时间短、速度快的周转性。
- ■ 流动资产管理的核心就是如何使资金加快周转。
- ■ 流动资产的价值转移和补偿，通常比固定资产快得多，一般在1年内能完成数次循环周转。
- ■ 流动资产每完成1次周转，就会给企业带来一定的效益。
- ■ 流动资产周转速度越快，从某种角度讲，表明每次生产经营所需的资金量就越少，当然企业单位资金的获利也就越大。

● 流动资产多种形式的并存性。
- ■ 流动资产价值运动贯串汽车维修经营全过程。依次经过材料（配件）采购储存、修车、修竣出厂3个基本环节，最后又回到货币资金。由此而知流动资产包括货币资金、生产储备资金、在产品（在修车）资金和产成品（修竣车）资金4种形式。
- ■ 如何使得流动资产占用得少，周转得快，上述4种资产应有最佳配比。

● 流动资产的均衡性与波动性。
- ■ 虽然维修企业大多愿意均衡性生产，但终久不可能完全达到均衡生产，总会出现不同程度的波动，波动将会使流动资金形式随之波动。其实，汽车维修企业很难做到均衡生产。
- ■ 为了适应流动资金的波动，通常企业对此都采取一定的灵活性措施，既使企业有稳定的资金来源，又要有一定的临时资金来源作应急补充。

● 流动资产循环与生产经营周期同步性。
- ■ 流动资金投入，生产经营开始，生产经营结束，资金回笼。
- ■ 由此可知，流动资金对生产经营具有促动作用。

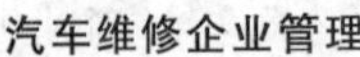

流动资产（变现能力）的类型。

● 货币资金(现金)。

■ 货币资金　是指可以直接用来购物、支付费用或偿还债务的交换媒介。

■ 货币资金包括库存现金、银行存款以及银行汇票存款、银行本票存款和在途货币资金等。

■ 货币资金可用于立即支付,其变现能力居各项流动资金之首。

● 应收款项。

■ 应收款项　是指企业因销售产品、物资,提供劳务(维修车辆)、服务等事项,应向对方收取的款项。

■ 应收款项主要包括应收票据、应收账款和其他应收款等。

■ 应收款项的变现能力虽优于销售之前的存货,却低于短期投资,位居第三位。

● 存货。

■ 存货　是指企业在生产经营过程中未销售的产品,或储备的生产材料及其占用的资金。

■ 存货包括:产成品、在产品、原材料、油料、燃料、配件、备品备件、包装物、低值易耗品等。

■ 存货在流动资产中占的份额最大。

■ 存货的变现能力应在应收款之后。

● 其他流动资产。

其他流动资产包括待摊费用、待处理流动资产损失、预付款等。

连接

短期投资从性质上讲,也属于流动资金,但《企业财务通则》却将其置于对外投资中。

流动资产的管理基本要求。

● 预测流动资产的需要量。

■ 企业进行汽车维修经营,必然需要一定的流动资产作为经济支撑和财力保障。流动资产的供应量过多、过少都不是合理的。

■ 为了达到合理的流动资产占用量,必须做好预测工作,编制流动资产需要量计划,便于企业控制和考核。

● 合理筹集,及时足额供给流动资金。

■ 流动资金的筹集要合理、合法、合宜、合度。

■ 流动资金的供应要适时、足额、有节、有制。

● 有效、有度地严格控制流动资产占用量。

■ 严格控制流动资产的目的在于既能节约,又能提高使用效率。

■ 严格控制流动资产的手段在于组织、调节和监督。

■ 严格控制流动资产的要求在于有效、有度。

● 力求加速流动资产的周转循环。

■ 加速流动资产的周转循环是流动资产管理的核心任务。

■ 加速流动资产的周转循环具体体现在:流动资金总额、周期天数、年周转次数。

流动资产管理的关键在于转得动流的快

● 现金管理的目的要求。

■ 保证企业生产经营所必需的流动资金。

■ 节约流动资金的支出，保留一定的现金额度。

■ 从暂时闲散的现金中获取最多的收益。

●现金管理应考虑企业现金置存的必要性。

■ 交易性需要——是指满足日常业务的现金收支需要。

■ 预防性需要——是指预防发生意外事件的应急需要。

■ 投机性需要——是指用于不寻常时机的紧急需要。如遇到廉价原材料采购、紧俏商品购买、低价股票和债券购入等。

● 现金管理的具体要求。

■ 现金(这里指现钞)使用范围——职工工资、津贴、个人劳动报酬；颁发个人的科学技术、文化艺术、体育等各种奖金；支付各种劳保、福利对个人的支出；向个人收购农副产品和其他物资的价款；携带的差旅费；结算起点1000元以下的零星支出以及中国人民银行确定需要支付现金的其他开支。

现金管理。

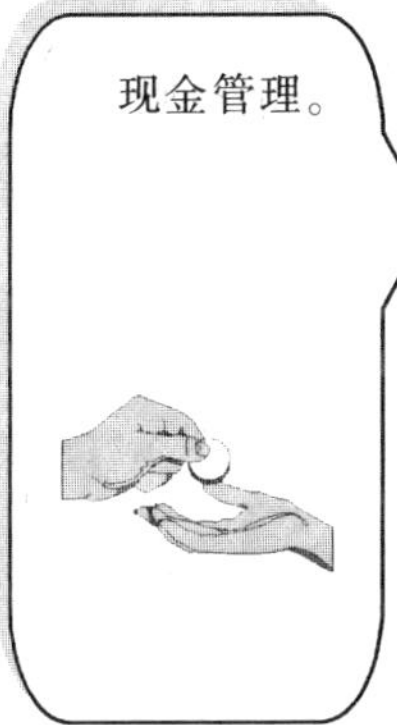

现金——
不能少不能多
闲置现金自吃亏

■ 库存现金限额由开户银行根据企业的实际需要核定，一般不超过3~5天的零星开支为限。

■ 不得坐支现金。即不得从企业现钞收入中直接支付交易款，现钞应当在当日终了时结存于开户银行。

■ 不得出租、出借银行账户。

■ 不得签发空头支票和远期支票。

■ 不得套用银行信用。

■ 不得公款私存，不得保存账外公款(小金库)。

■ 管账的不管钱，管钱的不管账。

■ 库存现金日清月结，确保账面现金额与银行对账单余额相符。

● 现金收支的日常管理。

■ 现金流入与流出同步管理。

企业安排收款时间时，就应同步考虑将要发生的支出时间，确保同步实施；同理，在确定付款的时间时，就应同步考虑现金流入的时间，也应同步实施。

■ 充分利用现金浮游。

现金浮游 是指企业开出支票到收票人收到支票并存入银行，到银行将该款划出企业账户，中间历经的时间及占用。

在这段浮游时间内企业仍可使用该笔资金，只不过需要严格掌握时限，否则将出现透支。

■ 加速收款。

■ 控制付款时间和付款额度。

■ 加强现金安全管理，杜绝丢失、被盗、抢劫、挪用、贪污事件。

应收账款管理。

别忘讨回你的钱

● 应收账款的功能与风险。

■ 扩大销售(工业性企业),组织货源(商业性企业)。

企业为了扩大销售,增加经营业务,往往采用赊销或暂不付款或分期付款的办法;同理也在组织货源时采用预付款的形式,以获得市场优势。但其反面却带来收不到(收不足)货款,或收不到(收不足)货物的风险。

■ 减少积压,降低成本。

企业的产品由于市场饱和度或季节性的关系,一时难以销出,货币无法回笼,常采用赊销办法销售出去,占领市场,达到减少积压,降低成本的目的,但也同样存在风险。

● 强化商业信用管理。

■ 加强信用调查,掌握信用等级、标准。

考虑"5C":质量(Character)、能力(Capacity)、资本(Capital)、抵押(Collateral)和条件(Conditions)。

- ◆ 质量——指客户的信誉。
- ◆ 能力——指客户的偿债能力。
- ◆ 资本——指客户的财务实力和财务状况。
- ◆ 抵押——指客户可用作抵债的资产。
- ◆ 条件——指客户可能影响其付款能力的经济环境。

■ 采用不同的信用方式和信用期限。

- ◆ 可采用适度赊销、现金折扣、抵押(固定资产或其他财产)销售、担保销售、减低信用(还款)期限等办法。
- ◆ 现金折扣——是指企业对客户在价格上所做的扣减优惠。
- ◆ 信用期限——是指企业允许客户在购货后的50天内付款的,则信用时限为50天。
- ◆ 信用期限过短,不足以吸引客户,信用期限过长,则为盲目,可能导致不良后果。

● 加强催讨,监督应收款回笼。

● 法律诉讼,求助法律解决。

应收账款的日常管理。

● 加强应收账款回收情况的监管。

■ 编制账龄汇总分析表,做到:汇总化、条理化、醒目化。

■ 随时掌握有多少应收款?分布如何?账龄分段情况如何?各账龄段所拖欠账数额有多大?占多少比例?做到一目了然。

■ 随时了解应收账款的到期日期,事先联系。

■ 对拖欠时间过长的,应密切关注,加紧催讨。

● 分析拖欠原因,分各种情况,做出相应措施。特别是对于那些拖欠数额多、拖欠时间长的客户,应作重点催讨、处置对策。

存货管理。

存货不能多
存货不能少
难
财务管理就要解决
这个"难"

● 存货的功能。

■ 利于可以随到随修车辆的多种维修项目。

来修汽车的损坏和故障不尽相同,需更换的零配件、部件各不相同,有了足够的库存就能随时承修,满足客户需求。

■ 利于维修作业的均衡性。

在维修作业过程中,如果更换零件得以保证,作业计划不致打乱,均衡生产保持了生产的有条有理,既减少了管理的工作量,又会使客户的期望值得到满足。

■ 利于应付突发事件。

维修企业往往会由于采购、运输等环节出现意外而导致停工、停产,有了必要而足够的库存将"高枕无忧",渡过难关。

■ 利于降低成本和费用。

◆ 采购次数多,必然导致采购、运输费用、人员工资的增加。

◆ 当价格低廉时多采购储存,可减少采购支出。

◆ 对紧俏零配件适当多采购储存,可避免将来高价购进。

● 存货成本管理。

■ 购得成本。

购得成本　是指取得某种存货而需支出的成本。

◆ 订货成本——包括差旅费、电讯费、办理结算手续费。

◆ 购置成本——货物本身的价格。

■ 储存成本。

储存成本　是指为了保管、存储零配件、材料、工具等而发生的储存费用、损耗费用和短少而发生的费用成本。

■ 短缺成本。

短缺成本　是指由于存货短缺,中断供应而造成停工损失、客户无法如期接车的赔偿、代用车时间增长损失和紧急采购损失等。

■ 如果能使上述 3 种存货成本最优化,将有助于企业效益的增加。

● 存货资金管理。

■ 财务部门在企业领导下对存货资金实行统一管理。

■ 按物资管理与资金管理相结合的原则,实行资金归口管理,每项资金由哪个部门使用,就归哪个部门管理。

■ 实行资金分级管理制度,即企业内部各个部门根据物资存量比例占有总资金相同的比例,分解、分配各部门、个人,层层落实,分级管理。

● 存货管理。

■ 存货必须执行物资保管规则,妥善保管,避免损坏、短少、混错。防止火灾、盗窃现象的出现。

■ 定期或不定期盘库清点,及时调整盘盈、盘亏。

3.证券投资资产管理

证券投资 是指把资金用于购买股票、债券等金融资产的投资。

内涵 证券投资与直接投资不同，直接投资是将资金购买固定资产等实物资产，直接用于生产经营活动，属于项目投资性质；而证券投资却是将资金购买金融资产，资金转移到股份公司后再被投入生产活动，因此，又称间接投资。证券投资通常是指股票投资和债券投资。

把握时机最要紧
牛市不一定赢
熊市不一定亏

股票投资 是指投资者为获得股利或在股市赚取股票差价而购买并持有股票的一种投资活动。

- 股票投资的特点。
  - 股东拥有股份公司的经营管理权，并以投资股票的份额为限承担经营亏损的责任。
  - 股票投资的收益是不确定的，与股份公司的经营业绩紧密联系
  - 股票投资是不能撤回的，除非股份公司破产或解散清算，但可将股票依法转让、卖出。
  - 股票投资风险是很大的。
- 股利。

  股利 是指股份公司按一定份额从税后利润中分配给股东的报酬。股利分为股票股息和红利两种。
  - 股利是股东的所有权在分配上的体现。
  - 股份公司的分配，主要体现是股利分配。
- 股票的预期收益率。

  股票的预期收益率 是指预期股利收益率与预期资本利得收益率之和。
  - **预期股利收益率** 是指投资者预期的股票利息、红利收入与股票价格的比率。
  - **预期资本利得收益率** 是指预期投资者在股市上所赚取的价差收入与股票买入价格的比率。
- 股票市盈率分析。

  市盈率 是指股票市价与每股盈利之比。以股价是每股盈利的倍数计。
  - 市盈率反映投资者对每股净利润所愿支付的价格，可以用来估计股票的投资报酬和风险。
  - 市盈率是市场对该股票的评价指标，可粗略反映出股价的高低。其计算公式如下：

市盈率=股票市价／每股盈利

股票市价=该股票市盈率×该股票每股盈利

股票价值=行业平均市盈率×该股票每股盈利

  - 通常认为：当市盈率超过20时，是不正常的，风险较大。市盈率低于5以下，表明前景悲观。在5~20之间比较正常。

债券投资。

债券 是指国家、金融机构和企业为了筹措资金而发行的债务凭证，证明持券人(债权人)有权向债券发行人(债务人)按期取得固定的债息收入，并在到期时归还本金的一种证券。

债券投资 是指作为购买债券的投资活动（这里叙述的债券投资是购买行为，并非指发行债券的活动)。

- 债券包含3个要素：债券的面值、票面利率、到期日。
- 债券的利弊得失。
  - 风险小，收益平稳。
  - 债券是一种可以流通的金融商品，可转让、交易，变现能力强。
  - 形式多样，期限适中。
  - 利率高于银行利率，吸引力较大。
  - 买多买少，灵活自主。
  - 不记名、不挂失，可转让，安全系数低于银行储蓄存款。
  - 债券仍具有一定的风险，即企业一旦破产，不一定能收回全部投资。
- 影响债券价格的因素。
  - 市场利率水平。

    当市场利率上升时，人们更乐于将资金存入银行，债券价格随之下跌；反之，当市场利率下降时，债券价格上升。
  - 经济周期波动。

    当经济衰退时，对资金需求量减少，市场利率下降，债券价格上升；而当经济繁荣时，导致对资金需求量上升，市场利率上升，债券价格下降。
  - 通货膨胀。

    通货膨胀的显著特征就是物价上涨，通常中央银行往往采取高利率等措施来抑制。那么，由于利率的上升，会使债券价格下跌。
  - 汇率变化。

    汇率下降会使债券价格上升；反之，当汇率上升时，本国货币贬值，会使债券价格下跌。
  - 国外利率。

    当国外利率上升，本国投资者往往投资国外债券，致使本国债券价格下跌；反之则本国债券价格上升。
- 投资债券的潜在风险。
  - 违约风险(信用风险)。
  - 利率风险。
  - 购买力风险(通货膨胀风险)。
  - 经营风险(经营失误风险)。
  - 政府方针政策改变风险，甚至政权交替风险。

连接

通货膨胀是指国家纸币的发行量超过流通中所需要的货币量，引起纸币贬值、物价上涨的现象。

连接

汇率是指一个国家的货币兑换其他国家货币的比例，也叫汇价。

4.无形资产的管理

无形资产 是指企业自有或有偿取得、长期使用,但没有实物形态的非货币长期资产。

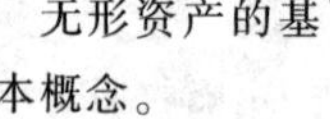

- 确认无形资产的条件。
  - 该资产能为企业获得经济利益,并能得到证实。
  - 该资产的成本价值是能够可靠计量的。
- 无形资产具体形式。
  - 专利权——专利人在法定期限内对某个发明创造所拥有的独占权和专有权。
  - 商标权——企业专门在某种特定的商品上使用特定名称、图案、标记的权利。
  - 著作权——著作人对其著作依法享有出版、发行等方面的专有权。
  - 土地使用权——国家准许企业在一定期间对国有土地享有开发、利用、经营的权利。
  - 经营特许权——在某一地区经营或销售某种特定商品的权利,或一家企业允许另一家企业使用其商标、商号、技术秘密等的权利。
  - 专有技术(非专利技术)——发明人垄断的、不公开的、具有实用价值的先进技术、数据、技能、知识等。
  - 商誉——企业获得的超额收益的能力。
    - ◆ 地理位置优越。
    - ◆ 信誉好而获得客户信任。
    - ◆ 组织得当,生产经营效益高。
    - ◆ 技术先进,掌握生产诀窍。
- 无形资产的特点。
  - 无实体性——不具有物质实体,表现为有偿或无偿获得的某种权利或特权。
  - 专有权——在占用或使用方面具有独占性、排他性或垄断性。
  - 不确定性——无形资产的价值,在使用期限及其在使用期内到底能带来多少经济效益,无法确定。
- 无形资产的分类。
  - 按无形资产的来源分——内部自行形成的无形资产和从外部取得的无形资产两种。从外部购入的或以投资投入的无形资产为外部取得的无形资产。
  - 按无形资产的使用期限分——有期限的无形资产和无期限的无形资产两种。如:发明专利权自申请日起计算为15年,实用外观设计专利为5年,商标权的期限为10年。又如商誉就无法确定期限。
  - 按无形资产的辨认性分——有可辨认无形资产和不可辨认无形资产两种。如专利权、著作权、商标权、土地使用权、经营特许权、非专利技术等为可辨认无形资产;商誉为不可辨认无形资产。

无形资产是个宝

无形资产在取得时,应按实际成本计量。

◎ 无形资产的计价。

- 从外部购入的无形资产,按实际支付价款(含律师聘请费及其他支出)计价。
- 投资者投入的无形资产,按投资各方确认的价值计价。
- 自行开发的无形资产,以注册费、律师费等费用计价。其研发费用(材料费、工资福利、租金、借款费用等)计入当期损益。
- 接受捐赠的无形资产,以捐赠方有关凭证标明的金额加上相关税费计价;没有凭证的,则按市场同类或相似无形资产估价加上相关税费计价;市场无同类或相似无形资产则按预计未来现金流量现值作为实际成本计价。
- 以非货币性交易换入的无形资产,按换出资产的账面价值加上相关税费计价。涉及补价的,则分别减去收到的补价或加上支付出的补价,然后再加上相关税费计价。
- 非专利技术和商誉的计价应经法定评估机构评估确认。

无形资产的计价与摊销。

无形的东西到底值多少钱?

◎ 无形资产的摊销。

- 无形资产的摊销期限。

  无形资产的摊销期限　是指无形资产应当自取得当月起在预计使用年限内分期平均摊销,计入损益。当预计使用年限超过了相关合同规定的受益年限或法律规定的有效年限,该无形资产的摊销年限按以下原则确定:

  ■ 合同规定受益年限但法律并无规定的,则摊销年限不应超过合同规定年限。

  ■ 合同未规定受益年限但法律规定有效年限的,则摊销年限不应超过法律规定有效年限。

  ■ 合同和法律或企业申请书都没有规定有效期限或受益年限的,则按照不少于10年的期限确定。

- 无形资产的摊销方法。

  ■ 无形资产的摊销方法,一般按直线法摊销,即根据无形资产的原价和规定的摊销期限平均计算各期的摊销额。

  ■ 无形资产的摊销计算公式为:

$$年摊销额=\frac{无形资产原始价值}{规定的摊销期限}$$

$$月摊销额=\frac{年摊销额}{12}$$

无形资产的投资与转让。

无形资产也具流动性

◎ 无形资产的投资。

● 不涉及补价的。

不涉及补价的无形资产的投资，应按换出资产的账面价值加上应支付的相关税费，作为初始投资成本。

● 涉及补价的。

■ 收到补价的，应按换出资产的账面价值加上应确认的收益和应支付的相关税费减去补价后的余额，作为初始投资成本。

■ 支付补价的，应按换出资产的账面价值加上应支付的相关税费和补价，作为初始投资成本。

◎ 无形资产的转让。

● 无形资产的转让有转让所有权和转让使用权两种形式。

● 无形资产转让成本的确定。

从财务角度讲，转让使用权和转让所有权的转让成本是不一样的。

■ 无形资产使用权的转让成本　是指为履行出让合同所规定义务发生时所产生的费用(如派出技术服务人员费用等)。

■ 由于转让使用权后，转让方仍拥有所有权，因此，不结转无形资产的摊余价值。

■ 无形资产所有权的转让成本　是指转让无形资产的摊余价值。

● 无形资产转让收入的处理。

根据规定，企业无论是转让使用权还是转让所有权，其转让收入都作为企业的其他业务收入。

无形资产的管理。

无形资产管理要求

● 对于无形资产价值的计价一定要实事求是，确切定量。非专利技术和商誉的计价应经法定评估机构评估确认。

● 对已使用的无形资产，应按以上规定分期摊销。

● 无形资产不提折旧，其价值从开始使用之日起，在整个有效使用期限内平均摊入管理费用。

● 企业转让无形资产时，所取得的收入除国家另有规定外，计入其他销售收入。

● 无形资产的管理应充分发挥无形资产的效能，不断提高使用效益。

5.递延资产的管理

递延资产　是指不能全部计入当年损益，应当在以后年度内分期摊销的各项费用。如开办费、租入固定资产改良支出、固定资产大修理支出、股票发行费以及摊销期限在1年以上的其他待摊费用等。但应该由本期负担的借款利息、租金等不得作为长期待摊费用处理。

实质　递延资产实质是一种费用。但由于这些费用的效益要期待于将来，而且，这些费用数额较大，若把它们与支出年度的收入相配比，就不能正确、完整地反映当年的经营效果。因此，将它们作为递延资产处理，在以后的年度内分期摊入成本、费用较为合理、妥当。

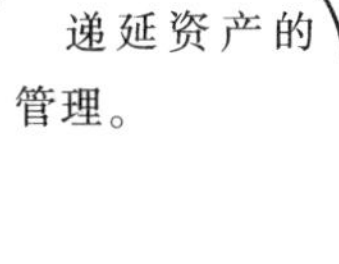

能摊就得摊
成本不就小了吗!

- 开办费。
  - **开办费**　是指企业在筹建期间发生的费用。
  - 开办费包括:筹建期间的人员工资、办公费、培训费、差旅费、印刷费、注册费以及不计入固定资产和无形资产构建成本的汇兑损益、利息支出等。
  - 开办费不包括筹建期间购得的固定资产和无形资产支出。
- 租入固定资产改良支出。
  - **租入固定资产改良支出**　是指增加租来的固定资产的效用或延长其使用寿命的改装费、改造费、翻建费、改建费等的支出。
  - 租入固定资产改良支出的待摊期限应选择在租赁期限与租赁资产尚可使用年限二者孰短的期限内平摊完毕。
- 固定资产大修理支出。
  - 固定资产大修理支出　是指进行固定资产大修理所发生的费用支出。
  - 当未提大修理基金时,且支出较大,受益期超过1年的大修费用,应视作递延资产处理。
  - 大修理费用待摊期限,应在下次大修理之前平摊完毕。
- 股票发行费。
  - **股票发行费**　是指与股票发行直接有关的费用(指发行股票时,其溢价尚不足支付的费用)。
  - 股票发行费包括:承销费、注册会计师费、评估费、律师费、公关及广告费、印刷费及其他直接费用等。
- 其他长期待摊费用。
  - **其他长期待摊费用**　是指不属于上述各项支出性质的其他各种摊销期超过1年的待摊费用。
  - 长期待摊费应单独核算,在费用项目的受益期限内分期平摊。
    - ☆ 如果出现长期待摊费用项目不能使以后会计期间受益的情况,那么,应当将尚未摊完的摊余价值全部转入当期损益。

二、负债

负债　是指企业所承担的、能以货币计量、需以资产或劳务偿付的债务。

通常,企业在生产经营管理活动中借入,或占用其他单位、或个人的资金等都应该作为负债处理。

负债可分为流动负债、长期负债及短期负债3类。

内涵　负债的产生主要由企业经营活动引起。具体地说,它应该是由于企业过去的商品交易(服务),资金缴拨以及企业内部经济往来而形成的。

实质　负债的实质是属于企业权益的一个重要组成部分,是企业获得资产的资金来源的方式之一,表明企业应负的经济责任。

1.负债的基本概念

负债的特征。

负债是双刃剑

● 客观存在性。

■ 负债是由已经过去的经济业务活动所引起的，是客观存在的。

■ 企业为了取得所需资金，向银行贷入的借款是负债。

■ 企业为了取得所需的物资而用赊购方式所形成的应付款项也是负债。

■ 企业由于经济活动而依法应纳的税金。

■ 企业应付的休假工资、年终奖金等。

● 负债偿还性。

■ 企业对负债必须在未来的某个时日，付出一定量的资产或提供一定量的劳务来偿还。

■ "欠债还钱"，天经地义，不容抵赖。

● 负债和债权的一致性。

借债人的负债就是对应债权人的权益。

● 货币计量性。

■ 负债作为企业的一项尚未履行的经济责任，不论其形式如何，其数额应该是可以用货币确切地计量的，或者可以根据经营状况、历史经验予以估计的。

■ 凡是金额不能计量的或不能判断估计的，都不能作为负债责任。

■ 各项负债均应按实际发生额记账，并由财务报告充分说明，对于数额未定的负债应合理预计记入，待确定实际数额后再进行调整。

● 互不抵消性。

■ 负债不能随意地、无条件地与债权人互相取消。

■ 通常，负债要有确切的债权人和偿付日期，或者虽然不知道具体债权人或偿还期，但应该可以合理估计确认，一经确认的负债，企业不能随意取消。

负债的分类。

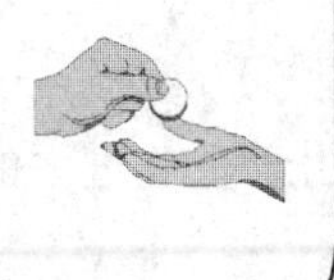

● 流动负债。

流动负债 是指偿还期在1年或超过1年的1个营业周期内的债务。

● 长期负债。

长期负债 是指偿还期在1年以上或超过1年的1个营业周期以上的债务。

企业以偿还期的长短作为划分流动负债和长期负债的标志，其目的在于为了分析企业负债的构成比重，便于观察、考核企业的还债能力。同时，只有按时间的长短来确定流动负债的数额，才能准确地计量坏账准备。

2.流动负债

流动负债是企业财务管理的必然——主要种类。

按科目管好

- 流动负债是相对于长期负债而言。
- 各项流动负债应当按实际发生额记账。由于偿付期较短,现值与到期值的差异较小,因此只要正确确认应付金额在账面上就无须反映现值贴现因素,在会计上是以到期值进行计量记录。
- 流动负债的主要种类。
  - **短期借款**——是指企业借入期限在1年以下的各种借款。
  - **应付票款**——是指企业对外发生债务时,允诺在一定时期内支付一定款额,采用商业汇票结算方式开出的票据。
  - **应付账款**——是指企业因赊购配件材料,以及外加工或临时雇工等在1年内需偿还的欠款债务。
  - **其他应付款**——是指暂收、应付的款项。如:租入固定资产或包装物的租金、存入的保证金和统筹金等。
  - **预收货款**——是指企业预收的加工费或修理费等款项。
  - **应付工资**——是指企业应付给员工的工资总额。包括工资总额内的各种工资、奖金、津贴和补贴等。
  - **应付福利费**——是指企业应付给员工的各种福利费用。
  - **应付税金**——是指企业应缴纳而尚未缴纳的流转税和所得税。
  - **应付利润**——是指企业应付而尚未支付的利润和股利。
  - **其他应缴款**——是指除税金、利润以外的其他应上交的款项。如车船使用税、车辆购置税、教育附加费等。
  - **预提费用**——是指企业预提而尚未实际支付的费用,如预提的保险费、借款利息与租金等。

3.长期负债

举债经营是企业经营的积极举措。

该借就借
关键在偿还能力

- 企业为了扩大生产经营规模、增置机械设备、购置房地产、扩建厂房等,需要增投大量资金,但多数企业是难以以企业自有资金解决,往往丧失最佳投资机会,企业依靠外部筹资是一种可以缓解这种窘境的有效办法。
- 外部筹资不外乎发行股票或银行贷款(含其他借款或发行企业债券)两种渠道。也即一为增资,二为举债。
- 增资与举债各有利弊。相对而言,举债虽风险较大,但有利在于:
  - 当企业的投资报酬率高于长期借款的固定利率,则超过部分归企业所有。
  - 债权人不参与企业经营管理,企业经营管理不受干扰。
  - 举债经营不影响企业的投入资本,不影响企业的资本保存。
  - 长期负债的利息是作为企业的收益性支出而计入费用,冲减当期利润,从而使企业少缴所得税,但股利不能列为费用,则不能少缴所得税。

长期负债的种类。

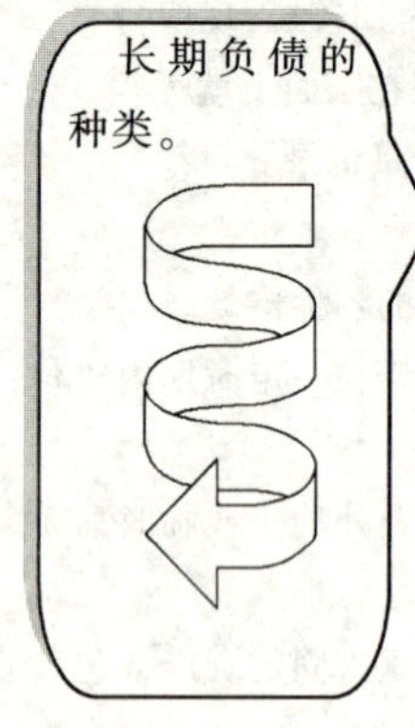

◎ 按筹资方式分类。

- 长期借款。

  长期借款　是指偿还期在1年以上或超过1个营业周期以上的债务。

- 应付债务。

  应付债务　是指企业通过社会发行债券,筹措长期资金而发生的债务。

- 长期应付款。

  长期应付款　是指企业除长期借款、应付债券以外的其他各种长期应付款。如融资租赁固定资产、补偿贸易方式引进设备等。

◎ 按其他标志分类。

- 按借款的条件,可分为抵押借款、担保借款和信用借款3种。
- 按借入的币种,可分为人民币借款和外币借款两种。
- 按偿还方式,可分为定期偿还和分期偿还两种。

三、所有者权益

所有者权益　是指企业投资者对企业净资产的所有权,或是对企业资产的要求权。

实质　所有者权益表明企业的产权关系,即企业是归谁所有,是属于谁投资的。在数量上,它等于企业全部资产减全部负债后的余额(净资产)。

在企业刚开始时,所有者权益就是投资者投入企业的资本,当企业进行经营活动取得盈利后,所有者权益就变为:投资者权益=投入资本+实现的利润。

投资者权益的特点和内容。

- 投资者权益的特点。
  - ■ 投资者权益反映的是投资者对企业净资产的索偿权。
  - ■ 投资者可能从企业的盈利中取得相应的投资收益，也可能会承担企业的相应的亏损。
  - ■ 企业清算时，投资者权益只有在清偿所有负债后，才返回给投资者。
- 投资者权益包括:投入资本、资本公积、盈余公积和未分配利润等4部分。
  - ■ 投入资本——是指投资者实际投入企业经营活动的各种财产物资。
  - ■ 资本公积——是指企业由于资本自身升值或其他原因而产生的投资者共同利益。包括:股本溢价、法定财产重估增值、接受捐赠的资产价值等。
  - ■ 盈余公积——是指按照国家有关规定从利润中提取的积累资金。
  - ■ 未分配利润——是指企业留于以后年度分配的利润或待分配利润。

连接

净资产是指企业全部资产减去全部负债后的净额。

课题三　汽车维修企业的营业收入及其结算

营业收入　是指企业在经营活动中由于销售产品和商品、提供服务(维修车辆)及让渡资产使用权而获得的资金流入,习惯上称为收入。

实质　营业收入是企业从事生产或经营活动的主要目的之一，也是企业实现利润最大化的必循之途。营业收入不包括为第三者或者客户代收的款项,而是表现为资产的增加或者新资产的取得,有时也表现为原有债务的减少或者取消。

划分　企业的营业收入按其在企业中的重要性和来源不同，可分为主营业务收入和其他业务收入两部分。但是具体到某个企业,二者并无严格的划分,而视企业的性质、业务的主次、规模的大小决定。如汽车维修企业的对外磨曲轴可作为主营收入,而其他机械加工企业则可将其作为其他营业收入。又如汽车运输企业将运费列入主营收入,而汽车维修企业则可将其列为其他营业收入。

一、主营收入(基本业务收入)

主营收入　是指通过企业持续的基本业务活动所取得的营业收入。

主营收入的作用。

弃主投次不可取

- 主营收入是维修企业生产和再生产的基础保障。

  企业在生产经营活动中必然要耗费大量的人力、财力和物力,这些就构成成本和费用,只有通过主营收入的实现才能得以补偿,以维持生产和再生产活动。

- 主营收入是企业取得利润的主要途径。

  通常,主营收入在企业收入中所占的比重最大,企业往往都是将主要精力投入到主营业务上,以取得可观的利润,如果本末倒置,弃主投次,则失去了主营的意义,除非企业处于转业改行的过渡期间才会这样做。

- 主营收入是企业现金流量最重要的来源。

  现金流量的充足与否，对于企业正常运行无疑是关键性的条件之一。举债经营虽可增加现金流入,但必须付出较大的利息支出,况且还有较大风险,而主营收入却是保障财务状况最好的来源。

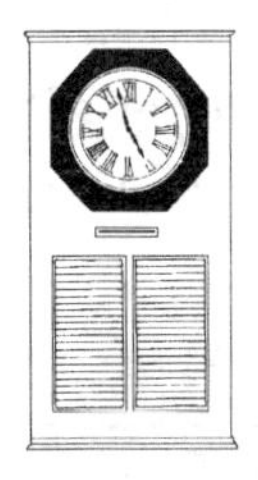

- 汽车维修工时费收入应按各级维修作业的额定工时数和各工种每工时结算单价计算确定:

  工时费=工种工时单价×结算工时定额数

- 维修作业工时定额及工时收费标准由各地汽车维修行业管理部门及物价部门联合颁布的《汽车维修工时定额》、《汽车维修收费标准》确定。允许企业向下浮动。对于尚未明确规定的,可参照有关规定按实际情况确定,也可由汽车维修企业与客户协商确定。

收取材料费。

● 汽车维修材料费包括：消耗的配件费(包括外购配件费、自制配件费、修旧配件费)以及消耗的维修辅助材料费(包括通用件、标准件、辅杂料、燃润料、涂料及各类原材料等)两项。

● 收取汽车维修材料费，应在实际消耗的汽车配件费和汽车维修辅助材料费成本的基础上，根据成本利润率与税率确定：

$$配件材料费=\frac{配件材料成本(1+成本利润率)}{1-税率}$$

式中：成本利润率——由各省市汽车维修行业管理部门确定，一般为15%；

税率——(包括营业税、城市维护建设税和教育费附加等)一般规定为营业额的3.07%~3.27%。

收取材料费的若干规定。

要点：

- 不能重复收费
- 按定额或实际收费
- 按规定收取管理费

● 汽车配件费。

汽车配件费 是指在汽车维修过程中，实际更换并安装于维修汽车上的配件的费用。

■ 外购汽车配件单价，应按当地商业零售价格或实际购进的不含税的价格计算。

■ 自制汽车配件单价，应按实际制造成本价计算，或按该汽车配件在当地的商业零售价格计算。

■ 修旧配件单价，可参照该配件的新配件市场价，按40%~70%计价(不含原车修旧的零部件)。这里所指的修旧配件是指非原车的修旧件。

● 维修辅助材料费。

维修辅助材料费 是指汽车维修过程中共同消耗、或者难以在各维修车辆之间清楚划分的汽车维修辅助材料费用。

■ 按汽车维修辅助材料的消耗定额收费。

■ 按汽车维修辅助材料的实际消耗量收费。

■ 按汽车维修辅助材料的额定消耗量或实际消耗量，分摊于各工种工时单价中进行收费。

■ 具体收费办法及计费分摊比率，由当地汽车维修行业管理部门根据实际情况确定。

● 材料管理费。

材料管理费 凡未分摊于工时单价中的材料消耗费，可按当地交通主管部门、物价管理部门所规定的材料管理费率(通常为10%~ 20%)收取相应的材料管理费(含采购费、运杂费、仓储费、损耗费、税金等)。其计算公式为：

$$材料费=材料实际购价\times(1+材料管理费率)$$

收取代支外协加工费。

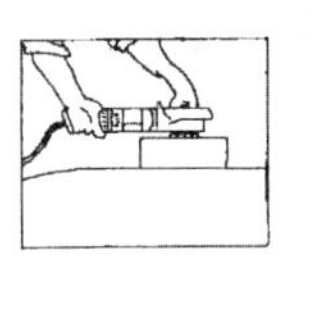

● 代支外协加工费。

代支外协加工费　是指由于企业委托外企业外协加工时，已预先代为支付了的加工费(如磨曲轴费),再向客户收回该部分的费用。且允许加收4%的管理费。其计算公式为：

$$代支外协加工费=\frac{外协加工费(1+4\%)}{1-税率}$$

● 凡该部分维修费用已包括在该车规定维修作业范围之内，或者已按照相应工时定额收费标准收费的,不得再收取代支外协加工费,不得重复收费。

二、其他业务收入

其他业务收入　是指汽车维修企业除主营业务收入以外的其他营业收入。

其他业务收入。

● 汽车维修企业其他业务收入项目。

■ 汽车维修企业其他业务收入项目如汽车销售收入、汽车配件销售收入、汽车清洗收入、汽车美容和改装收入、汽车技术状况检测收入、汽车不解体清洗收入等。

■ 车辆救援收入、出租固定资产的收入以及出售废旧物资的收入等。

● 其他业务收入应通过"其他业务收入"账户据实记载,单独核算。

● 主营业务和副营业务的划分是相对的,可根据企业的主经营项目而定。

三、汽车维修费用结算

汽车维修费用结算　是指汽车维修企业与客户之间就车辆维修事项,进行费用确认、收付的经济活动。

1.营业收入的预测

营业收入的预测方法。

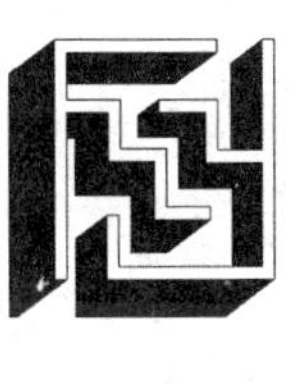

企业为了加强营业收入的管理,必须做好营业收入的预测工作。

● 算术平均法——是指以一定时期的预测对象的时间序列的算术平均数作为未来预测值的一种方法。可以采取简单算术平均数或加权算术平均数两种方法。适于维修业务比较稳定的企业。

● 指数平滑法——是指根据前期汽车维修营业额的实际数和预测数,以加权因子为权数,进行加权平均来预测下期营业额的一种方法。其计算公式为：

$$预测量=\alpha\times上期营业额+(1-\alpha)\times上期预测营业额$$

式中：α——指数平滑系数(加权因子),是上期实际营业额的权数。通常为$0\leq\alpha\leq1$。由测试调整而得；

$(1-\alpha)$——上期预测值的权数。

2.营业收入的确认

营业收入实现的标志。

我收到你的钱了!

汽车维修企业营业收入的实现,通常是以修竣车辆移交客户,并收到客户修车费或取得索要修车费的凭证,作为划分营业实现的依据。

- 采取现金、银行支票或“委托收款”结算方式的,应在收到现金、支票或者修竣车辆交出时,作为收入实现。
- 采用送车制和汇兑结算方式的,通常是以客户签收已接收车辆凭证或收到客户汇来修车费时,作为收入实现。
- 采取“托收承付”结算方法的,通常以办妥委托银行收款手续时,作为收入实现。
- 采用商业汇票结算方式的,收到客户签发的由客户承兑或银行承兑的商业汇票时,作为收入实现。

如果采取分期付款的,可依维修合同约定的时间作为确认收入的依据。

对汽车维修企业而言,尽可能采用提车付款的办法,避免拖欠。

3.维收费用的折扣与折让

灵活的办法——折扣折让。

为了搞活汽车维修业务,常采用折扣与折让的办法。此时,在财务管理及会计处理时应冲减当期汽车维修费收入。

- 折扣。
  - **折扣** 是指为了促使客户在信用期限内按时付款,或对老客户的优惠,或对预约修车的优惠,而承诺的现金打折收费行为。
  - 折扣的大小以信用期的长短为依据,时间短,折扣率大;反之,时间长,折扣率小。也可以依客户性质规定不同的折扣率。
- 折让。
  - **折让** 是指汽车维修期间,由于质量问题,或未按时交车,或对纠纷的歉意,给予一定的价格折让行为。
  - 折让金额视具体情况而定,一般由委托、承修双方协商而定。
- 汽车维修企业采用折扣折让办法时,其财务管理和会计处理常采用总额法或净额法。我国都采用总额法。
  - **总额法** 是按汽车维修收入总额的折扣率(百分率)计提。
  - **净额法** 是按汽车维修的净收入计提。

4.费用结算的控制、监督管理

费用结算控制，监督管理　是指按照计划的要求对经营活动中的价格确定、收费原则、收费方式及其收入实现的监控活动。

- 监控项目。
  - 发现维修、配件供应及服务经营环节的脱节或不当，应及时调节业务方式，促进汽车维修业务的扩大和增长。
  - 提高维修质量和客户满意服务质量。
  - 及时办理结算，准时、足额入账。
  - 做好信息回馈工作，了解结算过程中的缺陷和不足，及时补救。
- 监控收费、结算执行情况。
  - 监控维修车辆合同的执行情况，不得违反合同要求。
  - 监控《维修工时定额》与《收费标准》的执行情况，不得随意抬价或乱收费。
- 监控票证管理。
  - 严格使用行业统一印制的发票、凭证以及各类附件、清单。
  - 各项票证清单填写准确、齐全、明了。

课题四　汽车维修企业的损益管理

一、汽车维修企业的成本

成本　是指车辆维修及其服务在经营活动中直接耗费的各种价值的货币支出量的总和。

1.成本概述

◎ 按其经营目标分类。

- **生产性成本**　是指生产性企业为维修一定的车辆，在维修要素上个别耗费的和维修人员必要活劳动的补偿价值。生产性成本又分为维修成本和非维修成本两种。
- **劳务性成本**　是指劳务性企业为提供车辆维修劳务在维修要素上个别耗费的物化劳动和维修人员提供必要活劳动的补偿价值。

◎ 按其与特定对象间的关系分类。

- **直接成本**(可追溯成本)　是指与维修车辆之间具有直接联系，可按特定标准将其直接归属该维修车辆的成本。
- **间接成本**(共同成本)　是指与维修车辆之间没有直接联系，无法按某一特定标准直接归属该维修车辆的成本。

凡是直接成本，需根据原始凭证直接计入该维修车辆；凡是间接成本，则要选择合理的分配标准，分别计入相关的各维修车辆。

◎ 按其与业务量间的关系分类。

● 变动成本　是指其总额会随维修业务量(产量、工时、设备小时)的变动而正比例增减变动的成本。

● 固定成本　是指在相关范围内,其总额不随维修业务量的增减变动而变动的成本。

● 混合成本　是指其总额虽受业务量变动的影响,但其变动幅度并不与维修业务量的变动保持严格比例的成本。混合成本兼具变动成本与固定成本两种特性。

将成本划分为变动成本与固定成本,对成本的预测、决策和分析,特别是控制和寻求降低成本途径具有十分重要的作用。

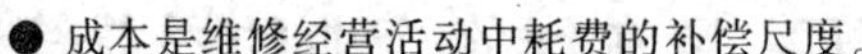

◎ 按其在经营活动中的作用分类。

● 财务成本(法定成本或制度成本)　是指根据国家统一的财务和会计法规及制度核算出来的,用于编制财务报表和从事企业内部成本管理的成本。

● 管理成本　是指用于汽车维修企业内部经营管理的各种成本的总称。

我国目前的会计核算都是按财务成本入账的。

管理成本又包括决策成本、控制和考核成本两类。

成要的作用。

财务管理的重头戏

控制成本

● 成本是维修经营活动中耗费的补偿尺度。

企业要维持维修业务的继续,必须将已耗费的成本从经营收入中补偿回来,其补偿的尺度就是以成本来衡量。另外,企业除了补偿耗费之外,还需有所盈利,这也取决于成本的大小。可见成本作为补偿尺度对确定企业经营损益,具有重要意义。

● 成本是反映汽车维修企业整体工作质量的综合性指标。

企业成本与企业耗费费用有关,它几乎涉及所有部门、所有环节,它的节约浪费与否,直接影响成本,所以从成本可以反映出全企业整体运作的水平。因此成本就成了衡量企业生产经营活动质量的综合性指标。

● 成本是制定价格的主要依据。

虽然定价要考虑政策、市场等诸多因素,但也必须考虑企业的承受能力,即产品(服务)实际成本水平,也就是成本与利润问题。因为成本是产品(服务)价格制定的最低界限,因此成本也就影响着价格。

● 成本是进行经营预测、决策与分析的基础。

激烈的维修市场竞争要求企业不断改变、适应,必须面向市场,对维修计划的安排、工艺方案的选择、新项目的开发等都应进行经常性的预测、决策与分析。那么,成本构成要素的具体资料,就成为经营预测、决策与分析的可靠基础,否则将无从下手。

2.汽车维修企业的经营成本

汽车维修企业的经营成本　是指汽车维修企业在汽车维修作业中在生产要素上个别耗费的和维修人员必要活劳动的补偿价值。

汽车维修企业的直接成本。

汽车维修企业的直接成本主要包含汽车维修过程中直接消耗的材料成本和人工工时成本两个部分。

- 直接材料成本——主要包括实际更换、消耗的汽车配件、辅助材料、燃润料、能源动力等。
- 直接人工成本——主要包括直接从事汽车维修的人员工资、奖金、津贴和补贴等。
- 其他直接成本——主要包括直接从事汽车维修的人员福利等（汽车维修企业的职工福利费通常是按照维修人员工资总额的14%计提）。

汽车维修企业的间接成本。

汽车维修企业的间接成本主要包含汽车维修过程中间接发生的材料成本及人工成本两个部分。

- 企业非直接生产人员(辅助生产人员、管理人员等)的办公、差旅、工资、奖金、津贴及补贴、职工福利、保险、试验检测、劳动保护等成本。
- 生产厂房维修、水电、取暖、运输、停工损失;机具设备维修、折旧、租赁、物料消耗、低值易耗品以及其他支出等成本。
- 辅助性机修车间、除锈车间、检测线、洗车台等所发生的各种成本。

二、汽车维修企业的费用管理

费用　是指汽车维修企业维修经营耗费的货币表现。

1.费用概述

维修(生产)费用与期间费用的性质与区别。

- 汽车维修企业在维修生产经营中的资金耗费，有的直接用于车辆维修过程,如配件材料费、工时费、动力费等,称为生产费用。
- 汽车维修企业还有不少费用则与车辆维修不直接有关,如管理费用、营业费用以及筹资费用等,称为期间费用。
- 维修生产费用与期间费用有着明显的区别。
  - 维修费用可按所修车辆直接计入生产成本,从收入中得到补偿。
  - 期间费用无法直接计入某辆车的生产成本，它们都是为了赚取某一会计期间的总收入而发生的,所以应该计入当期损益,从当期收入中总的得到补偿。

    成本以具体维修车辆确认,而期间费用以发生的期间核算。

2.车辆维修费用(一般称为生产费用)的构成

维修费用的构成三要素。

维修费用 是指汽车维修企业在维修生产经营过程中所发生的各种直接耗费。

- 维修费用三要素——对象(车辆)、手段(维修)、活劳动(工人)。
- 维修(生产)费用要素。
  - 外购配件、材料、燃润料、辅助材料、低值易耗品等。
  - 能源动力。
  - 维修工工资、奖金、津贴和补贴。
  - 职工福利费。
  - 劳动保护。
  - 折旧费。

3.期间费用的分类及其构成

期间费用的分类及其构成。

三项费用

期间费用 是指汽车维修企业在经营过程中不与维修生产直接联系的各种耗费。期间费用可分为营业费用、管理费用和财务费用3种。

- **营业费用** 是指企业经营活动中为了支持、维持生产的正常运转而发生的各种耗费。小型汽车维修企业可与管理费用合而为一。如接待、停泊、采购、运输、仓储、销售、广告等费用。
- **管理费用** 是指汽车维修企业的行政管理部门，开展各项管理活动而发生的各种耗费。如公司经费、工会经费、教育经费、办公费、差旅费、医疗费、劳动保险费、待业保险费、医疗及大病保险费、董事会费、咨询费、律师费、诉讼费、认证费、审计费、排污费、绿化费、土地使用费、土地损失补偿费、专利费、税金、坏账损失、物资盘亏、无形资产摊销、业务招待费等费用。
- **财务费用** 是指汽车维修企业开展财务活动而发生的各种耗费。如利息支出、汇兑损失、银行手续费、筹资开支等费用。

三、汽车维修企业的成本管理

成本管理 是指汽车维修企业在控制成本与降低成本的过程中所采取的一切手段。

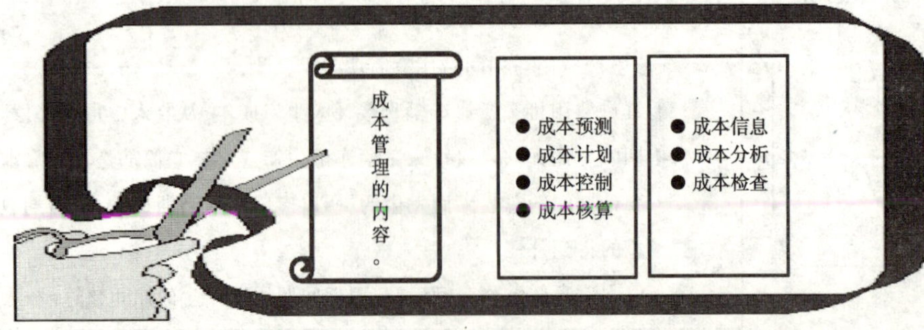

- 强化企业成本管理意识，厂长（经理）亲自挂帅，主持、组织财务成本管理工作。
- 建立、健全成本管理责任制，落实各职能人员的岗位责任。
- 加强定额管理，严格考核定额执行情况。
- 采用科学、合理方法，预测未来成本水平及其发展趋势，合理确定成本目标。
- 认真、详尽编制成本、费用计划。分解落实到各基层单位、部门、班组，实施分级归口管理。由财务部门会同相关管理部门共同制定维修（或加工）工时的标准成本和费用、物资的标准成本和费用以及采购计划、储备计划。
- 严格实施成本的全过程、全员工、全方位控制。
- 严格按成本计划开支，严格遵守成本开支范围，严格控制生产费用与生产成本。
- 成本和费用的计提一般应按其实际消耗数量和账面单价进行计算。
  - 汽车维修企业在生产经营活动中所发生的各项费用，应按其受益期内的实际发生数，直接计入或分摊计入。既不得将不属于成本开支范围的费用列为成本；也不得将应该列为成本的费用由其他费用开支。
  - 不得将由本期负担的费用计入它期成本，且不得以计划成本、定额成本或估计成本代替实际成本。下列各项支出不得列入生产成本·
    - 固定资产的购置或建造费用。
    - 无形资产的购入费用。
    - 归还固定资产投资借款的本金和在固定资产投入使用前发生的借款利息和外币折合差额。
    - 职工福利基金中的开支费用。
    - 企业对外投资以及分配给投资者的利润。
    - 与维修经营业务无关的其他支出（如被没收财物，支付的各种滞纳金、罚金，企业赞助费和捐助费等）。
- 切实做好成本核算工作，严密组织维修企业内部的成本核算。
  - 做好各种原始记录（如配件物料领用记录、工时记录等）。
  - 做好计量、验收和物资保管、发放工作。
  - 开展车间核算、班组核算及单车核算活动。
- 组建成本管理信息网、信息库，多渠道、多层次、多方位地开展成本信息的收集、整理、分类、分析、运用工作。
- 定期开展企业的技术经济活动分析，抓好企业的成本分析。
- 成本管理由财务部门扎口监督、检查和分析考核执行情况。

切切实实做好成本管理工作——大处着眼，小处着手。

成本管理从点点滴滴做起

四、汽车维修企业的利润与分配

利润　是指汽车维修企业在一定时期内的经营成果的最终体现。

实质　利润数额表现为各项收入与支出相抵后的余额，反映了汽车维修企业维修经营活动各方面的效益，表明企业的盈亏状况，同时又是衡量企业维修经营管理和各方面工作的重要经济指标。用公式表示为：

利润总额=营业利润+投资净收益+营业外收入-营业外支出

分配　是指汽车维修企业利润在所有与企业有利益关系的相关者之间进行分割。

实质　利润的分配从本质上说，它是社会产品的初次分配，只不过是利用价值形式直接在生产领域进行的社会产品的分配。分配体现了国家、集体、个人三者关系必须根据国家法律法规的规定，坚持公开、公平、公正的原则，体现当前与长远的关系。

1.汽车维修企业的利润

● 营业利润。

营业利润　是指企业车辆维修营业(销售配件及其他销售)收入扣除成本费用以及相应的流转税后的余额。用公式表示为：

营业利润=维修营业利润+其他营业利润-管理费用-财务费用

维修营业利润=汽车维修收入-汽车维修成本-汽车维修经营费用-汽车维修营业税及附加费

其他营业利润=其他业务收入-其他业务支出

● 投资净收益。

投资净收益　是指企业对外投资取得的收益与投资损失的差额。用公式表示为：

投资净收益=投资收益-投资损失

● 营业外收支净额。

■ 营业外收入　是指与企业维修主营业务无直接关系的各项收入。主要包括：固定资产盘盈和出售净收益、罚款收入、无法支付的债务应付款、教育费附加返还款等。

■ 营业外支出　是指与企业维修主营业务无直接关系的各项支出。主要包括：固定资产盘亏、报废、毁损和出售净损失；非正常停工损失；子弟学校经费和企业办技工学校经费；非常损失；赔偿费；违约金；公益救济性捐赠支出等。

营业外收支净额用公式表示为：

营业外收支净额=营业外收入-营业外支出

除上述“利润”概念外，还有一些财务上常见的概念：

■利润总额　■息税后利润

■净利润　■产品销售利润和其他销售利润

■毛利(润)　■普通股股东收益

■息税前利润

企业利润的组成。

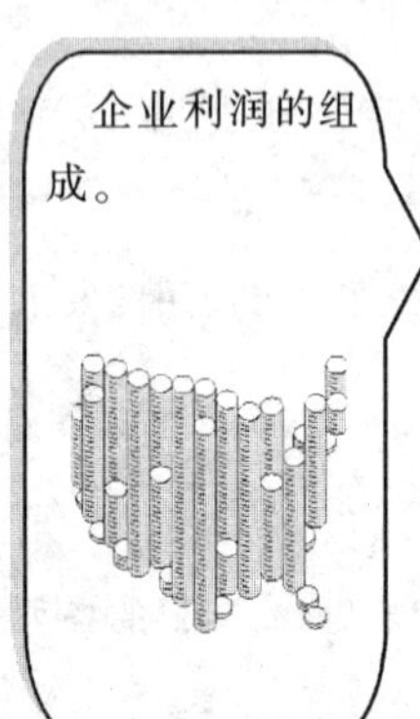

要弄清

利润怎么来？

利润怎么算？

2.汽车维修企业利润的分配管理(分配原则、税后利润分配规定)

利润的分配原则。

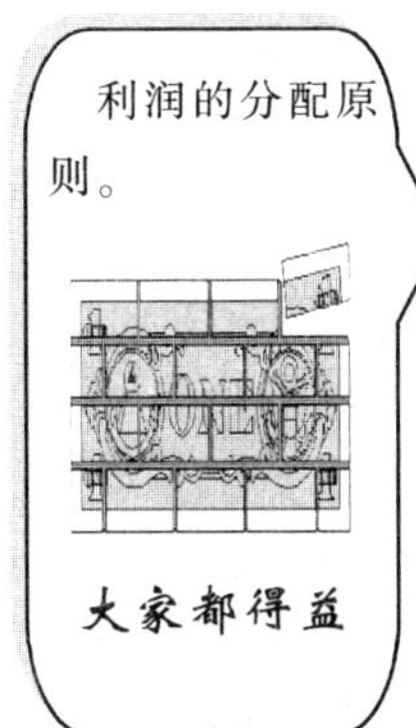

汽车维修企业利润分配主要是确定企业的净利润如何在分发给投资者和用于再投资这两方面进行配比。分配合理与否,不仅影响企业的筹资和投资决策,而且涉及国家、企业、投资者、员工等各方的利益关系,还涉及长远利益和近期利益、整体利益和局部利益等关系的处理、协调。

- 依法分配原则。

  企业利润的分配必须遵守财经法规、基本要求、分配程序和分配比例等规章的规定。
- 兼顾原则。

  企业利润的分配应统筹兼顾,合情合理,考虑各方利益。
- 分留并重原则。

  企业利润的分配应考虑长期和近期关系,既从企业自身发展能力和承受风险能力出发,考虑企业积累,又从投资者获利角度考虑,给予丰厚回报。二者并重。
- 投资与收益对等原则。

  企业利润的分配应体现“谁投资谁得益”、“该得多少按比例”的原则,一视同仁。

利润分配的顺序。

蛋糕一块一块切

按照现行税法规定,企业应按计税所得额与所得税率(33%),缴纳所得税。然后在税后利润中,按照下列次序进行分配(企业以前年度的未分配利润可以并入本年度的利润分配):

- 税前利润允许弥补以前年度的亏损(只允许5年,第6年开始只能在税后利润中弥补)。
- 提取法定公积金,提取比例为10%。
  - 企业以前年度亏损未弥补完的,不得提取盈余公积和公益金。
  - 当法定公积金提取已达到注册资本的50%时,不再提取。
  - 提取的盈余公积可以用于弥补亏损或者用于转增资本金。但转增资本金后,企业的法定盈余公积一般不得低于注册资本的15%。
- 提取法定公益金。

  提取5%~10%的法定公益金主要用于职工的集体福利设施。
- 提取任意公积金。

  企业向投资者分配利润前,经董事会决定,可以提取任意公积金。
- 向投资者分配利润或股利。
  - 但若企业当年无利润时,不得向投资者分配利润。
  - 向投资者分配按“同股同权”、“同股同利”原则分配。

课题五　汽车维修企业的财务报告及财务分析

一、企业财务报告的作用、分类与要求

财务报告　是指根据核算资料中反映企业在一定时期内财务状况、经济活动成果以及影响企业未来经营发展的书面报告，也是会计核算的总结。

1.企业财务报告的作用

- 通过财务报告，可以全面了解汽车维修企业在一定时期内经济活动的情况和成果，了解企业财务、成本各项指标完成的状况，做到心中有数。
- 根据财务报告数据，可以结合有关数据开展经活动分析，评价维修经营的业绩、财务状况好坏、偿债和盈利能力高低，结合投资意向，提出改进措施，及时改善企业经营管理，促进企业向前发展，取得更大的经济效益。
- 通过财务报告，帮助投资者和债权人了解企业的经营状况和经济效果，并据以预测企业发展趋势，制定正确的投资决策和信贷决策。
- 通过财务报告，利于经济管理部门、财税部门、银行机构的检查和监督。
- 企业及时编报财务报告，利于国家综合汇总。

2.企业财务报告的构成

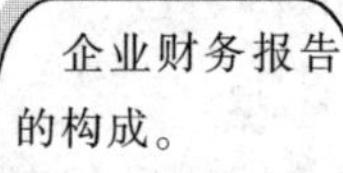

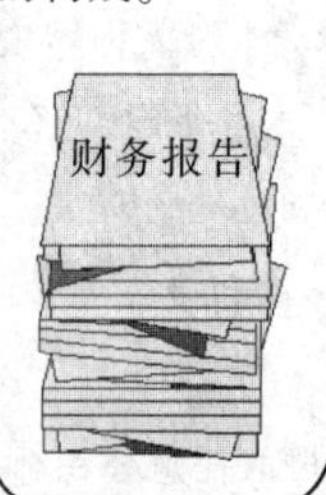

财务报告由财务报表(主体)和财务情况说明书两部分组成。财务报表主要由资产负债表、利润表、现金流量表组成。除此以外，还有《利润分配表》、《主营业务收支明细表》等附表。

- 资产负债表——是反映企业一定时点上财务状况的会计报表。它概括企业在一定时日的资产负债和所者权益的静态情况。
- 利润表——是反映在一个财务期间内企业经营成果的动态报表。
- 现金流量表——是反映企业一定时期内经营活动、投资活动和筹资活动产生的现金流入与现金流出的情况报表。
- 财务情况说明书——主要提供企业生产经营情况和重要的财务情况。主要内容包括：①企业的维修生产、经营主要情况；②利润的实现和分配情况；③成本、费用升降情况；④资产负债的增减和资金的周转情况；⑤税金缴纳情况；⑥物资盘盈、盘亏、毁损、报废情况；⑦有关财务会计方面需要说明的问题。如存货计价、成本核算、折旧计算等各种核算方法变动情况和变动原因。

3.企业财务报告的要求

● 内容完整。

财务报告应反映汽车维修企业整个经营活动及其结果的全貌。编制时不仅要在会计计量和计算方法上保持前后一致,不可随意变动;而且要求数据真实、计算准确、内容完整。报表指标无论是基本指标还是补充数据,都要全部填到,不能漏报、乱报,尤其是对应当汇总的所属各单位必须全部汇总。

● 真实可信。

■ 编制报表前,应先进行财产清查,落实固定资产、库存材料、配件(含自制件及半成品)实有数量,核对往来账项、应收、应支、摊销费用以及盘盈、盘亏等账项调整,切实做到账实相符、账证相符、账卡相符,使得报表汇总准确可靠、真实可信。

■ 严格按项目属性、选用会计科目,准确完整地反映出各财务项目的性质和特征。

● 快捷及时。

财务报告的时间性、时效性非常强,延时过久就失去了报告的利用价值,失去意义,还会影响、拖累有关部门的汇总上报时限。为此,要加强日常核算、结账工作,但也不可为了赶编报表而提前结账。

二、企业财务报告的填列

1.企业资产负债表的结构

(1)资产负债表的基本结构

● 表头。

表头包括:报表名称、编号、编制单位、编制年月日时间和金额单位等内容。

● 正表。

■ 正表主要反映资产负债表各项目内容:资产、负债和所有者权益 3 个会计要素。

■ 各要素按一定标准分类,并按一定顺序排列。

■ 资产项目按照其流动性大小(即变现能力强弱)排列,流动性大的在前,流动性差的在后。

■ 负债专案按照其到期日的远近排列,到期日近的在前,到期日远的在后。

■ 所有者权益项目按其永久程度排列,永久程度高的在前,永久程度低的在后。

● 补充资料。

■ 补充数据主要包括附注和附列数据等内容,填列一些不能直接列入资产负债表的项目。如采用的主要会计处理方法、会计处理方法的变更情况、有关重要项目的明细资料等。

■ 通常还包括:①已贴现的商业承兑汇票;②融资租入固定资产的原价;③国家资本;④法人资本;⑤个人资本;⑥外商资本。

(2)资产负债表的基本格式(见表 7–1)

资 产 负 债 表

表 7–1

编制单位：　　　　　　　　2004 年 12 月 31 日　　　　　　　　金额:元

资产	行次	年初数	期末数	负债和所有者权益(或股东权益)	行次	年初数	期末数
一、流动资产				一、流动负债			
货币资金	1			短期借款	68		
短期投资	2			应付票据	69		
应收票据	3			应付账款	70		
应收股利	4			预付账款	71		
应收利息	5			应付工资	72		
应收账款	6			应付福利费	73		
其他应收款	7			应付股利	74		
预付账款	8			应缴税金	75		
应收补贴费	9			其他应缴款	80		
存货	10			其他应付款	81		
待摊费用	11			预提费用	82		
一年内到期的长期债权投资	21			预计负债	83		
其他流动资产	24			一年内到期的长期负债	86		
流动资产合计	31			其他流动负债	90		
二、长期投资							
长期股权投资	32			流动负债合计	100		
长期债权投资	34			二、长期负债			
长期投资合计	38			长期借款	101		
三、固定资产				应付债券	102		
固定资产原价	39			长期应付款	103		
减:累计折旧	40			专项应付款	106		
固定资产净值	41			其他长期负债	108		
减:固定资产减值准备	42			长期负债合计	110		
固定资产净额	43			三、递延税项			
工程物资	44			递延税款贷项	111		
在建工程	45			负债合计	114		
固定资产清理	46						
固定资产合计	50			四、所有者权益(或股东权益)			
四、无形资产及其他资产				实收资本(或股本)	115		
无形资产	51			减:已归还投资	116		
长期待摊费用	52			实收资本(或股本)净额	117		
其他长期资产	53			资本公积	118		

续上表

资产	行次	年初数	期末数	负债和所有者权益（或股东权益）	行次	年初数	期末数
无形资产及其他资产合计	60			盈余公积	119		
				其中：法定公益金	120		
五、递延税项				未分配利润	121		
递延税款借项	61			所有者权益（或股东权益）合计	122		
资产总计	67			负债和所有者权益（或股东权益）总计	135		

注：上述资产负债表为账户式表，是我国《企业会计准则》规定的一般方式。分为左右两部分，左侧为资产项目，右侧为负债和所有者权益项目，左右对应平衡。也即：

资产合计=负债合计+所有者权益合计

2.企业资产负债表的填列

明明白白填好资产负债表。

◎ “年初数”栏内各项数字，应根据上年末资产负债表“期末数”栏内所列数字填列。

【注意】如若本期资产负债表与上期不尽相同，则应对上期末资产负债表各项目的名称与数字按本期的规定进行调整，然后再填入本期“年初数”栏内。

◎ 本期“期末数”各项目的内容和填列方法。

(1)“货币资金项目”——【表示】企业库存现金、银行存款、外埠存款、银行汇票存款、银行本票存款、信用卡存款、信用证保证金存款等的合计数。【填列方法】本项目应根据“现金”、“银行存款”、“其他货币资金”科目的期末余额合计填列。

(2)“短期投资”项目——【表示】企业购入的各种能随时变现、准备随时变现的、持有时间不超过1年(含1年)的股票、债券和基金，以及不超过1年(含1年)的其他投资，减去已提跌价准备后的净值。【填法】本项目应根据“短期投资”科目的期末余额，减去“短期投资跌价准备”科目的期末余额后的金额填列。【注意】企业1年内到期的委托贷款的本金和利息减去已计提的减值准备后的净额，也在本项目内反映。

(3)“应收票据”项目——【表示】企业收到的未到期收款也未向银行贴现的应收票据，包括商业承兑汇票和银行承兑汇票。【填法】本项目应根据“应收票据”科目的期末余额填列。已向银行贴现和已背书转让的应收票据不包括在本项目内，其中已贴现的商业承兑汇票应在会计报表附注中单独披露。

(4)“应收账款”——【表示】企业因销售产品、商品和提供劳务等应向购买单位收取的各种款项，减去已计提的坏账准备后的净额。【填法】本项目应根据“应收账款”科目所属各明细科目的期末借方余额合计，减去“坏账准备”科目中有关应收账款计提的坏账准备期末余额后的金额填列。【注意】如“应收账款”科目所属明细科目期末有贷方余额，应在本表“预收账款”项目内填列。

▲

(5)“预付账款”项目——【表示】企业预付给供货商的款项。【填法】本项目应根据“预付账款”科目所属各明细科目的期末借方余额合计填列。【注意】①如“预付账款”科目所属有关明细科目期末有贷方余额的，应在本表“应付账款”项目内填列。②如“应付账款”项目所属明细科目有借方余额的，也应包括在本项目内。

(6)“应收补贴款”项目——【表示】企业按规定应收的各种补贴款。【填法】本项目应根据“应收补贴款”科目的期末余额填列。

(7)“其他应收款”项目——【表示】企业对其他单位及个人的应收和暂付的款项，减去已计提的坏账准备后的净额。【填法】本项目应根据“其他应收款”科目的期末余额，减去“坏账准备”科目中有关其他应收款计提的坏账准备期末余额后的金额填列。

(8)“存货”——【表示】企业期末在库、在途和在加工中的各项存货的可变现净值，包括各种材料、商品、零部件、在产品、半成品、包装物、低值易耗品、分期收款发出的商品(修竣车辆)、委托代销商品、受托代销商品等。【填法】本项目应根据“物资采购”、“原材料”、“低值易耗品”、“自制半成品”、“自制产成品”、“库存商品”、“包装物”、“分期收款发出商品”、“委托加工物资”、“委托代销商品”、“受托代销商品”、“生产成本”等科目的期末余额合计，减去“代销商品款”、“存货跌价准备”科目期末余额后的金额填列。【注意】如果材料采用计划成本或售价核算的企业，还应按加或减材料成本差异或商品进销差价后的金额填列。

(9)“待摊费用”项目——【表示】企业已经支出但应由以后各期分期摊销的费用。【填法】本项目应根据“待摊费用”科目的期末余额填列。【注意】①“预提费用”科目期末如有借方余额，以及“长期待摊费用”科目中将于1年内到期的部分，也在本项目内反映。②企业租入固定资产改良支出、大修理支出以及摊销期限在1年以上(不含1年)的其他待摊费用，应在本表的“长期待摊费用”项目内反映，不包括在本项目内。

(10)“其他”项目——【表示】企业除以上流动资产项目外的其他流动资产。【填法】本项目应根据有关科目的期末余额填列。【注意】如果其他流动资产价值较大的，应在会计报告附注中披露其内容和金额。

(11)“长期股权投资”项目——【表示】企业不准备在1年内(含1年)变现的各种股权性质投资的可收回金额。【填法】本项目应根据“长期股权投资”科目的期末余额，减去“长期投资减值准备”科目中有关股权投资减值准备期末余额填列。

(12)“长期债权投资”项目——【表示】企业不准备在1年内(含1年)变现的各种债权性质的投资的可收回金额。【填法】本项目应根据“长期债权投资”科目的期末余额，减去“长期投资减值准备”科目中有关债权投资减值准备期末余额和1年内到期的长期债权投资后的金额填列。【注意】①长期债权投资中，将于1年内到期的长期债权投资，应在“流动资产”类下“1年内到期的长期债权投资”项目单独反映。②企业超过1年到期的委托贷款的本金和利息减去已计提的减值准备后的净值，也应在本项目内反映。

▼

(13)“固定资产原价” 和“累计折旧”项目——【表示】企业的各种固定资产原价及累计折旧。【填法】该2个项目应根据“固定资产”科目和“累计折旧”科目的期末余额填列。【注意】①融资租入的固定资产,其原价及已计提折旧也包括在内。②融资租入的固定资产原价还应在财务报表附注中另行反映。

(14)“固定资产清理”项目——【表示】企业因出售、毁损、报废等原因转入清理,但尚未清理完毕的固定资产的账面价值减去固定资产清理过程中所发生的清理费用和变价收入等各项金额后所得的差额。【填法】本项目应根据“固定资产清理”科目期末借方余额填列,如果“固定资产清理”科目期末为贷方余额,则以“ - ”号填列。

(15)“在建工程”项目——【表示】企业期末各项未完工程的实际支出,包括交付安装的设备价值,未完建筑安装工程已经耗用的材料、工资和费用支出,预付出的承包工程的价款,已经建筑安装完毕但尚未交付使用的工程等的可收回金额。【填法】本项目应根据“在建工程”科目的期末余额,减去“在建工程减值准备”科目期末余额后的金额填列。

(16)“无形资产”项目——【表示】企业各项无形资产的期末可收回金额。【填法】本项目应根据“无形资产”科目的期末余额,减去“无形资产减值准备”科目期末余额后的金额填列。

(17)“长期待摊费用”项目——【表示】企业尚未摊销的摊销期限在1年以上(不含1年)的各种费用。如租入固定资产改良支出、大修理支出以及摊销期限在1年以上(不含1年)的其他待摊费用。【填法】本项目应根据“长期待摊费用”科目的期末金额减去1年内(含1年)摊销的数额后的金额填列。【注意】长期待摊费用中在1年内(含1年)摊销的部分,应在本表的“待摊费用”项目填列。

(18)“其他长期资产”项目——【表示】企业除前述资产以外的其他长期资产。【填法】本项目根据有关科目的期末余额填列。【注意】如果其他长期资产价值较大的,应在财务报表附注中披露其内容和金额。

(19)“递延税款借项”项目——【表示】企业期末尚未转销的递延税款的借方余额。【填法】本项目应根据“递延税款”科目的期末借方余额填列。

(20)“短期借款”项目——【表示】企业借入的1年以内(含1年)归还的借款。【填法】本项目应根据“短期借款”科目的期末余额填列。

(21)“应付票据”项目——【表示】企业为了抵付货款等而开出、承兑的尚未到期付款的应付票据,包括银行承兑汇票和商业承兑汇票。【填法】本项目应根据“应付票据”科目的期末余额填列。

(22)“应付账款”项目——【表示】企业购买配件、原材料、商品和接受劳务等方面应付款项。【填法】本项目应根据“应付账款”科目所属各有关明细科目的期末贷方余额合计填列。【注意】如果“应付账款”科目所属各有关明细科目期末有借方余额,应在本表“预付账款”项目内填列。

▲

(23)"预收账款"项目——【表示】企业预收修车客户的账款。【填法】本项目应根据"预收账款"科目所属各有关明细科目的期末贷方余额填列。【注意】①如果"预收账款"科目所属有关明细科目有借方余额的,应在本表"应收账款"项目内填列。②如果"预收账款"科目所属各明细科目有贷方余额的,也应包括在本项目内。

(24)"其他应付款"项目——【表示】企业所有应付的暂收其他单位或个人的款项。【填法】本项目应根据"其他应付款"科目的期末余额填列。

(25)"应付工资"项目——【表示】企业应付而暂时未付的员工工资。【填法】本项目应根据"应付工资"科目期末贷方余额填列。【注意】如果"应付工资"科目期末为借方余额,则以"-"号填列。

(26)"应付福利费"项目——【表示】企业提取的福利费的期末余额,以及外商投资企业按净利润提取的员工奖励及福利基金的期末余额。【填法】本项目应根据"应付福利费"科目的期末余额填列。

(27)"应缴税金"项目——【表示】企业期末未缴、多缴或未抵扣的各种税金。【填法】本项目应根据"应缴税金"科目的期末贷方余额填列。【注意】如果"应缴税金"科目期末为借方余额,则以"-"号填列。

(28)"应付利润"项目——【表示】企业期末应付给投资者及其他单位或个人的利润。【填法】本项目应根据"应付利润"账户的期末贷方余额填列。【注意】如果为借方余额(多付数),则以"-"号填列。

(29)"其他应缴款"项目——【表示】企业应缴而暂时未缴的税金、应付股利等以外的各种款项。【填法】本项目应根据"其他应缴款"科目的期末贷方余额填列。【注意】如若"其他应缴款"科目期末为借方余额,则以"-"号填列。

(30)"预提费用"项目——【表示】企业所有已预提计入成本费用,而尚未支付的各项费用。【填法】本项目应根据"预提费用"科目的期末贷方余额填列。【注意】如若"预提费用"科目为借方余额,应合并在"待摊费用"项目内反映,不含在本项目内。

(31)"预计负债"项目——【表示】企业预计负债的期末余额。【填法】本项目应根据"预计负债"科目的期末余额填列。

(32)"其他流动负债"项目——【表示】企业除以上流动负债以外的其他流动负债。【填法】本项目应根据有关科目的期末余额填列。【注意】①"待转资产价值"科目的期末余额可在本项目内反映。②如果其他流动负债价值过大的,应在财务报表附注中披露其内容及金额。

(33)"长期借款"项目——【表示】企业借入的尚未归还的期限在1年以上(不含1年)的借款本息。【填法】本项目应根据"长期借款"科目的期末余额填列。

(34)"应付债券"项目——【表示】企业发行的尚未偿还的各种长期债券的本息。【填法】本项目应根据"应付债券"科目的期末余额填列。

(35)"长期应付款" 项目——【表示】 企业除长期借款和应付债券以外的其他各种长期应付款。【填法】本项目应根据"长期应付款"科目的期末余额,减去"未确认融资费用"科目期末余额后的金额填列。

▼

▲

(36)“其他长期负债”项目——【表示】企业除以上长期负债项目外的其他长期负债。【填法】本项目应根据有关科目的期末余额填列。【注意】①如若其他长期负债数额较大的，应在财务报表附注中披露其内容及金额。②上述长期负债各项目中将于1年内(含1年)到期的长期负债，应在“1年内到期的长期负债”项目内单独反映。③上述长期负债各项目均应根据有关科目期末余额减去将于1年内(含1年)到期的长期负债后的金额填列。

(37)“递延税款贷项”项目——【表示】企业期末尚未转销的递延税款的贷方余额。【填法】本项目应根据“递延税款”科目的期末贷方余额填列。

(38)“实收资本(或股本)” 项目——【表示】企业各投资者实际投入的资本(或股本)总额。【填法】本项目应根据“实收资本”(或股本)科目的期末余额填列。

(39)“资本公积”项目——【表示】企业资本公积的期末余额。【填法】本项目应根据“资本公积”科目的期末余额填列。

(40)“盈余公积”项目——【表示】企业盈余公积的期末余额。【填法】本项目应根据“盈余公积”科目的期末余额填列。【注意】法定公益金期末余额应根据“盈余公积”科目所属的“法定公益金”明细科目的期末余额填列。

(41)“未分配利润”项目——【表示】企业尚未分配的利润。【填法】本项目应根据“本年利润”科目和“利润分配”科目的余额合计填列，【注意】未弥补的亏损，在本项目内以“-”号填列。

3.利润表(损益表)的基本结构和格式

利润表的基本结构。

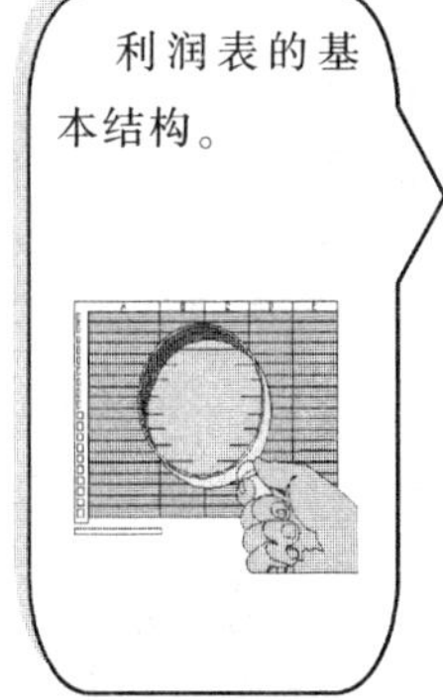

企业利润表是基于“收入-费用=利润(或亏损)”这一会计方程式为理论基础设计的，它是反映企业经营成果的总括报表，又称为损益表(见表7-2)。

- 表头——表头部分列明报表名称、编制报表的单位名称、编制年月日时间和金额计量单位(元)。
- 正表——正表部分反映利润的构成内容。
- 表尾——表尾部分是该利润表的补充说明。

正表部分是该利润表的主体和核心。其基本结构一般采用上下加减多步式(多表式)的格式，即从车辆维修收入(产品销售收入)开始到净利润的计算结果为止，整个过程是分多步进行的。

多步利润表一般通过4步来计算净利润。

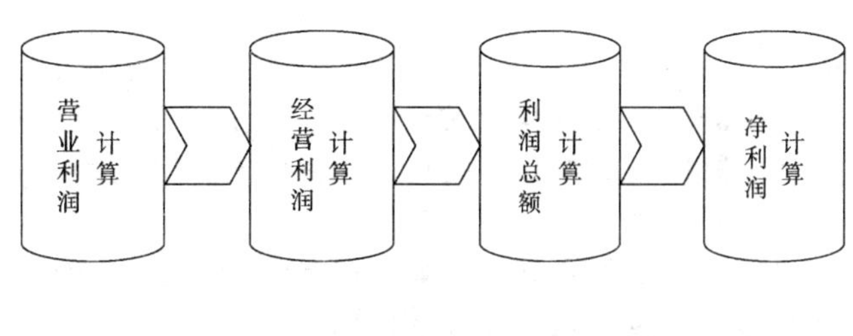

利　润　表

表 7-2

编制单位：　　2004 年 12 月 31 日　　单位：元

项目	行次	本月数(上年数)	本年累计(年初至本月)
一、维修汽车收入	1		
减：维修汽车成本	2		
维修汽车经营费用	3		
营业税金及附加	4		
二、维修汽车利润	7		
加：其他业务利润	9		
减：管理费用	10		
财务费用	11		
三、营业利润	14		
加：投资收益	15		
营业外收入	16		
减：营业外支出	17		
四、利润总额	20		
减：所得税	26		
五、净利润	30		

4.企业利润表的填列

真真切切填好利润表。

◎“本月数”类填写各项目的本月实际发生数。【注意】如果编报的是年报的话，则填写上年度全年累计实际发生数，并将栏名“本月数”改为“上年数”。

◎“本年累计数”栏填写各项目自年初起至本月止的累计实际发生数

◎利润表各项目的内容和填列方法。

(1)“维修汽车收入”项目——【表示】企业维修汽车的营业收入和提供劳务等主营业务取得的收入总额。【填法】本项目应根据“维修汽车收入”账户发生额分析填列。

(2)“维修汽车成本”项目——【表示】企业维修汽车和提供劳务的实际成本。【填法】本项目应根据“维修汽车成本”账户发生额分析填列。

(3)“维修汽车费用”项目——【表示】企业在维修汽车和提供劳务等主营业务过程中所发生的各项维修营业费用。【填法】本项目应根据“维修汽车费用”账户发生额分析填列。

(4)“营业税金及附加”项目——【表示】企业维修汽车和提供劳务等主营业务应负担的增值税、消费税、城市维护建设税、资源税和教育费附加等。【填法】本项目根据“维修汽车税金及附加”账户的发生额分析填列。

(5)“其他业务利润”项目——【表示】企业除维修汽车和提供劳务等主营业务以外的其他业务收入扣除其他业务成本、费用、税金后的利润(如为亏损则为“-”)。【填法】本项目应根据“其他业务收入”和“其他业务支出”账户的发生额分析计算填列。

(6)“管理费用”项目——【表示】企业发生的管理费用。【填法】本项目应根据“管理费用”账户发生额分析填列。

(7)“财务费用”项目——【表示】企业发生的财务费用。【填法】本项目应根据“财务费用”账户发生额分析填列。

(8)“投资收益”项目——【表示】企业以各种方式对外投资所取得的收益,其中包括分得的投资利润、债券投资的利息收入、认购股票应得的股利及收回投资时发生的收益等。【填法】本项目应根据“投资收益”账户发生额分析填列。【注意】如果为投资损失,则以“-”号填列。

(9)“营业外收入”和“营业外支出”项目——【表示】企业主营业务以外的收入和支出。这两个项目分别根据“营业外收入”和“营业外支出”账户发生额分析填列。

(10)“利润总额”项目——【表示】企业实现的利润。若为亏损,则以“-”号填列。

(11)“所得税”项目——【表示】企业从当年利润中扣除的所得税额。【填法】本项目应根据“所得税”账户的发生额分析填列。

(12)“净利润”项目——【表示】企业缴纳所得税后的净利润。若为净亏损,则以“-”号填列。

5.企业现金流量表的构架板块

现金流量表通常将企业一定时期内产生的现金流量归纳为:经营活动产生的现金流量、投资活动产生的现金流量和筹资活动产生的现金流量3个类别的构架板块。

经营活动产生的现金流量。

- **经营活动**　是指企业投资活动和筹资活动以外的所有交易活动和事项。
- 经营活动流入的现金主要包括:
  汽车维修、销售配件和提供劳务等经营活动收到的现金;返还的税费收入;与其他经营活动有关的现金收入。
- 经营活动流出的现金主要包括:
  购买商品,接受劳务支付的现金;支付给员工以及为员工支付的现金;支付的各项税费;支付的其他与经营活动有关的现金。
- 通过现金流量表中所反映的经营活动产生的现金流量,可以说明企业经营活动对现金流入和流出净额的影响程度。

投资活动产生的现金流量。

- **投资活动** 是指企业长期资产的购建和不包括在现金等价物（详见下述“几个关于现金概念的理解”）范围内的投资及其处置活动。
- 投资活动流入的现金主要包括：
  收回投资所收到的现金；取得投资收益所收到的现金；处置固定资产、无形资产和其他长期资产所收回的现金净额；收到的其他与投资活动有关的现金。
- 投资活动流出的现金主要包括：
  购建固定资产、无形资产和其他长期资产所支付的现金；投资所支付的现金；支付的其他与投资活动有关的现金。
- 因为现金等价物已视同现金，所以投资活动产生的现金流量中不包括将现金转换成现金等价物这类投资产生的现金流量。
- 通过现金流量表中所反映的投资活动产生的现金流量，可以分析企业投资获取现金流量的能力，以及投资产生的现金流入和流出净额的影响程度。

筹资活动产生的现金流量。

- **筹资活动** 是指导致企业资本及债务规模和构成发生变化的活动。
- 筹资活动流入的现金主要包括：
  吸收投资所收到的现金；取得借款所收到的现金；收到的其他与筹资活动有关的现金。
- 筹资活动流出的现金主要包括：
  偿还债务所支付的现金；分配股利、利润或偿付利息所支付的现金；支付的其他与筹资活动有关的现金。
- 通过现金流量表中所反映的筹资活动产生的现金流量，可以分析企业筹资的能力以及筹资产生的现金流入和流出净额的影响程度。

6.几个关于现金概念的理解

这里所指的“现金”并非完全“现钞”。

- 这里所指的“现金”包括现金及现金等价物。
- **现金等价物** 是指企业持有的期限短、流动性强、易于转换为已知金额的现金、价值变动风险很小的投资。现金等价物虽然暂时不是现金，但当企业需要时往往可以随时变现，具有很强的支付能力，因而可视同现金。
- 现金流量表需要反映同时使现金项目与非现金项目产生增减变动的业务。对于涉及非现金各项目之间增减变动的业务，不影响现金流量净额的，一般不予反映。
- 对于不涉及当期现金收支，但影响财务状况或可能影响未来重大投资、筹资的，也应在报表附注中加以说明（如以债务购置资产）。

7.企业现金流量表的格式(见表 7-3)

现 金 流 量 表

表 7-3

编制单位:　　　　　　　　　　年　　月　　日　　　　　　　　　　单位:元

项目	行次	金额	项目	行次	金额
一、经营活动产生的现金流量			筹资活动产生的现金流量净额	54	
维修汽车、提供劳务收到的现金	1		四、汇率变动对现金的影响	55	
收到的税费返还	3		五、现金及现金等价物净增加额	56	
收到的其他与经营活动有关的现金	8		补充资料	行次	金额
现金流入小计	9		1.将净利润调节为经营活动现金流量净利润	57	
购买商品、接受劳务支付的现金	10		加:计提的资产减值准备	58	
支付给职工以及为职工支付的现金	12		固定资产折旧	59	
支付的各项税费	13		无形资产摊销	60	
支付的其他与经营活动有关的现金	18		长期待摊费用摊销	61	
现金流出小计	20		待摊费用减少(减:增加)	64	
经营活动产生的现金流量净额	21		预提费用增加(减:减少)	65	
二、投资活动产生的现金流量			处置固定资产、无形资产和其他长期资产的损失(减:收益)	66	
收回投资所收到的现金	22		固定资产报废损失	67	
取得投资收益所收到的现金	23		财务费用	68	
处置固定资产、无形资产和其他长期资产所收回的现金净额	25		投资损失(减:收益)	69	
收到的其他与投资活动有关的现金	28		递延税款贷项(减:借项)	70	
现金流入小计	29		存货的减少(减:增加)	71	
购建固定资产、无形资产和其他长期资产所支付的现金净额	30		经营性应收项目的减少(减:增加)	72	
投资所支付的现金	31		经营性应收项目的减少(减:减少)	73	
支付的其他与投资活动有关的现金	35		其他	74	
现金流出小计	36		经营活动产生的现金流量净额	75	
投资活动产生的现金流量净额	37		2.不涉及现金收支的投资和筹资活动		
三、筹资活动产生的现金流量			债务转为资本	76	
吸收投资所收到的现金	38		3.一年内到期的可转换公司债券	77	
借款所收到的现金	40		融资租入固定资产	78	
收到的其他与筹资活动有关的现金	43		4.现金及现金等价物净增加情况		
现金流入小计	44		现金的期末余额	79	
偿还债务所支付的现金	45		减:现金的期初余额	80	
分配股利、利润和偿付利息所支付的现金	46		加:现金等价物的期末余额	81	
支付的其他与筹资活动有关的现金	52		减:现金等价物的期初余额	82	
现金流出小计	53		现金及现金等价物净增加额	83	

注:企业也可以采用修订前的现金流量表参考格式

8.现金流量表的填列

(1)“维修汽车、提供劳务收到的现金”项目填列的应知事项。

- “维修汽车、提供劳务收到的现金”项目包括：收回当期销售货款和劳务收入款；收回前期维修业务款和劳务收入款；转让应收票据所取得的现金收入等。
- 发生维修赔款而支付的现金，应从汽车维修、提供劳务收入款中扣除。
- “汽车维修、提供劳务收到的现金”有两种计算方法：
  - ■ 方法一：
    汽车维修、提供劳务收到的现金=本期销售商品或提供劳务的收入+(应收账款期初余额-应收账款期末余额)+(应收票据期初余额-应收票据期末余额)+(预收账款期末余额-预收账款期初余额)-本期因维修赔款而支付的现金+本期收回前期核赔的坏账损失
  - ■ 方法二：
    汽车维修、提供劳务收到的现金=本期汽车维修或提供劳务的收入+本期收到前期的应收账款+本期收到前期的应收票据+本期的预收账款-本期因维修赔款而支付维修赔款的现金+本期收回前期核销的坏账损失

(2)“收到的税费返还”项目填列的应知事项。

- “收到的税费返还”项目反映企业收到返还的各种税费。
- “收到的税费返还”项目包括：收到返还的增值税、消费税、营业税、所得税、教育费附加等。

(3)“收到的其他与经营活动有关的现金”项目填列的应知事项。

- “收到的其他与经营活动有关的现金”项目是对前述经营活动产生的现金流入各项目的补充。
- “收到的其他与经营活动有关的现金”项目包括：罚款收入、流动资产损失中由个人赔偿的现金收入、其他与经营活动有关的现金流入。
- “收到的其他与经营活动有关的现金”项目应根据“现金”科目的借方数额与“营业外收入”、“其他应收款”等科目的贷方记录分析填列。
- 《企业会计准则——现金流量表》还规定，对于价值较大的其他现金流入，可以增设项目进行反映。

(4)“购买商品、接受劳务支付的现金”项目填列的应知事项。

- “购买商品、接受劳务支付的现金”项目包括：本期(前期)购买商品、接受劳务支付的现金(应付款)以及为此而预付的现金等。
- 购买商品、接受劳务支付的现金=本期购买商品、接受劳务支付的现金+本期支付前期的应付账款+本期支付前期的应付票据+本期预付的账款-本期因购货退回收到的现金

(5)“支付给职工以及为职工支付的现金”项目填列的应知事项。

- “支付给职工以及为职工支付的现金”项目反映企业以现金方式支付给职工的工资和为职工支付的其他现金。
- 支付给职工的工资包括：工资、奖金以及各种津贴和补贴等。
- 为职工支付的其他现金包括：养老、失业等社会保险基金；补充性养老保险、住房公积金；支付给职工的住房困难补助；支付给职工或为职工支付的其他福利等。
- 在建工程的有关人员的上述各项现金开支应在“购建固定资产、无形资产和其他长期资产所支付的现金”项目中反映。

(6)“支付的各项税费”项目填列的应知事项。

- “支付的各项税费”项目反映企业按规定支付的各种税费。
- “支付的各项税费”项目包括：本期发生并支付的税费；本期支付以前各期发生的税费和预缴的税金。
- 除所得税和增值税外，还有：教育费附加、城市维护建设税、矿产资源补偿费、印花税、房产税、土地增值税、车船使用税、营业税等。

(7)“支付的其他与经营活动有关的现金”项目填列的应知事项。

- “支付的其他与经营活动有关的现金”项目，是指上述已叙述过的诸项并未予反映出的内容，都可归入本项目。
- “支付的其他与经营活动有关的现金”项目包括：罚款支出、差旅费支出、业务招待费现金支出、保险费支出等。
- 若上述某项内容在现金流量中所占比重很大或以前不重要，现在变得重要或数额较大时，就可以把它单列一项(如罚款数很大)。

(8)“取得投资收益所收到的现金”项目填列的应知事项。

- “取得投资收益所收到的现金”项目反映企业因股权性投资和债权性投资而取得的现金、利息，以及从子公司、联营企业和合营企业分得利润的现金。
- “取得投资收益所收到的现金”项目包括：股权性投资收益和债权性投资收益两部分。
  - ■ 股权性投资收益包括：现金股利以及从子公司、联营企业和合营企业分得利润的现金。但不包括送转股股利，因送转股股利不派发现金。
  - ■ 债权性投资收益包括：企业债券、金融债券、国库券的现金利息。
- 现金等价物范围内的债券投资的利息收入也在本项目中反映。

(9)"收回投资所收到的现金"项目填列的应知事项。

- "收回投资所收到的现金"项目是反映企业因收回投资获得的现金。
- "收回投资所收到的现金"项目包括:出售、转让或到期收回除现金等价物以外的短期投资;长期股权投资而收到的现金。

(10)"处置固定资产、无形资产和其他长期资产所收到的现金净额"项目填列的应知事项。

- "处置固定资产、无形资产和其他长期资产所收到的现金净额"项目反映企业出售固定资产、无形资产和其他长期资产所取得的现金扣除为出售这些资产而支付的有关费用后的净额。
- "处置固定资产、无形资产和其他长期资产所收到的现金净额"项目包括:处置固定资产、无形资产和其他长期资产所收到的现金;固定资产、无形资产和其他长期资产遭受自然灾害而收到的保险赔偿收入等。

(11)"购建固定资产、无形资产和其他长期资产所支付的现金"项目填列的应知事项。

- "购建固定资产、无形资产和其他长期资产所支付的现金"项目反映企业为了购建固定资产、无形资产和其他长期资产所支付出去的现金。
- "购建固定资产、无形资产和其他长期资产所支付的现金"项目包括:购买机器设备所支付的现金、增值税款;建造工程支付的现金;在建工程人员的工资支出;企业购买无形资产的现金支出;企业自创无形资产的实际现金支出等。
- 购建固定资产项目中,不包括:为购建固定资产而发生的借款利息;融资租入固定资产所支付的租金。这些支出应在筹资活动的现金流量中反映。

(12)"投资所支付的现金"项目填列的应知事项。

- "投资所支付的现金"项目反映企业进行权益性投资和债权性投资支付的现金。
- "投资所支付的现金"项目包括权益性投资现金支出和债权性投资现金支出两部分。
  - 权益性投资现金支出包括:取得的短期股票投资、长期股权投资支付的现金以及支付的佣金、手续费等附加费用。
  - 债权性投资现金支出包括:取得的短期投资、长期债券投资支付的现金以及支付的佣金、手续费等附加费用。
  - 上述两项不包括企业非现金的固定资产、商品(现金等价物)等投资在内。

(13)“收到的其他与投资活动有关的现金”与“支付的其他与投资活动有关的现金”项目填列的应知事项。

- “收到的其他与投资活动有关的现金”与“支付的其他与投资活动有关的现金”两个项目均是对投资活动现金流量的补充,其他有关项目未及反映的都可以列入该两个项目。
- 比如,收回购买股票和债券时,已公告而尚未领取的现金股利或已到付息日尚未领取的债券利息,应在投资活动的“收到的其他与投资活动有关的现金”项目内反映。
- 比如,购买股票和债券时,实际支付的价款中,包含已公告而尚未领取的现金股利或已到付息日但尚未领取的债券利息,应在投资活动的“支付的其他与投资活动有关的现金”项目内反映。

(14)“吸收投资所收到的现金”项目填列的应知事项。

- “吸收投资所收到的现金”项目反映企业收到的投资者投入的现金。
- “吸收投资所收到的现金”项目包括:发行权益性投资所收到的现金、发行债券所收到的现金两部分。
  - 权益性投资所收到的现金包括:发行股票现金收入减去手续费、宣传费、咨询费、印刷费等费用的净额。
  - 债券性投资所收到的现金包括发行债券现金收入减去手续费、宣传费、咨询费、印刷费等费用的净额。

(15)“借款所收到的现金”项目填列的应知事项。

- “借款所收到的现金”项目反映企业举借各种短期、长期借款所收到的现金。
- “借款所收到的现金”项目应根据“短期借款”、“长期借款”、“现金”、“银行存款”等科目的记录分析填列。

(16)“收到的其他与筹资活动有关的现金”项目填列的应知事项。

- “收到的其他与筹资活动有关的现金”项目是对筹资活动引起现金流入的补充。
- 凡是在发行股票、债券、借款等筹款主体之外发生的其他资金来源,都可以列入“收到的其他与筹资活动有关的现金”这个项目。
- 如接受现金捐赠、债券逾期无从返还、借款无法归还等。

(17)"偿还债务所支付的现金"项目填列的应知事项。

- "偿还债务所支付的现金"项目反映企业以现金偿还债务的本金。
- "偿还债务所支付的现金"项目包括:偿还金融机构的借款本金、偿还债券本金、偿还其他单位或个人的借款本金等。

(18)"分配股利、利润或偿付利息所支付的现金"项目填列的应知事项。

- "分配股利、利润或偿付利息所支付的现金"项目是反映企业分配股利、利润或偿付利息所支付的现金。
- "分配股利、利润或偿付利息所支付的现金"项目包括:分配股利或利润所支付的现金;偿付利息所支付的现金。

(19)"支付的其他与筹资活动有关的现金"项目填列的应知事项。

- "支付的其他与筹资活动有关的现金"项目是反映企业除了"偿还债务所支付的现金"、"分配股利、利润或偿付利息所支付的现金"等项目外,支付的其他与筹资活动有关的现金流出。
- "支付的其他与筹资活动有关的现金"项目包括:捐赠现金支出、融资租入固定资产支付的租赁费等;还包括企业发行股票、债券或向银行借款等筹资活动中发生的各种费用(如咨询费、公证费、印刷费、宣传费等)。

(20)"计提的资产减值准备"项目填列的应知事项。

- "计提的资产减值准备"项目是反映企业对资产减值的预备策略,以稳定财务状况,保持企业可持续发展。
- 对资产减值准备计提时,有的计入管理费用,有的计入投资收益,有的计入营业外支出,并都列入了利润表。但是实际上都没有发生现金流出企业。为了将利润调节为现金制下的经营活动现金净流量,当期计提的资产减值准备应加回到净利润中。

(21)"固定资产折旧"项目填列的应知事项。

- "固定资产折旧" 项目是反映企业固定资产价值随着产品而转移的过程。
- 企业计提固定资产折旧时,计入管理费用部分已作为期间费用列入了当期利润表;计入制造费用部分则通过销售成本列入了利润表。但是实际上都没有发生现金流出企业,所以应在调整净利润时加回。
- 为了方便起见,企业可在"管理费用"、"制造费用"账户下分设"折旧费用"明细账户,或采用多栏式明细账,这样使编制现金流量表时更方便,也可直接对"累计折旧"账户进行分析,剔除其中非计提折旧因素的影响。

(22)“无形资产、长期待摊费用摊销”项目填列的应知事项。

- “无形资产、长期待摊费用摊销”项目反映企业对无形资产、长期待摊费用的财务处理。
- “无形资产、长期待摊费用摊销”项目中的摊销计入了管理费用，实际上却没有发生现金流出，所以在调整利润时，应将本年摊销的费用加回到利润中。
- 当本年没有发生购入无形资产、并无增加新的长期待摊费用的情况下，无形资产、长期待摊费用账户年末、年初的差额即为本年摊销额。

(23)“待摊费用待摊”项目填列的应知事项。

- “待摊费用待摊”项目反映企业各种待摊费用的摊销。
- 待摊费用待摊时，各自计入“管理费用”、“制造费用”等账户，但并未发生现金流出，因此在调整净利润时要加回。

(24)“处置固定资产、无形资产和其他长期资产的损益”项目填列的应知事项。

- “处置固定资产、无形资产和其他长期资产的损益”项目不属于经营活动，而是一项投资活动。
- 处置固定资产、无形资产和其他长期资产发生的损益，应从净利润中转出。
- 为了能取得这一项的资料，企业平时应在“营业外收入”、“营业外支出”账户下设置相应的明细账，并及时计算累计额，便于编制现金流量表时使用。

(25)“固定资产报废损失”项目填列的应知事项。

- “固定资产报废损失”项目反映企业固定资产盘亏、报废的资金损失。
- 固定资产盘亏、报废的损失，均应计入营业外支出，列入利润表。
- 固定资产盘亏、报废的损失并未引起现金流出，因此应在调整净利润时加回。反之，如果发生固定资产盘盈、报废清理收益，则应在调整净利润时减去。

(26)“投资损益”项目填列的应知事项。

- “投资损益”项目是由于投资活动引起的，不属于经营活动，所以在调整净利润时，应将该部分损益从净利润中转出。
- 若是投资收益，则调节净利润时应予减去；反之，若是投资损失，则应在调整净利润时加回。

(27)“财务费用”项目填列的应知事项。

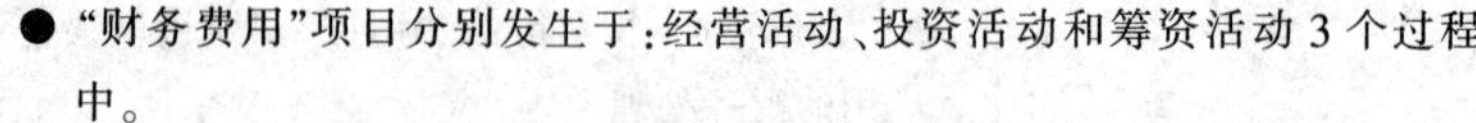

- “财务费用”项目分别发生于:经营活动、投资活动和筹资活动3个过程中。
- 经营活动中发生的财务费用包括:应收票据贴现、销售产品和购买配件、燃润料、辅助材料所产生的汇兑损益等。
- 投资活动中发生的财务费用包括:购买固定资产所产生的汇兑损益等。
- 筹资活动中发生的财务费用包括:支付利息等
- 调整净利润时,应把属于投资活动和筹资活动的损益调出去。
- 在企业会计实务中,“财务费用”明细账一般是按费用项目设置的,为了编制现金流量表,企业可在此基础上,再按照“经营活动”、“投资活动”、“筹资活动”分设明细分类账。发生的每一笔财务费用,分别归入各明细账内,编制现金流量表时就方便多啦。

(28)“递延税费”项目填列的应知事项。

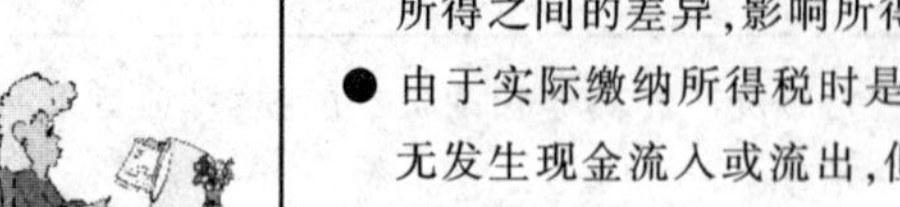

- “递延税费”项目反映企业由于时间性差异,造成税前会计利润与应税所得之间的差异,影响所得税的金额以及以后各期转回的金额。
- 由于实际缴纳所得税时是按应税所得计算的,递延税款这部分款额并无发生现金流入或流出,但是在利润表中已列入了所得税费用,所以应调整净利润。
- 填列的方法——比较年末、年初递延税款账户余额。
  - ■ 若为递延税款借项增加,则调整净利润时应减去。
  - ■ 若为递延税款贷项增加,则调整净利润时应加回。

(29)“存货”项目填列的应知事项。

- “存货”项目的增减变动是经营活动的正常变化。
- 存货增加,表明现金减少;存货减少,表明现金增加。
- 在调整净利润时,应减去存货的增加数,或加上存货的减少数。

(30)“经营性应收项目”项目填列的应知事项。

- 经营性应收项目主要指应收账款、应收票据、其他应收款中与经营活动有关的部分。
- 若期末应收账款、应收票据余额大于期初数,表明有部分收入未收到现金,却在利润中已全数列入,应予调整净利润时减去。
- 若期末应收账款、应收票据余额小于期初数,表明部分收入是客户多付尚未退回,其应收账款与应收票据的减少额,应予调整净利润时加回。

(31)“经营性应付项目”项目填列的应知事项。

● 经营性应付项目主要指应付账款、应付票据、应付福利费、应缴税金和其他应付款中与经营活动有关的部分。
● 若期末应付账款、应付票据余额大于期初数，表明本期购入的存货中有一部分未支付现金，但在利润表中已将销售成本全数列入，因此在调整净利润时将增加额加回到净利润中。
● 若期末应付账款、应付票据余额小于期初数，表明本期支付给供货者的现金大于利润表中所确认的销售成本，因此在调整净利润时将减少额从净利润中减去。

三、汽车维修企业财务分析

财务分析——是指对财务核算资料及财务活动进行调查研究，并分析其原因，提出改进措施，挖掘企业潜力的活动及其过程。

实质　财务分析的实质是利用科学的方法对企业经营得失、发展趋向做出判断、决策。

1.财务分析的目的

各怀“规”胎。

● 经营管理人员的分析目的——为了追求企业效益最大化，经营管理人员应全面了解企业的财务状况。因此，必须正确分析和评估企业的盈利能力、偿债能力、营运能力及管理水平，并依此规划及调整市场定位的策略和行为目标。
● 投资者的分析目的——为了追求投资效益最大化，企业所有者或者股东关注的是投资回报率。因此，必须了解企业分配情况及股票价格的市场波动情况，这就需要获得财务信息及发展潜力，做出正确的投资决策，并评价经营者的经营业绩和能力。
● 债权人的分析目的——为了保证债权的稳定和安全，企业债权人最关心的是偿债能力。因此，短期债权人注重各项短期财务指标，而长期债权人则更侧重于长期经营方针，以便做出是否继续提供商业信用、银行信用或资金支持的决策。
● 其他有关方的分析目的——其他方主要指政府、雇员、中介机构、供货商等。他们主要通过财务分析、了解企业的前景、纳税规模、工资福利、信用水平、合作可靠程度等情况。

2.财务分析内容——分析指标

资产营运能力。

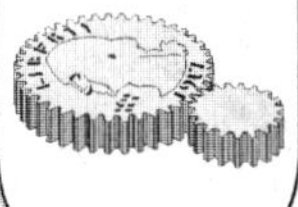

● 资产营运能力是表示汽车维修企业资产利用效率的指标。
● 评价资产营运能力的指标。
  ■ 存货周转率。
  ■ 应收账款周转率。
  ■ 流动资产周转率、固定资产周转率。
  ■ 总资产周转率等。

获利能力。

- 获利能力是汽车维修企业经营的最终目标，是企业生存与可持续发展的基础。
- 评价获利能力的指标。
  - ■ 资产报酬率。
  - ■ 股东权益报酬率。
  - ■ 销售毛利率、销售净利率、成本费用利润率。
  - ■ 股份制企业的每股收益、每股净资产等。

股利分配能力。

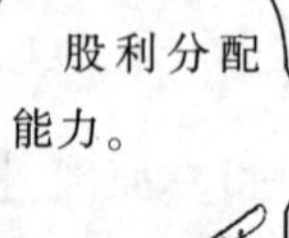

- 股利分配能力是表示汽车维修企业税后净利润分配的能力和意图。企业是否进行分配、企业利润分配方式、分配股利的数量都是表示企业分配政策的趋向。
- 评价股利分配能力的指标。
  - ■ 股利分配率。
  - ■ 资本派利率。
  - ■ 每股送股、转股比例等

偿债能力。

- 偿债能力是表示汽车维修企业到期债务还本付息的现金保障。从另一种角度看，也可认为是企业筹措现金的能力。
- 在债务数额、利率、偿还期限一定的情况下，企业偿债能力决定于企业资产的变现能力、获利能力、增资扩股能力和再贷款能力。
- 负债分为流动负债和长期负债两类，因此，企业的偿债能力也相应地分为短期偿债能力和长期偿债能力两类。
- 评价偿债能力的指标。
  - ■ 短期偿债能力指标。
    - ◆ 流动比率。
    - ◆ 速动比率。
  - ■ 长期偿债能力指标。
    - ◆ 资产负债率。
    - ◆ 债务与有形资产比率。
    - ◆ 利息保障倍数。

3.财务分析的基本方法

差额比较法——最常用的基本方法。

● 差额比较法。

差额比较法　是指通过两个或两个以上有关的经济指标的对比，找出差异，研究、分析、评价企业经营情况的一种方法。

● 差额比较法的几种方法。

■ 实际指标与计划指标相对比，用来考核计划的完成情况。

■ 本期实际数与上期实际数相对比，从纵向比较、评价在不同阶段的增减变化本期实际数情况。

■ 本期实际数与同行业其他企业的指标相对比，从横向比较、评价企业与他人的差异及优势还是劣势。

● 差额比较法又可分为水平分析和共同比报表分析两种方法。

■ 水平分析法（又称趋势分析法）——它是将企业连续若干会计年度的报表数据在不同年度间进行纵向对比，确定不同年度间的差异额或差异率，以此分析企业各报表项目的变化情况和变动趋势及其规律。

■ 共同比报表分析法（又称垂直分析法）——它是只对当期资产负债表或利润表作纵向对比分析。通过计算，以确定报表的主要部分有何变化。

因素替代法——具体化了的方法。

● 因素替代法。

因素替代法　是指把影响某一财务指标数值的有关因素进行分解，用以测定它们对财务指标影响程度的一种方法。

● 因素替代法的分析原理和方法。

某些综合性财务指标往往是受多种因素影响，如果要测定几个因素各自变化对差异的影响程度，先要把各个相关因素列成关系式，以确定替代顺序；再把其中一个因素当成可变因素，暂时把其他因素当成不变因素，依次替代，直至把各因素都替代成可变因素为止，将各因素变动的影响值与该因素分析前的指标值相比较，所得的差异，就是各种因素对所分析指标的影响程度。

● 因素替代法的分析流程，见图 7–1。

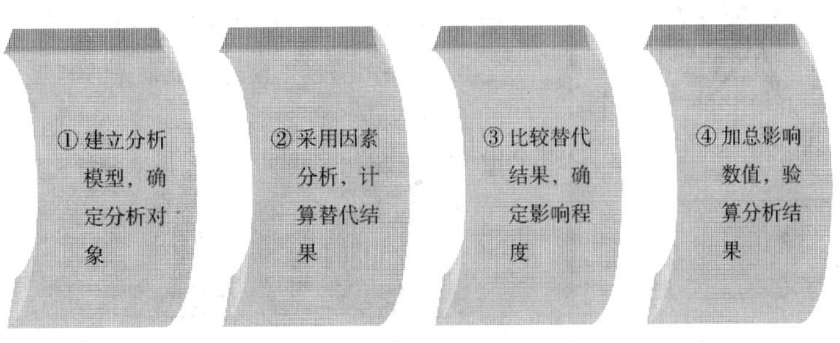

图 7–1　因素替代法流程示意图

比率分析法——引入比率的方法。

● 比率分析法。

比率分析法 是指通过计算某经济指标所占比率，从绝对值进一步到比率的变化来分析经济活动的变动程度的一种方法。

● 比率分析法的功能。

前述的差额比较法虽然简单,但较为概括,往往不能满足需要较为深入的分析要求,因此有必要引入比率这个概念,求出比率,将彼此相关而性质不同的项目进行比率对比,从而更能分析其相互的联系。

● 财务的比率分析有3种形式。

■ 结构比率——即以某项指标在总项目中所占比例数来反映该指标的份量,判断结构是否合理。

■ 效率比率——即以某项指标在投入、产出所处的位置,来反映投入是否恰当,而产出又有何效果,从二者的比例关系判断效益是提高还是降低。

■ 相关比率——即以某项指标与相关的其他指标（或企业总的经营活动)相互之间存在的配比关系,来反映指标间的结构是否合理,从二者的配比关系判断企业经营的水平和调整的能力。

● 比率变化较小则表示稳定正常,比率变化过大过小表示失常。

趋势分析法——着眼于未来的方法。

● 趋势分析法。

趋势分析法 是指将各个时期相同的财务指标或比率进行对比分析,从而得出其增减趋势及其增减幅度的一种方法。

● 趋势分析法的功能。

趋势分析法由于能展示其变化的趋势规律、变化演变过程的走向,针对此种变化,探究其变化原因和性质,从而可以预测企业未来财务状况的发展趋向。

● 趋势分析法有3种方法。

■ 纵向比较法——具有“时间序列分析”的特点,即将企业当年财务指标同历年来的同一指标作比较，以便对这一指标的变化情况作出判断,确定企业发展趋向是良性还是恶性。

■ 横向比较法——是将企业财务指标与同一时期同行业其他企业的财务指标作比较,以便对两个企业的经营情况从横向对比分析,判断其优劣势程度。

■ 标准比率比较法——财务指标分析比较所涉及的标准有3种。

◆ 历史标准——即以本企业历史上的经济情况较正常（或相似)时期的财务比率数为标准。

◆ 同行标准——即以同行业在同期的财务平均指针数为标准。

◆ 预算标准——即以企业当期预算中的财务比率数为标准。

四、常用财务指标的分析

1.偿债能力分析

偿债能力　是指汽车维修企业对债务清偿的承受能力或承诺兑现的程度。

短期偿债能力指标：
- 流动比率
- 速动比率
- 现金比率

长期偿债能力指标：
- 资产负债比率
- 产权比率
- 所有者权益比率

短期偿债能力(支付能力)　是指汽车维修企业以流动资产支付流动负债的能力。

长期偿债能力　是指汽车维修企业偿还长期债务的能力。

人多势众力量大
负债又何奈

- **流动比率**　是指流动资产与流动负债的比值。其计算公式为：

  流动比率=流动资产／流动负债

- 含义　流动比率是表示汽车维修企业流动负债由多少倍流动资产来作为偿还的保证。一般认为合理的最低流动比率应为1.8~2。
- 关于流动比率的说明。
  - 流动比率高并不一定偿还能力强。

    流动比率越高，说明企业偿还短期债务的流动资产保证程度越高，但并非等于企业已有足够现金或银行存款用来偿债。因为流动比率之所以高，也可能是积压较多存货、应收账款未收，或待摊费用及待处理财产损失增加所致，真正可以用作偿债的现金或存款并不很多。
  - 债权人和经营者对流动资产和流动比率有着不同的态度。

    债权人当然希望流动资产和流动比率越高越好，但是经营者却不这么认为。他们认为过高的流动比率意味着资金的闲置，必然降低企业现金的获利能力，因此，应合理调节流动比率，降低货币资金的闲置程度。
  - 每个企业、每个行业都应以自身特点，决定合理的流动比率。

    流动比率是否合理，不同的行业，不同的企业，甚至同一企业在不同时期都有着不同的要求，其评判的标准也不可能完全一致，一成不变。因此，不应该用统一的标准来衡量。各企业、各行业都应依据自身的特点，决定自己的合理程度。一般而言，汽车维修企业的现金收入比较稳定，交车即付钱的为多，赊账的较少，况且库存量较小，不少是现要现买，不存在大量的债务，同时又不存在大量产品的积压，因此流动比率在1.3~1.8之间较为合理。
- 剔除虚假因素。

  计算流动比率应对财务报表所提供的数据作严格的真实性、可靠性进行核实，剔除虚假成分，以免得出错误结论。

● 速动资产　是指从流动资产中剔除存货后的资产。

● 速动比率　是指速动资产与流动负债的比值。其计算公式为：

速动比率=速动资产／流动债务

● 含义　速动比率是表示从流动资产减去变现能力较弱，且不稳定的存货后的余额，与流动比率相比，对短期偿债能力的真实度更具有直接性。

● 关于速动比率的说明。

■ 传统观点速动比率等于1∶1。

西方企业传统经验认为：速动比率为1是安全边界。低于1，将使企业面临很大的偿债风险；高于1，尽管债务偿还能力较强，但却因此导致现金和应收账款资金占用过多的弊病，使大量资金被闲置。

■ 困惑的观点被理智的观点所替代。

实际证明，上述观点并非对所有企业、所有行业都可行，仅只能作为一般性的观点，并非经典理论。

实际上行业的不同，速动比率会有很大的差别，并不存在统一的、标准的速动比率。例如汽车维修企业、商业性企业和服务性企业，往往都是现金交易，几乎没有应收款，远低于1的速动比率则是很正常的现象。反之，对于那些赊欠交易过多的企业，应收账款较多，有的甚至形成"三角债"，很难收回，成了死结，这样的企业，它的速动比率可要远大于1，可又无法大于1，将面临倒闭的困境。

速动比率（又称酸性测试比率）。

负债犹如雪加霜
速动比率来保障

■ 应收账款的变现能力受到诸多因素的影响。

影响速动比率可信度的重要因素是应收账款的变现能力。

◆ 实际的坏账可能超过坏账计提，使账面上的应收账款失真。

◆ 季节性变化，也许使账面上的应收账款不能反映真实水平。

■ 保守速动比率。

为了能更直接的反映偿债能力，有人认为除了剔除存货以外，还可以从流动资产中剔除一些其他可能与当期现金流量无关的项目（如待摊费用、预付货款、待处理流动资产损失等），以便计算出更能表明变现能力的速动比率，这种速动比率称之为超速动比率，又称保守速动比率。其计算公式为：

$$保守速动比率=\frac{现金+短期证券+应收账款净额}{流动负债}$$

■ 尽管速动比率要比流动比率更能反映出流动负债偿还的安全性和稳定性，但并不能一概而论，认为速动比率低就一定缺少偿债的能力，实际上只要货物流转畅通，变现能力强，即使速动比率低，只要流动比率高，仍然具有较高的偿债能力。

- **现金类资产**　是指货币资金和短期有价证券等资产。
- 现金比率。

现金比率　是指现金类资产与流动负债的比值。其计算公式为：

$$现金比率=\frac{货币资金+短期有价证券}{流动负债}$$

手握现金
高枕无忧

- 含义　现金比率是表示变现能力最强的货币资金和短期有价证券等，如无意外，可以百分之百地保证相等数额的短期负债的偿还。因此，与流动比率和速动比率相比，现金比率更为可靠地表明偿债能力。
- 关于现金比率的说明。
  - 若现金比率过低，表明企业应急能力差，短期偿债风险高。
  - 若现金比率过高，表明企业应急能力强，到期偿债能力强。
  - 但是，现金比率也不是越高越好，否则企业拥有大量不能盈利的现金，现金闲置表明效益的降低。
  - 由此可知，现金比率以适度为好，既可保证短期债务的如期偿还，又可尽量降低现金机会成本。一般而言，现金比率在0.20以上为好。

- 资产负债率(负债比率)。

资产负债率　是指负债总额与资产总额的比值。其计算公式为：

$$资产负债率=\frac{负债总额}{资产总额}\times100\%$$

负债多少能承受
资产多少是基础

- 含义　资产负债率是表示由债权人提供的资金来源占资金总来源的比重。也即1元资产所承担的负债数额。换言之，资产负债率反映在总资产中有多少是通过举债获得的，同时也是衡量企业在清算时保护债权人利益大小的程度。
- 关于资产负债率的说明。
  - 对债权人而言，关注的是借出的资金的安全程度。如果借出的债款与企业总资产相比，只占较小的比例，表明风险较小，所以债权人希望负债比率越低越好。
  - 对股东而言，因为借入的债与其投入的资金在生产经营中发挥着同样的作用，关注的是全部资金利润率是否超过借入资金的利息率。超过则有利，愿意举债；低于则不利，举债不合算。
  - 对经营者而言，举债过多，将增加债权人心理负担，导致筹资困难；举债过低，表明企业雄心不足，畏缩不前，企业经营能力低下，因此资产负债率应根据需要和可能，权衡得失。

产权比率。

● 产权比率(债务股权比率)。

产权比率 是指负债总额与所有者权益的比值。其计算公式为:

$$产权比率=\frac{负债总额}{所有者权益}\times 100\%$$

● 含义 产权比率是表示债权人提供的资金与所有者提供的资本的比例关系。运用这一比率,可以评价企业财务结构是否稳健合理,也反映了企业所有者权益对债权人权益的保障程度。

●关于产权比率的说明。

■ 一般而言,这一指标越低,表示企业的长期偿债能力越强,债权人将资金借于企业,承担较小的风险。

■ 一般而言,产权比率高是高风险、高报酬的财务结构。产权比率低是低风险、低报酬的财务结构。

■ 通常,产权比率不应低于1:1。产权比率较小,表明股东权益较大,尽管这样可以使企业的长期偿债能力提高,但直接影响企业负债经营的财务杠杆效应。

■ 当企业清算时,因为产权比率较低,债权者权益只占所有者权益的小部分,因而得到较好的事先清算保障,风险较小。

连接

除了上述各项偿债能力指标以外,还有:有形资产负债率、有形净值负债率、利息保障系数、所有者权益比率等指标。

2.营运能力分析

营运能力 是指汽车维修企业对各种资源的管理能力和运用能力。

◎ 流动资产周转指标

● 流动资产周转率

● 应收账款周转率

● 存货周转率

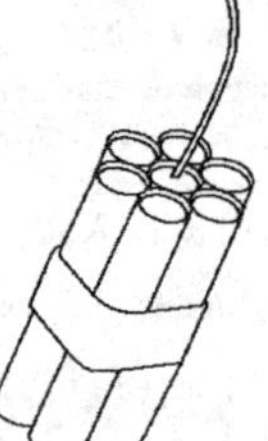

◎ 固定资产周转率

◎ 总资产周转率

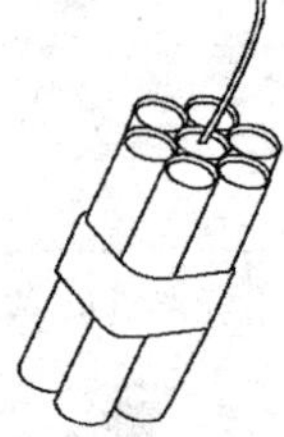

流动资产周转率。

● 流动资产周转率(流动资产周转次数)。

流动资产周转率 是指主营业务收入与全部流动资产的平均余额的比值。其计算公式为:

流动资产周转率=主营业务收入净额/平均流动资产

流动资产周转天数=360/流动资产周转率

=(平均流动资产×360)/主营业务收入净额

平均流动资产=(年初流动资产+年末流动资产)/2

● 流动资产周转率反映流动资产的周转速度,周转越快,相对表明节约资产,等于相对投入资产,增加盈利;而周转速度慢,需要补充资产,形成资金浪费,降低企业盈利能力。该指标越高越好。

应收账款周转率。

收得快
转得快

● 应收账款周转率。

应收账款周转率　是指主营业务收入与平均应收账款余额的比值。其计算公式为：

$$应收账款周转率=\frac{主营业务收入净额}{平均应收账款}$$

$$=\frac{主营业务收入-营业折扣折让}{平均应收账款}$$

应收账款周转天数=360/应收账款周转率

=(平均应收账款×360/主营业务收入净额

平均应收账款=(期初应收账款-期末应收账款)/2

● 一般而言，应收账款周转率越高，平均收账期越短，表明应收账款的回收越快。否则，企业的营运资金会过多地呆滞在应收账款上，影响正常的资金周转。

● 影响应收账款周转率的因素。

■ 季节性的经营缘故，会使该指标不能完全真实反映企业应收账款的周转情况。

■ 当企业出现过多分期付款情况时，该指标也不能完全真实反映企业应收款的周转情况。

■ 以现金结算为主的企业，几乎不存在应收款，该指标无意义。

■ 当出现年末大量集中性销售或年末大幅度滞销，也将使该指标失真。

存货周转率。

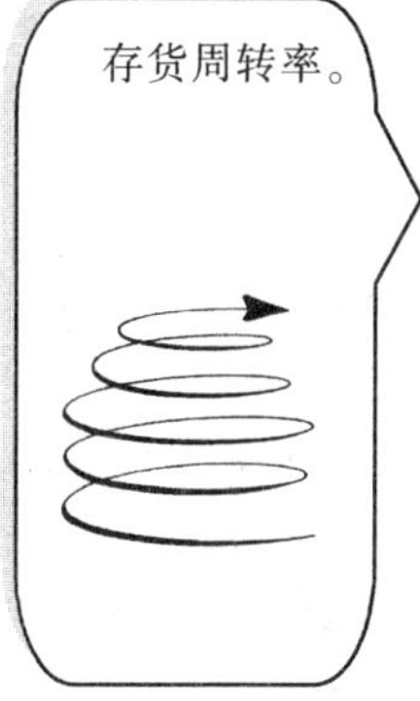

修车业务多
配件周转快

● 存货周转率。

存货周转率　是指在一定时期内，销货成本与存货平均余额的比值。其计算公式为：

$$存货周转率=\frac{主营业务成本}{平均存货量}$$

针对汽车维修企业的配件材料库存，也可以理解为：

$$存货周转率=\frac{维修成本中的仓储材料存货成本}{平均存货量}$$

存货周转天数=360/存货周转率

=(平均存货量×360)/仓储材料存货成本

平均存货量=(期初存货+期末存货)/2

● 一般而言，存货周转率越高越好，表明变现速度越快，周转额越大，资金占用水平越低。

● 通过存货周转率分析，利于库存管理，以降低资金占用水平。

● 配件库存在维修企业流动资金中占的比重较大，其流动性具有举足轻重的作用，进而影响企业的短期偿债能力，一定要管好用好。

固定资产周转率。

● 固定资产周转率。

固定资产周转率　是指年销售收入净额与固定资产平均净值的比值。其计算公式为：

$$固定资产周转率=\frac{销售收入净额}{固定资产平均净值}$$

针对汽车维修企业而言，可将主营业务收入净额视作销售收入净额。则其计算公式为：

$$固定资产周转率=\frac{主营业务收入净额}{固定资产平均净值}$$

$$固定资产平均净值=\frac{年初固定资产净值+年末固定资产净值}{2}$$

● 固定资产周转率高，表明企业固定资产投资得当、结构合理、充分利用、效率颇高、企业营运能力发挥充分。

● 运用固定资产周转率时，需要考虑固定资产净值因计提折旧而不断减少或因更新重置而突然增加的影响。此外，由于采用的折旧方法不同，而产生固定资产周转率的人为差异，将导致该指标缺乏可比性。

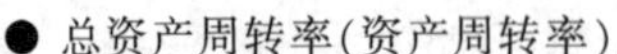

总资产周转率。

周转越快
效率越高

● 总资产周转率（资产周转率）。

总资产周转率　是指在一定时期的销售收入净额与平均净资产总额的比值。其计算公式为：

$$总资产周转率=\frac{销售收入净额}{平均净资产总额}$$

针对汽车维修企业而言，可将主营业务收入净额视作销售收入净额。则其计算公式为：

$$总资产周转率=\frac{主营业务收入净额}{平均净资产总额}$$

$$平均净资产总额=\frac{年初净资产总额+年末净资产总额}{2}$$

● 总资产周转率反映了企业总资产的周转状况，以表示企业全部资产的使用效率。

● 总资产周转率高，表明企业全部资产的利用效率高，营运能力强，盈利能力大；反之，则表明资产利用效率低，营运能力差，盈利能力小。

● 当出现总资产周转率低时，就应该引起警觉，分析问题的原因，从以下两个渠道采取措施来提高资产利用程度。

■ 千方百计增加营业（销售）收入。

■ 竭尽全力合理筹集、配置资产总量及其比例，处理多余资产。

3.盈利能力分析

盈利能力　是指汽车维修企业利用现有的及潜在的资源或资产获取利润的能力。

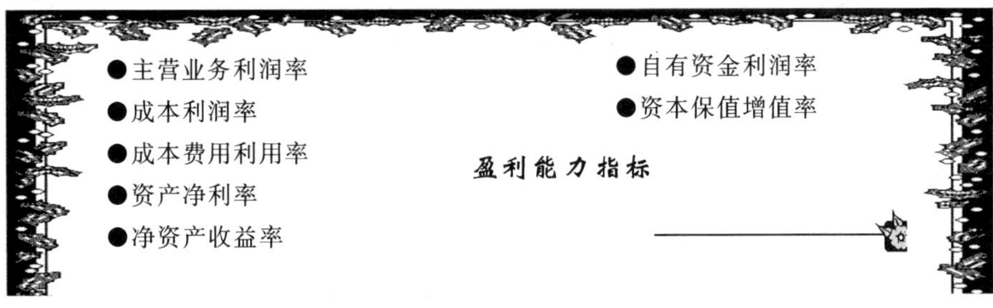

主营业务利润率。

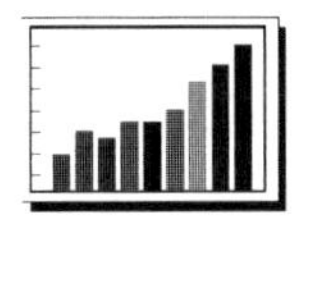

● 主营业务利润率。

主营业务利润率　是指主营业务利润与主营业务收入净额的比值。其计算公式为：

$$主营业务利润率=\frac{主营业务净利润}{主营业务收入净额}\times 100\%$$

● 主营业务利润率是反映企业主营业务利润在主营业务收入中所占的比重。

● 主营业务利润率高，表明主营业务获取的利润多。

● 主营业务利润率同时还证实企业对营业项目的市场定位决策是否正确有效。企业经营是否得当，管理是否有力。

成本利润率。

● 成本利润率。

成本利润率　是指利润与成本的比值。其计算公式为：

$$成本利润率=\frac{利润}{成本}\times 100\%$$

● 利润与成本都有不同的层次。不同的层次，反映企业各种成本利润关系的指标，分列如下：

■ 销售成本毛利率=销售毛利／销售成本

■ 经营成本利润率=经营利润／经营成本

■ 营业成本利润率=营业利润／营业成本

■ 税前成本利润率=利润总额／税前成本

■ 税后成本利润率=净利润／税后成本

● 综合来看，各种销售利润率和各种成本利润率是按生产、销售的各个步骤逐层计算的。

● 分析、研究各个步骤的利润率，可以找出它们各环节的各个费用开支情况，便于找到成本管理的成功与失败，利于总结经验教训，重点发挥长处，重点突破弱项，使企业更有长足发展。

成本费用利润率。

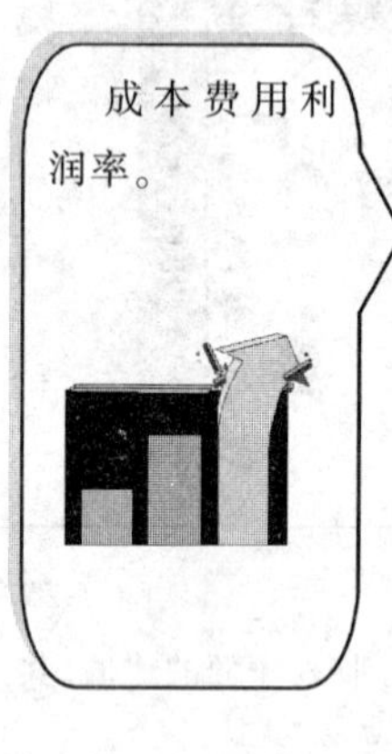

● 成本费用利润率。

成本费用利润率 是指在一定时期的利润总额与成本费用总额的比值。其计算公式为：

$$成本费用利润率=\frac{利润总额}{成本费用总额}\times100\%$$

● 成本费用利润率反映企业生产经营中发生的耗费与获得的收益之间的关系，不仅可以评价企业获利能力的高低，还可以评价企业对成本费用的控制能力和经营管理水平。

● 成本费用总额是企业为获取利润而付出的代价。主要包括销售成本、销售税金和期间费用等，由此可知，销售成本、销售税金和期间费用等都将影响成本费用利润率。

● 通常，成本费用利润率越高，表明企业管理成本费用的水平越高，为获取收益而付出的代价越小，再则，企业的获利能力越强。

资产净利率。

● 资产净利率（投资报酬率、总资产报酬率）。

资产净利率 是指一定时期的净利润与平均资产总额的比值。其计算公式为：

$$资产净利率=\frac{净利润}{平均资产总额}\times100\%$$

$$平均资产总额=\frac{年初资产总额+年末资产总额}{2}$$

● 将企业一定时期的净利润与平均资产总额作一比较，就可以从资产净利率看出企业资产利用的效果。

● 一般而言，资产净利率越高，表明资产利用的效率越高，也可以说是企业在增收节支方面取得较好的效果。

● 影响资产净利率的主要因素。

■ 价格。　■ 营业量（销售量）。

■ 成本。　■ 固定资产量等。

净资产收益率。

● 净资产收益率（权益净利率）。

净资产收益率 是指在一定时期的净利润与平均净资产的比值。其计算公式为：

$$资产收益率=\frac{净利润}{平均净资产}\times100\%$$

$$平均净资产=\frac{年初所有者权益+年末所有者权益}{2}$$

● 净资产收益率是评价资本经营效益的核心，其综合性很强。

● 一般而言，净资产收益率越高，表明权益性资本获利能力越强。

自有资金利润率。

- 自有资金利润率(净资产报酬率、所有者权益利润率)。

  自有资金利润率　是指净利润与自有资金的比值。其计算公式为：

$$自有资金利润率=\frac{净利率}{平均所有者权益}\times 100\%$$

$$平均所有者权益=\frac{年初所有者权益+年末所有者权益}{2}$$

- 自有资金利润率是企业盈利能力的核心指标，它反映所有者投资收益水平的高低。
- 自有资金利润率越高，表明所有者投资的收益越多，或者说，获利能力越强。

资本保值增值率。

- 资本保值增值率。

  资本保值增值率　是指在一定时期末所有者权益与期初所有者权益的比值。其计算公式为：

$$资本保值增值率=\frac{期末所有者权益总额}{期初所有者权益总额}\times 100\%$$

- 资本保值增值率反映企业资本保值增值状况，是评价企业财务效益状况的辅助指标，它是根据“资本保全”原则制定的分析指标，充分体现了对所有者权益的保护，能及时、有效地发现侵蚀所有者权益的现象。
- 当资本保值增值率为100%，则表明保值；若小于100%，则为减值；若大于100%，则为增值。
- 投资者、债权人和经营人对资本保值增值率的态度都是一样，希望资本增值。

4.现金流量分析

现金流量　是指汽车维修企业在一定会计期间内经营活动、投资活动和筹资活动中现金的流动数量和流动方向。

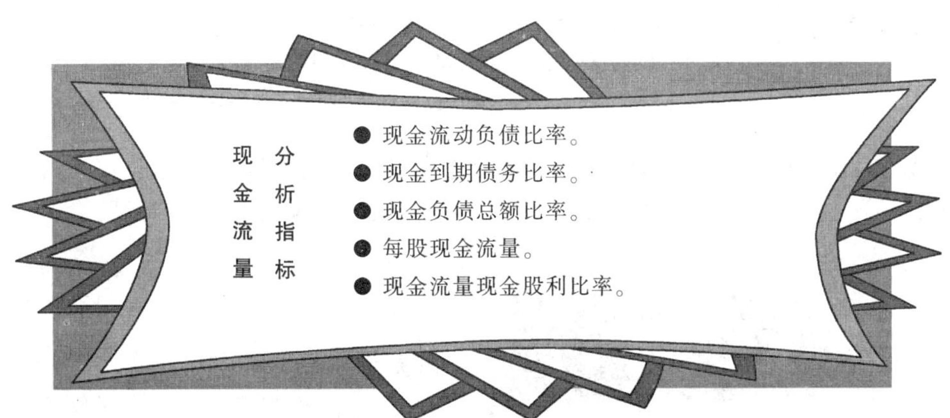

现金流动负债比率。

- 现金流动负债比率——是衡量企业偿还短期债务的能力指标。
- 现金流动负债比率的计算公式为：

$$现金流动负债比率=\frac{现金及现金等价物余额}{流动负债的期末总额}\times100\%$$

- 式中的现金及现金等价物余额——从现金流量表补充资料中的“现金期末余额”和“现金等价物期末余额”项内查得，并相加求得。

现金到期债务比率。

- 现金到期债务比率——是衡量企业偿还到期债务的能力指标。
- 现金到期债务比率的计算公式为：

$$现金到期债务比率=\frac{经营活动现金流量净额}{到期债务额}\times100\%$$

- 该指标使用“经营活动现金流量净额”这一项概念，可剔除用其他来源的资金(如借款)来还款这一情况，而专门考虑企业通过经营创造的资金独立偿还债务的能力。
- 该指标中的“到期债务额”通常是指那些即将到期，必须以现金偿还的债务，一般为应付票据、银行或其他金融机构的短期借款、到期的应付债券和到期的长期借款等。
- “到期债务额”可根据当期资产负债表有关项目的期末数确定。
- 现金到期债务比率越大，表明企业现金的流动性越好，短期偿债能力越强。

现金负债总额比率。

现金流量分析

- 现金负债总额比率——是衡量企业用经营活动中的现金净额偿还全部债务能力的指标。
- 现金负债总额比率的计算公式为：

$$现金负债总额比率=\frac{经营活动现金流量净额}{全部债务额}\times100\%$$

- 该指标中的“全部债务额”包括流动负债和长期负债。但是考虑到全部债务不一定真的都需在当期偿还，因此企业可以考虑选择一些确实需要偿还的债务项目列入“全部债务额”内。
- 现金负债总额比率越高，表明企业偿还能力越强。

【说明】使用上述“现金到期债务比率”和“现金负债总额比率”两个指标，都有前提条件，即“经营活动现金流量净额”应大于0，否则无从谈什么经营活动现金流量的问题。

现金流量的流动
犹如拔河来与去

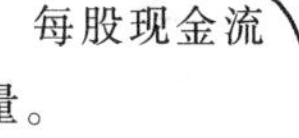

现金流量分析

- 每股现金流量——是衡量每股发行在外的普通股与经营活动产生的现金流量净额关系的指标。
- 每股现金流量的计算公式为：

$$每股现金流量=\frac{经营活动现金流量净额-优先股股利}{普通股股数}$$

- 该项指标是一个辅助性指标，是对每股收益指标的补充说明。

【说明】该项指标与前述“说明”中的前提条件一样，当经营活动现金流量净值小于或等于0时，毫无意义可言。

股金流量现金股利比率。

现金流量分析

- 现金流量现金股利比率——是衡量企业使用经营活动现金流量净额支付现金股利能力的指标。
- 现金流量现金股利比率的计算公式为：

$$现金流量现金股利比率=\frac{经营活动现金流量净值}{现金股利总额}$$

- 该指标越高，表明企业支付现金股利的保障程度越高，或者说，发放现金股利的可能性越大，发放得也可能越多。

【说明】与前述“说明”中的前提条件一样，如果经营活动现金流量净值为0或为负以及企业不发放现金股利，该指标也同样毫无意义可言。

5.发展能力分析

发展能力　是指汽车维修企业在能继续生存的基础上，壮大实力、扩大规模的潜在能力。

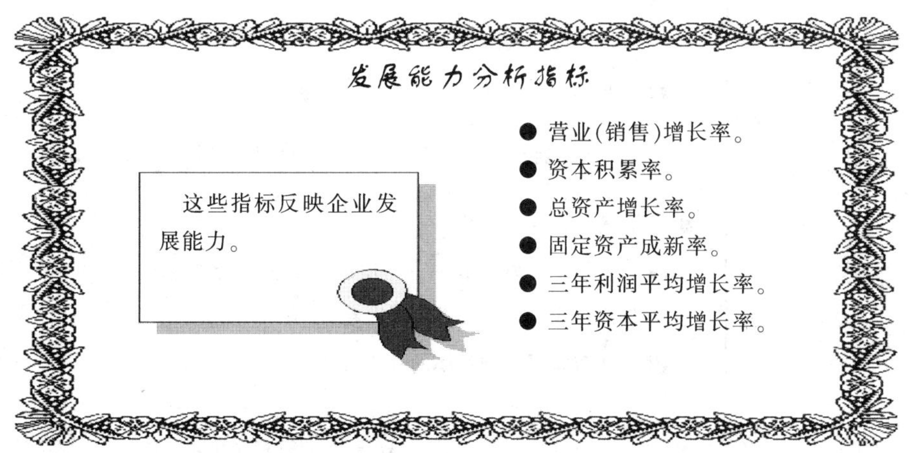

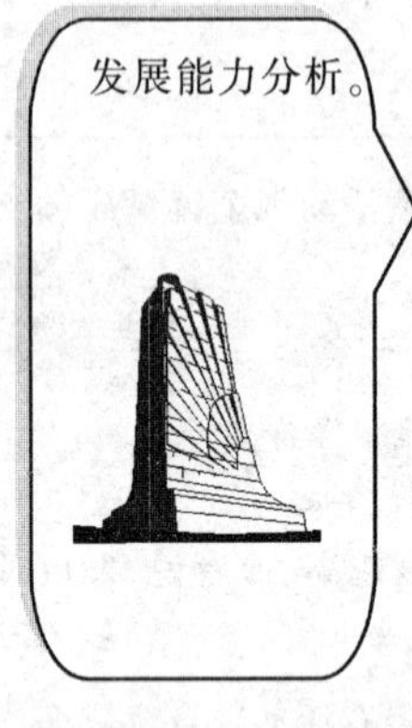

企业发展的里程碑

● 营业(销售)增长率。

■ 营业(销售)增长率——用以评价企业成长状况及发展的能力。

■ 营业(销售)增长率的计算公式为：

$$营业(销售)增长率=\frac{当年营业(销售)增长额}{上年营业(销售)收入总额}\times100\%$$

● 资本积累率。

■ 资本积累率——用以评价企业当年资本积累的能力。

■ 资本积累率的计算公式为：

$$资本积累率=\frac{当年所有者权益增长额}{年初所有者权益}\times100\%$$

● 总资产增长率。

■ 总资产增长率——用以评价企业当年资产规模增长的情况。

■ 总资产增长率的计算公式为：

$$总资产增长率=\frac{当年总资产增长额}{年初资产总额}\times100\%$$

● 固定资产成新率。

■ 固定资产成新率——用以评价企业拥有固定资产的新旧程度。

■ 固定资产成新率的计算公式为：

$$固定资产成新率=\frac{平均固定资产净值}{平均固定资产原值}\times100\%$$

● 三年利润平均增长率。

■ 三年利润平均增长率——用以评价企业利润连续3年增长的情况，体现企业发展潜力。

■ 三年利润平均增长率的计算公式为：

$$三年利润平均增长率=\left(\sqrt[3]{\frac{年末利润总额}{三年前年末利润总额}}-1\right)\times100\%$$

● 三年资本平均增长率。

■ 三年资本平均增长率——用以评价企业资本连续3年积累的情况，体现企业的发展水平和发展趋势。

■ 三年资本平均增长率的计算公式为：

$$三年资本平均增长率=\left(\sqrt[3]{\frac{年末所有者权益}{三年前年末所有者权益}}-1\right)\times100\%$$

6.财务状况的综合分析

财务状况的综合分析 是指将资产管理能力、偿债能力和获利能力等方面的分析纳入一个整体之中，全方位地归纳、剖析不同财务比率之间的相互关联关系、关联程度，进而揭示它们的差异及其差异的因素，便于发现企业存在的弊端并加以改进的方法和过程。图 7-2 为杜邦财务综合分析体系图。

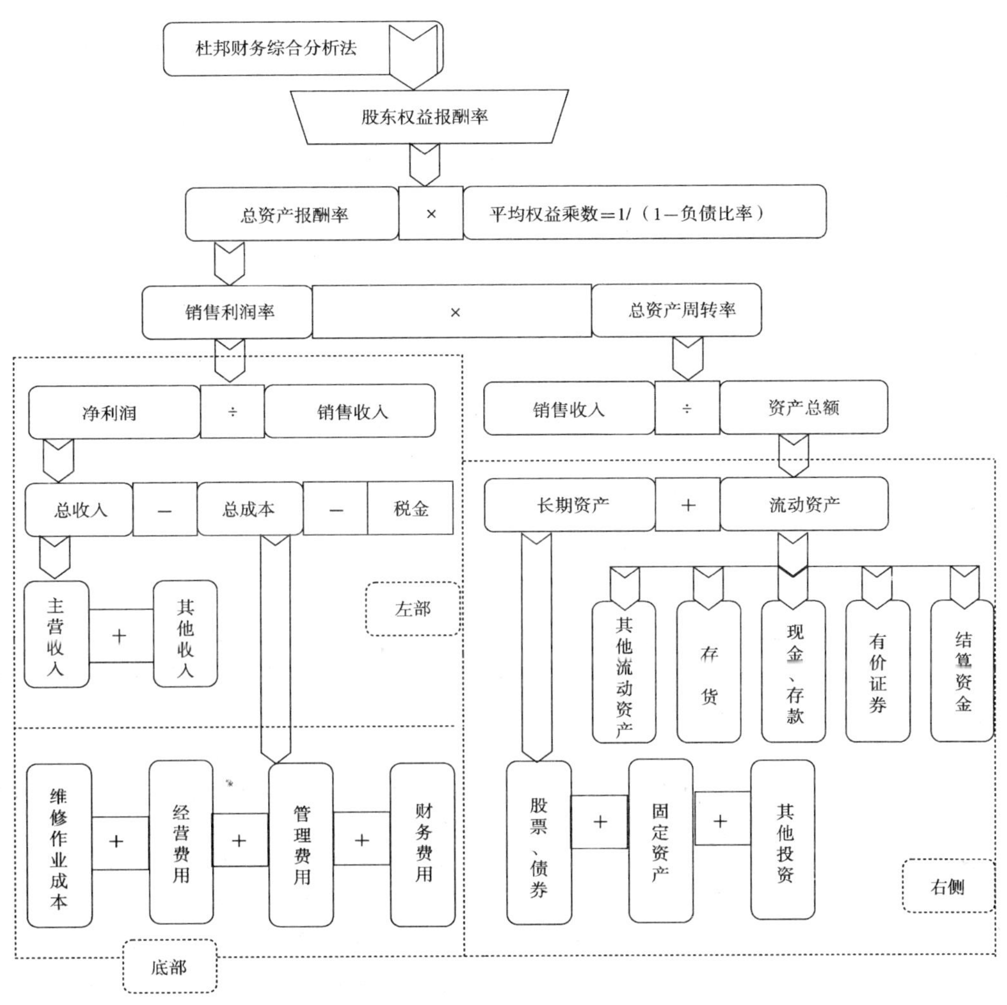

图 7-2　杜邦财务综合分析体系图

杜邦体系图的基本结构。

股东权益报酬率=总资产报酬率×平均权益乘数

总资产报酬率=销售利润率×总资产周转率

总资产周转率=销售收入／总资产

- 左部——是对营业(销售)利润率的分解。
- 右部——是对企业资产的分解。
- 底部——是各项费用和成本开支，其“和”为企业总成本。

杜邦财务综合财务分析解读。

杜邦等式
杜邦分析体系的核心

杜邦财务综合分析体系图反映出以下主要关系：

- 权益乘数——表示企业的负债程度。权益乘数越大，企业负债程度越高。通常,财务比率都是两个指标相除的1个商数,商数的倒数就是乘数。这里的权益除以资产权益率得一商数,那么,其倒数就是权益乘数,即资产权益率除以权益。用公式表示为：

$$权益乘数=\frac{1}{1-资产负债率}$$

- 股东权益报酬率 $=\frac{营业(销售)净利润}{所有者权益}$

$$=\frac{净利润}{资产总额}\times\frac{资产总额}{所有者权益}$$

$$=总资产报酬率\times权益乘数$$

- 总资产报酬率=净利润/资产总额

$$=(净利润\div营业收入)\times(营业收入\div资产总额)$$

$$=销售利润率\times总资产周转率$$

- 销售利润率=净利润/销售收入
- 总资产周转率=销售收入/资产总额

上述:总资产报酬率=销售利润率×总资产周转率等式称为杜邦等式(美国杜邦公司最先设计、使用)。

杜邦分析体系是一种被广泛使用的财务状况综合分析方法。它主要是通过各主要财务指标关系,能直观、清晰地反映出财务状况。

所有者权益报酬率的分析。

- 由杜邦财务综合分析体系图可以看出，所有者权益报酬率是一个综合性极强、又最具代表性的财务比率,它是杜邦分析体系的核心。
- 财务管理的一个重要目标就是要使所有者权益最大化，而权益报酬率正是反映了所有者投入资金的获利能力。因此,权益报酬率可以反映出企业筹资、投资等各种经营活动的效率。
- 权益报酬率又主要取于总资产报酬率与权益乘数两个指标。
  - ■ 总资产报酬率反映了企业生产经营活动的效率如何。
  - ■ 权益乘数反映了企业的筹资等情况,如企业资金来源结构如何。

成本费用的分析。

- 由杜邦财务综合分析体系图可以看出,成本费用结构是否合理。这样利于成本分析,强化成本控制。
- 成本费用的分析尤其应该着重于净利润与利息费用,利息费用过多,就应再分析权益乘数或负债比率方面有否不妥之处，过多的筹资当然会增加不必要的利息支出。

总资产报酬率的分析。

- 由杜邦财务综合分析体系图可以看出,总资产报酬率是营业(销售)利润率与总资产周转率的乘积。因此,可以从营业(销售)与资产两个方面进行分析。
- 营业(销售)利润率实际上反映了企业的净利润与营业(销售)收入的关系,当营业(销售)收入增加时,企业的净利润也自然会增加,但是,想提高营业(销售)利润率,一方面要设法提高营业(销售)收入,另一方面还要努力降低各种成本费用。
- 从分析而知,提高营业(销售)收入具有特殊重要意义,因为它不仅可使企业的净利润得以增长,也还能提高总资产周转率,这样,无疑自然地提高了资产报酬率。

资产流动性的分析。

- 由杜邦财务综合分析体系图可以看出,资产的流动性及其结构是否合理,对企业的资产和权益有着密不可分的关系。
- 资产的流动性体现了企业的偿债能力,又关系到企业的获利能力,具有“一箭双雕”的作用。
- 若流动资产中货币资金占的比重过大,就应分析企业是否有现金闲置现象,过多的现金闲置将导致企业投资获利能力下降。
- 若流动资产中存货或应收款项过多、过大,就应分析企业的存货周转率与应收账款周转如何。及早采取措施,加大销售力度并加大催讨力度。

沃尔财务综合评分法。

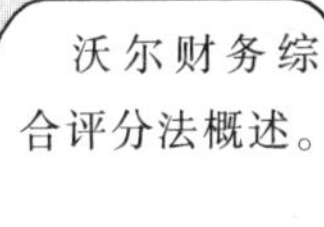

沃尔财务综合评分法概述。

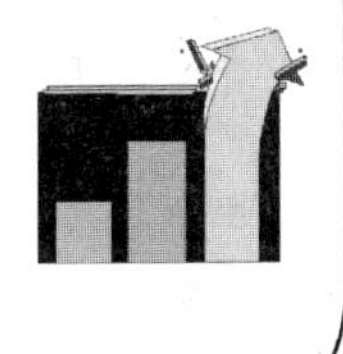

信用能力指数

财务比率的线性结合

- 沃尔在20世纪初出版了《信用晴雨表研究》和《财务报表比率分析》,在其中提出了“信用能力指数”这个概念。
- “信用能力指数”实质上就是把若干个财务比率用线性关系结合起来,得出最终的综合性信用能力指数,以此评价企业的信用水平。
- 沃尔财务综合评分法的综合分析步骤:
  - ■ 选择具有代表性的指标——沃尔选择了7个比率指标(流动比率、净资产/负债、资产/固定资产、营业成本/存货、营业额/应收账款、营业额/固定资产、营业额/净资产),见表7-4。
  - ■ 确定各项财务指标的标准值与标准评分值。
  - ■ 计算综合分数。
  - ■ 最后做出综合评价。
- 每个比率指标都占有一定比重,总分为100分。
- 最后综合得分大于100,表明企业财务状况超过同行业平均水平或历史相关水平;若小于100,则表示企业财务状况较差。

沃尔财务比重表示例。

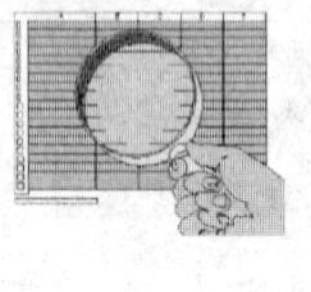

沃尔的财务比重评分表 表 7-4

财务指标	比重 ①	标准比率 ②	实际比率 ③	相对比率 ④ =③÷②	综合指数评分 ①×④
流动比率	25	2.00	2.33	1.17	29.25
净资产/负债	25	1.50	0.88	0.59	14.75
资产/固定资产	15	2.50	3.33	1.33	19.95
营业成本/存货	10	8	12	1.50	15.00
营业额/应收账款	10	6	10	1.67	16.70
营业额/固定资产	10	4	2.66	0.67	6.70
营业额/净资产	5	3	1.63	0.54	2.70
合计	100				105.05

沃尔财务比重表的两点说明。

实践出真知

对于沃尔财务综合评分法，在实践中被广泛应用，但是还有理论和技术上的两点困惑尚未得到进一步的证实。

- 理论上——为何只选 7 个指标？为何不选更多或更少一些呢？又为何选这 7 个财务指标？而不选别的财务指标呢？另外，这些指标所占比重，还未能从理论上证明其合理性。有待从理论上加以研究解决。
- 技术上——当某个指标出现严重异常时，会对总的评分产生不合逻辑的较大影响，它是由于相对比率与比重相“乘”引起的。比如，当财务比率提高一倍，其评分将增加 100%，可当财务比率缩小一倍时，其评分只减少 50%。

尽管沃尔的这个评分法存在理论和技术上的缺陷，奇妙的是不少在理论上相当完美的经济分析模型，却在实践中往往应用起来不怎么行之有效，偏偏沃尔的这个缺乏理论支持的方法，运用起来却“得心应手”、行之有效。只能说明人类对经济变量的变化规律的认识还相当肤浅，有待人们去探索、研究。

现代社会与沃尔所处的时代相比，变化可谓巨大，财务管理及财务分析的理念、思路、方法都有了明显的区别和进步。大可不必拘泥于沃尔当时的条件和方法，完全可以根据现代企业的特点与企业各自的特点，对沃尔的财务比重表进行一定的修正。

- 有人对汽车维修企业的财务指标提出修正为：盈利能力（总资产净利率、销售净利率、净值报酬率）；偿债能力（自有资本比率、流动比率、应收账款周转率、存货周转率）；成长能力（销售增长率、净利增长率、人均净利增长率）3 类 10 个指标。
- 有人对具体指标的比重也重新考虑其权重比例。

总之，各企业都可在各自特定条件及历史经验的基础上，对沃尔财务比重表进行修正。

参考文献

1 张弟宁. 汽车维修企业管理. 北京： 人民交通出版社,1995
2 胡建军. 汽车维修企业创新管理. 北京:机械工业出版社,2002
3 黄保强. 现代企业管理. 上海:复旦大学出版社,2004
4 沈树盛,安国庆. 汽车维修企业管理. 北京:人民交通出版社,2004
5 张洪源. 汽车商务. 北京:人民交通出版社,2004
6 刘可湘. 汽车服务企业经营与管理. 北京:人民交通出版社,2004
7 徐盛华. 陈子慧. 现代企业管理学. 北京:清华大学出版社,2004
8 赵有生. 现代企业管理. 北京:清华大学出版社,2004
9 杨湘洪. 现代企业管理. 南京:东南大学出版社,2003
10 郭继伟. 管理实力与问答. 广州:广东经济出版社,2000
11 苗长川,杨爱花. 现代企业经营管理. 北京:清华大学出版社,北方交通大学出版社,2004
12 杨义群. 财务管理. 北京:清华大学出版社,2004
13 梁建民. 财务管理. 南京:东南大学出版社,2004
14 秦奇. 非财务经理的财务管理 . 北京:企业管理出版社,2004
15 李海坡,刘学华. 财务报告编制与分析指南. 上海:立信会计出版社,2004